# 他心问题的
# 直接感知研究

崔中良 著

中国社会科学出版社

## 图书在版编目（CIP）数据

他心问题的直接感知研究／崔中良著．—北京：中国社会科学出版社，2023.7
ISBN 978-7-5227-2096-8

Ⅰ.①他… Ⅱ.①崔… Ⅲ.①心灵学—研究 Ⅳ.①B846

中国国家版本馆 CIP 数据核字（2023）第 112724 号

| 出 版 人 | 赵剑英 |
| --- | --- |
| 责任编辑 | 孙　萍　涂世斌 |
| 责任校对 | 郝阳洋 |
| 责任印制 | 王　超 |

| 出　　版 | 中国社会科学出版社 |
| --- | --- |
| 社　　址 | 北京鼓楼西大街甲 158 号 |
| 邮　　编 | 100720 |
| 网　　址 | http://www.csspw.cn |
| 发 行 部 | 010-84083685 |
| 门 市 部 | 010-84029450 |
| 经　　销 | 新华书店及其他书店 |
| 印　　刷 | 北京君升印刷有限公司 |
| 装　　订 | 廊坊市广阳区广增装订厂 |
| 版　　次 | 2023 年 7 月第 1 版 |
| 印　　次 | 2023 年 7 月第 1 次印刷 |

| 开　　本 | 710×1000　1/16 |
| --- | --- |
| 印　　张 | 17.75 |
| 插　　页 | 2 |
| 字　　数 | 282 千字 |
| 定　　价 | 95.00 元 |

凡购买中国社会科学出版社图书，如有质量问题请与本社营销中心联系调换
电话：010-84083683
版权所有　侵权必究

# 前　言

对于他心问题，不管是理论论还是模拟论都建立在高阶认知和心智理论之上。具身认知的发展以及现象学对于认知科学和神经科学的渗透，使他心问题研究逐渐出现了身体转向，并超脱心智理论范式。与此同时，他心直接感知作为他心问题研究的新趋向，试图转变依赖高阶认知或者心智理论，实现对他心的推理或者模拟间接通达他心的传统进路，转而求助于具身模拟或者交互实现他心直接感知。那么他心问题研究为什么会进入直接感知？他心直接感知发展到了什么阶段？他心直接感知研究面临着哪些问题？本书前四章即是对以上问题的回答。

他心直接感知并非突然出现，而是有哲学、认知科学、神经科学等多方面研究背景的。在哲学传统中，他心问题的研究经历了从无身哲学到有身哲学的转变。无身哲学注重心灵而几乎完全压制甚至抛弃身体，但是近年来人们逐渐认识到无身哲学的问题，身体也获得了哲学的青睐。哲学的发展影响了认知科学的进度，认知科学也出现了身体转向，由此以具身认知为基础的第二代认知科学应运而生。与此同时，神经科学技术，特别是神经影像学的广泛应用使神经科学得以长足发展。他心直接感知即是在有身哲学、具身认知和神经科学的合力下应运而生的。

他心直接感知主要有两个分支：一个是具身模拟论，另一个是交互理论。得益于镜像神经元的发现，具身模拟论提出了以镜像神经元、具身模拟和意向协调为框架的他心直接感知，认为在镜像神经元的基础上，通过对他人的具身模拟达到意向协调，从而实现他心直接感知。具身模拟论一经提出就获得了快速发展，在纵深层面探讨情绪、行为和语言与具身模拟的关系，并拓展应用到病理学和文艺创作等方面。交互理论则以梅洛-庞蒂（M. Merleau-Ponty）的身体现象学为理论支点，同时结合具身认知和儿童心智发展研究，提出他心直接感知经历了初级主体间性、次级主体间性和叙事三个阶段，从而指出通过交互可以直接感知他心。交互理论的提出也获得了极大关注，为了增加其理论解释力，尝试与生成主义、延展认知和动力系统等理论结合，并逐渐应用到语言学及病理学研究中。总之，他心直接感知逐渐获得了认可并有可能取代心智理论。

随着梅洛-庞蒂的身体现象学、具身认知科学和神经科学的深度研究和交叉融合，他心直接感知也受到了诸多质疑和挑战。具身模拟论同时受到了交互理论和心智理论支持者的多层面质疑，主要表现在具身模拟论与模拟论之间无法割断的关系、具身模拟论具身革命的不彻底性以及神经科学与现象学之间融合的不深入性等方面。而交互理论主要受到心智理论的质疑，认为交互理论的解释太单一和笼统，无法运用到具体的操作实践。另外，叙事理论也存在很大的缺陷而且与交互理论并不完全融合，并且交互理论并不能完全排除心智理论等。因此，如何完善他心直接感知？成为第五章回应的问题。

具身模拟论和交互理论主要以梅洛-庞蒂早期思想中的互惠关系为观念基点，并没有过多关注中期的融合社交和后期的肉身交织思想。因此，结合梅洛-庞蒂的身体现象学，对他心直接感知在哲学层面、功能层面和他心分歧三个层面上进行完善。在哲学层面增加他心直接感知的融合社交基础，将他心直接感知的经验基础下沉到原初经验层面。相比具身模拟论和交互理论依赖的互惠性经验，融合社交经验更加基础，是互惠关系成为可能的起点，他心直接感知表现为一个生成、通感和经验沉淀的过程。在功能层面增加通感感知，梅洛-庞蒂反对经验主义将原子感觉通过联想获得对世界和他人的整体经验，也反对理智主义将感知经验归入先验主体的判断，强调活生生的身体通过前反思的通感感知方式与世界和他人直接地、原初地接触，通过身体间通感、身体内通感和通感抑制三个方面确保对他心的直接感知。他心直接感知并不等同于感知完全正确，也会出现他心分歧。通过案例分析法，指出分歧的原因与初始范畴经验和他心的多面相有关。语用身份作为交互过程中的初始范畴会直接影响他心感知的偏向。但是，分歧并不是永久的，而是经历了分歧的出现和弥合，随着交互的深入逐渐脱离原初经验范畴进入第二人称互动，从而对他人形成新的感知经验。因此，他心直接感知是对他心的某一面相通达，完全通达只是一种原型效果。

  本书最后尝试将直接感知应用于自闭症、人机交互、机器伦理等方面的研究，从而论证完善后的他心直接感知所表现出的解释力，并期望更多学科关注他心直接感知以及在未来的研究中对他心直接感知进行更有深度的交叉性研究。

# 目　录

绪　论 ……………………………………………………………（1）

**第一章　他心直接感知的产生基础** ……………………………（24）
　第一节　他心直接感知产生的哲学基础 ……………………（24）
　　一　无身哲学的困境 ………………………………………（25）
　　二　对无身哲学的批判 ……………………………………（26）
　　三　有身哲学的提出 ………………………………………（29）
　第二节　他心直接感知产生的认知科学基础 ………………（35）
　　一　经典认知科学的衰落 …………………………………（35）
　　二　具身认知的挑战 ………………………………………（37）
　　三　心智理论的衰落 ………………………………………（41）
　　四　具身认知的社会性转向 ………………………………（44）
　第三节　他心直接感知产生的神经科学基础 ………………（48）
　　一　模块论转向整体论 ……………………………………（48）
　　二　神经影像技术的新发展 ………………………………（50）
　　三　镜像神经系统的发现 …………………………………（51）
　小　结 …………………………………………………………（52）

**第二章　他心直接感知的发展现状** ……………………………（54）
　第一节　他心直接感知的具身模拟论 ………………………（54）
　　一　具身模拟论的理论前提 ………………………………（55）
　　二　具身模拟论的三个层面 ………………………………（59）

## 第二节　具身模拟论的发展与应用 …………………………（64）
　　一　具身模拟对情绪感知的解释 ……………………………（64）
　　二　具身模拟对行为感知的解释 ……………………………（65）
　　三　具身模拟对语言感知的解释 ……………………………（67）
　　四　具身模拟应用于病理学和文艺创作 ……………………（69）
## 第三节　他心直接感知的交互理论 …………………………（72）
　　一　交互理论的理论前提 ……………………………………（72）
　　二　交互理论的三层交互方式 ………………………………（76）
## 第四节　交互理论的发展与应用 ……………………………（82）
　　一　交互理论与生成主义的结合 ……………………………（82）
　　二　交互理论与延展认知的结合 ……………………………（83）
　　三　交互理论与动力系统的结合 ……………………………（84）
　　四　交互理论对语言的解释 …………………………………（87）
　　五　交互理论对精神疾病的解释 ……………………………（89）
## 小　结 …………………………………………………………（91）

# 第三章　他心直接感知的挑战与应对 …………………………（94）
## 第一节　具身模拟论所遇到的挑战 …………………………（94）
　　一　具身模拟的高阶认知参与 ………………………………（95）
　　二　具身模拟的现象学隔阂 …………………………………（99）
　　三　镜像神经元的归属未定 …………………………………（102）
## 第二节　具身模拟的出路 ……………………………………（105）
　　一　具身模拟的强具身延伸 …………………………………（106）
　　二　具身模拟的现象学融合 …………………………………（109）
　　三　具身模拟的交互嵌入 ……………………………………（111）
## 第三节　心智理论对交互理论的挑战 ………………………（114）
　　一　交互理论未完全否定心智理论 …………………………（114）
　　二　交互理论亚人层面的缺失 ………………………………（116）
　　三　交互理论叙事解释力不足 ………………………………（117）
## 第四节　交互理论的应对 ……………………………………（118）
　　一　心灵的代表性解释 ………………………………………（118）

二　交互理论的生成性研究 …………………………………… (119)
　　三　人称视角的整合 …………………………………………… (121)
　第五节　心智理论的自身修正 …………………………………… (124)
　　一　限制心理理论的解释范围 ………………………………… (124)
　　二　非直接与不可见并不等同 ………………………………… (124)
　　三　感知的知识性和非知识性 ………………………………… (125)
　　四　心智理解的综合进路 ……………………………………… (126)
　小　结 ……………………………………………………………… (128)

**第四章　他心直接感知的身体现象学补充** ……………………… (133)
　第一节　他心直接感知的哲学基础补充——融合社交 ………… (134)
　　一　他心问题本质是他人问题 ………………………………… (134)
　　二　融合社交是实现互惠关系的经验基础 …………………… (138)
　　三　融合社交的理想目标是肉身交织 ………………………… (142)
　　四　融合社交的三重运行机制 ………………………………… (145)
　　五　融合社交下的他心直接感知 ……………………………… (149)
　第二节　他心直接感知的感知经验补充——通感感知 ………… (157)
　　一　梅洛-庞蒂通感感知观对传统感知的挑战 ……………… (158)
　　二　通感感知作为身体图式的表达 …………………………… (163)
　　三　通感感知作为身体知觉的样态 …………………………… (166)
　　四　通感感知作为身体与世界的互动方式 …………………… (168)
　　五　通感感知作为身体间互通的基础 ………………………… (171)
　　六　通感感知实现身体、世界与他人的互联互通 …………… (173)
　　七　通感感知下的他心直接感知 ……………………………… (176)
　第三节　他心直接感知的分歧基础补充——语用身份 ………… (187)
　　一　范畴划分导致他心多维面相 ……………………………… (189)
　　二　他心多维面相导致他心分歧 ……………………………… (193)
　　三　语用身份的特征及建构 …………………………………… (196)
　　四　语用身份的两重维度 ……………………………………… (202)
　　五　语用身份下的他心分歧消解 ……………………………… (207)
　小　结 ……………………………………………………………… (212)

## 第五章　他心直接感知的应用 ……………………………… (216)
### 第一节　直接感知下的自闭症 ………………………………… (217)
　　一　"碎镜理论"解释方案 ……………………………… (218)
　　二　交互理论解释方案 ………………………………… (219)
　　三　融合社交解释补充 ………………………………… (221)
### 第二节　直接感知下的人机交互 ……………………………… (225)
　　一　感知生成是人机交互的现象基础 ………………… (226)
　　二　经验沉淀为人机交互提供历时可能性 …………… (227)
　　三　通感是实现人机交互的功能表现 ………………… (227)
### 第三节　直接感知下的机器伦理 ……………………………… (230)
　　一　人与机器共在 ……………………………………… (230)
　　二　人、机器和世界的统一 …………………………… (231)
　　三　人机在交互中融合 ………………………………… (232)
　　四　人机之间的伦理一致 ……………………………… (234)
### 小　结 …………………………………………………………… (237)

## 结　语 …………………………………………………………… (239)

## 参考文献 ………………………………………………………… (247)

## 后　记 …………………………………………………………… (274)

# 绪　　论

## 一　研究背景与意义

他心问题作为笛卡尔（R. Descart）对于"广延实体"和"思维实体"这样的身心隔离问题的直接延伸，一直是西方心灵哲学（Philosophy of mind）研究的重点，特别是自 20 世纪 70 年代以来，西方哲学界的"心灵转向"将此问题推向高潮。这一哲学传统可以追溯到古希腊哲学，特别是以柏拉图为代表的理念论思想中一直潜藏着身心分离的种子，而笛卡尔使身心彻底分离，将感知对象甚至自己的身体都看作是我的主观思想的观念，他心因此也成为我心的一个抽象概念，笛卡尔"将现象领域分割为既对立又互补的两极"[1]。由于只能确定我思的存在，因此并不确定他心是否存在，即使使用类推的方式假定他心的存在，也需要跨越两重身体鸿沟，而心灵的隐蔽性以及情感、身体、语言的多变性，更加剧了问题的不可解决性。加上西方哲学传统中的唯我论倾向，"我对自我的通达与对他人的通达是不同的"[2]，因此自我在与他人沟通时，无法完全接近或通达一个完全不同于自我的心灵，他心问题由此出现。

与此同时，经典认知科学和社会心理学联合心灵哲学，提出了心智理论（Mental theory），他心问题转变为我如何知道隐藏的他人的心理状态和心智意图。心智理论经过了 30 多年的发展，获得了极大推进，并形成了两个主要流派，即：理论论（Theory theory）和模拟论（Simulation

---

[1]　[法] 艾曼努埃尔·埃洛阿：《感性的抵抗：梅洛-庞蒂对透明性的批判》，曲晓蕊译，福建教育出版社 2016 年版，第 138 页。

[2]　Overgaard, S. *Wittgenstein and Other Mind: Rethinking Subjectivity and Intersubjectivity within Wittgenstein, Levinas and Husserl*, London/New York: Routledge, 2007, p. 15.

theory)。理论论把儿童当作天生的科学家,儿童通过观察他人的行为、表情和语言形成了关于自己心智状态的理论,从而解释和预测了他人的心智状态。模拟论则认为对他心的理解并不需要大量的理论和推理,只需设身处地将自己放置在他人情境中,通过自身前期经验模拟他人心智状态从而达到对他心的模拟和理解。这两个理论都展示了各自理论的解释优势,但是心智理论下的他心是一个封闭的、抽象的和模糊的实在,因此心智理论面临着无法克服的通达性、直接性和解释性问题。研究范式的转换成为他心问题研究的突破点。

为了实现这种突破,反二元论者的观点受到了极大关注。从亚里士多德(Aristotle)到莱布尼茨(G. W. Leibniz)、康德(I. Kant)、黑格尔(G. W. F. Hegel),乃至达尔文(C. R. Darwin)和实用主义哲学家们,都认为认知的心灵(或主体)和被认知的"客体"是不可分离的,强调认知关系的重要性,倡导整体并非部分的串联,抨击绝对的元素和物质,在研究方法上主张多元论[1]。面对身心二元论带来的"他心问题",在当前的哲学传统中主要有两种解决方案:一种是欧陆现象学的主体间性思想,如胡塞尔(E. E. Husserl)、舍勒(M. Scheler)和梅洛-庞蒂等人的现象学方法;另一种是还原论应对(reductive responses),如赖尔(G. Ryle)的行为主义、艾耶尔(A. J. Ayer)的中性一元论等[2]。还原论将他心问题还原为纯粹生理的反应或神经的激活,从而试图达到消除他心存在的方法论受到了很多批评。奥弗高(S. Overgaard)总结说:"如果粗糙的行为主义是正确的——所有的一切仅仅是无色的身体运动——那么就不会有任何精神现象让我们试图去理解。如果中立的一元论是正确的——其他的思想在我的感性历史中把自己归结为一系列的感性内容——那么唯我论就会随之而来。"[3] 因此,对于他心问题的这两个问题,从还原论进路解决"他心问题"似乎是走不通的。

为了突破传统心智理论范式的制约,"他心问题"的现象学研究视角

---

[1] 叶浩生:《心理学通史》,北京师范大学出版社集团2006年版,第515页。
[2] Overgaaed, S., "The Problem of Other Minds", In: Gallagher, S., Schmichking, D. (eds.), *The Handbook of Phenomenology and Cognitive Science*, New York: Springer, 2010.
[3] Overgaaed, S., "The Problem of Other Minds", In: Gallagher, S., Schmichking, D. (eds.), *The Handbook of Phenomenology and Cognitive Science*, New York: Springer, 2010.

成为解决他心问题的一个尝试方案。在现象学中,他心问题被转换为自我和他人的主体间性问题,这是胡塞尔、舍勒、海德格尔(M. Heidegger)、萨特(J. Sartre)、舒茨(A. Schutz)、梅洛-庞蒂、列维纳斯(E. Levinas)等人都有涉及的问题。自从胡塞尔将他心问题转换为自我与他人的主体间性或者身体间性问题之后,他心问题就被消解为另一个他人自我(alter ego)是否存在的问题,因此更强调主体间的共情(empathy)以及自我的存在方式。海德格尔将他心问题放入存在论视角,认为他心问题表明当前的存在并不是本真的存在。梅洛-庞蒂从身体现象学角度分析,认为我们无法离开一个有身的他人,我也无法逃脱他人对我的身体以及存在于世的方式的制约,因此我和他人处于一个肉身的主体间内在关系中。现象学的主体间性思想也被当前的认知科学以及神经科学所吸收,特别是神经科学更是将现象学关于主体间性的论述应用于他心问题的神经基础解释中。反二元论者结合现象学一起反对心智理论,他心问题成为哲学、认知科学、心理学、神经科学等学科的核心问题。

虽然,主体间性思想改变了心智理论对他心问题研究的范式,但真正摆脱心智理论并促使他心直接感知成为可能的契机是哲学的身体引入。在传统心灵哲学和心智理论研究中,他心问题主要以认识论方式出现,即自我心灵如何能够通达另一个存在的自我的心灵,他心成为一个脱离了身体的独立实存,因此我无法直接通达他心。而造成这一问题出现的主要原因是他人身体的遮蔽导致他人自我心灵的显现,即使能够部分地理解他心也是一种间接地使用心智理论进行推理或者模拟的过程。心灵哲学的语言学转向使他心问题被划归为概念问题,也即是说,我如何将用于描述我的心灵的概念延展到他人之心,并能够成为一个普遍理解的概念内涵。而这两种他心问题的凸显与西方哲学传统的无身性有关,对于身体的抛离和驱除使自我心灵成为孤立的实在,因此,自我心灵无法承认他心的存在,更无法通达他心。身体的引入成为解决他心问题的一个关键,但是在以英美分析哲学为代表的心灵哲学传统中还存有心身分离的二元论残留。"虽然,普特南(H. W. Putnam)在'缸中之脑'的思想实验中强调了身体与世界的重要性,但是并没有提到身体是如何塑造心灵的,虽然维特根斯坦(L. J. J. Wittgenstein)提到了身体对于心灵的作用,并没有将身体看作是解决他心问题的关键。即使在传统的现象学中也并没有完全清除二元论的影响,胡塞尔将身体看作是一个普遍性概念,而将身体的给出(givenness)只是看作我的身体的给出,他人的身体只能是作为我的身体自我的延伸,仍然没有克服对于先验自我的依赖,海德格尔的核心观点'大地'和'世界'会唤起身体经验,但是他对科学和技术的批判使得他对身体不感兴趣,而梅洛-庞蒂是第一位认识到了活生生的身体的中心位置的哲学家。"[1]梅洛-庞蒂在《知觉现象学》的前言部分就指出了他心问题的重要性,并认为他心问题也是现象学比较关注的问题,"胡塞尔认为他人问题是重要的,因为他人的自我是一个悖论"[2]。因此,有必要详细探讨梅洛-庞蒂对于他心问题的探索内容和观点,梅洛-庞蒂的身体现象学已经将认知纳入身体和情境的研究中,这其实已经预见了后来认知科学研究的具身化运动。

哲学的身体引入也影响了认知科学的身体转向。对于认知科学研究的新动向,莱考夫(G. Lakoff)和约翰逊(M. Johnson)将其称为第二代认知科学,第二代认知科学的最典型特征是认知的身体性研究,因此一般会用具身认知来统称第二代认知科学。第二代认知科学以胡塞尔、海德格尔、梅洛-庞蒂等的现象学和实用主义为哲学理据,强调认知的情境性、具身性、延展性、非表征性和动态性。认知最开始仅指人类的高阶功能像记忆、计划、反思、判断和语言等,自20世纪70年代中期,以罗蒂(R. Rorty)、塞尔(J. Searle)、德雷福斯(H. Drefus)、汤普森(E. Thompson)、瓦雷拉(F. Varela)、克拉克(A. Clark)、莱考夫和查尔莫斯(D. Chalmers)等为代表的认知科学哲学家对传统的认识论进行了广泛批判,人们对于认知的研究范式也从概念和表征的还原主义进入经验的涌现和自组织方向。对于认知的情感研究更是让人们深刻地认识到心灵或思维受情感波动的影响,像判断、记忆、理解、注意,甚至抽象的数学运算都显示出情感的作用,两者强烈地黏合在一起,并统一于身体经验。因此,具身认知强调在成功地与环境交流中,身体的感知—运动系统作为一个整体起着塑造认知的作用。感知和运动系统除了分别负责感知和运动功能之外,

---

[1] Johnson, M., *Embodied Mind, Meaning, and Reason: How Our Bodies Give Rise to Understanding*, Chicago: University of Chicago Press, 2017, p. 10.

[2] Merleau-Ponty, M., *Phenomenology of Perception*, London: Routledge, 2002, p. xiii.

还负责复杂的、抽象的概念化和推理过程，可以说这些抽象概念本身就与身体直接关联。认知科学的这场巨变改变了人们对于认知的看法以及认知研究的整体框架，人们不再将认知和身体看作是两个独立的、分离的、没有关联的系统，不再墨守第一代认知科学的心智计算、心智表征、心智符号操作和抽象推理的观点。认知再也不局限于高阶的功能和信息加工模式，而是将感知表达、运动控制、情绪感受等都归属于认知科学之中。

具身认知的深入发展，使人们开始摆脱以笛卡尔式思想为研究范式的认知观，逐渐转向以心灵、身体和世界合一以及动态交互的认知研究范式中。由于具身认知反对经典认知观的内在主义，因此也将外部世界（包括自然的和社会的世界）作为研究中心。内在主义认为心智位于人或者其他具有心智的头脑中，将所有的心智事件、心智状态和心智过程看作是封闭于皮肤之内，相反外部主义认为不是所有的心智事物都完全位于大脑之中，心智现象并不仅仅限制在皮肤之内，而是分布于整个世界[①]。哲学和认知科学都在摆脱建立在心智理论基础上的他心问题的间接通达性解释。具身认知逐渐从内向外扩展，他人成为影响认知的重要因素，由此他心问题也成为具身认知涉足的新方向，他心问题研究也因此被推向了具身的和直接感知的新维度。具身认知强调心灵与身体行为以及周围环境的不可分离性，身心成为不可分离的整体，那么他心就不是躲藏在身后不可见的心灵实体，而是展现在以身体为基础的生活世界和生活实践中，那么他心就成为可以直接通达的内容。他心直接感知以直接的、非推理的和感知的方式替换间接的、高阶的、表征的他心推理方式。

他心直接感知的出现也与哲学的自然化运动高涨有关。哲学是否应高于科学，抑或哲学仅仅是对科学的解释，他心直接感知内部的争论也反映了哲学和自然科学之间实现融合的张力。对于这种争论，其实亚里士多德已经给出了一种解释，认为哲学特别是形而上学是科学的起点以及所有科学知识成为可能的基础[②]。与此争论相关，几乎与具身认知的兴

---

[①] Rowlands, M., *Externalism: Putting Mind and World Back Together Again*, London: Acumen, 2003, p. 2.

[②] Marshall, G. J., *A Guide to Merleau-Ponty's Phenomenology of Perception*, Milwaukee/Wisconsin: Marquette University Press, 2008, p. 32.

起同时，哲学上发生了方法论革命，西方哲学界经历着一场席卷而来的"自然化运动（naturalization）"①。在哲学领域的某些角落一切如常，但在其他角落哲学家已然变得不那么单一：哲学与心理学（认知心理学、发展心理学、社会心理学和跨文化心理学）、神经科学（认知神经科学、分子神经科学和临床神经科学）、进化论、实验经济学和其他"科学"领域的各个分支结合在一起②。这种趋势在心灵哲学研究中非常普遍，认知科学的研究者也逐渐开始借助现象学进行解释，而现象学家也正在接受认知科学的研究结果论证其观点的科学性，两者相互解释和相互阐明。但是，不得不说，哲学的自然化运动能够蓬勃发展，与法国现象学家梅洛-庞蒂的身体现象学研究有极大关联，梅洛-庞蒂对于知觉的研究就是哲学自然化运动的先驱。跟随梅洛-庞蒂的脚步，20世纪90年代现象学也同样出现了自然化倾向，开始以一种建设性态势介入认知科学研究③。神经现象学的出现就是哲学从思辨到实验的一个具体实践，而且是通过实验的方法对经验进行细致的现象学研究。神经现象学的核心思想是将第一人称的经验解释与第三人称的科学测量集合起来研究经验，神经现象学结合了来自神经科学和现象学的数据④，因此神经现象学既保证了实验的客观数据性，又保证了主观汇报的经验性，而且科学家也依赖于主观的内省式的主观汇报来进行科学研究⑤。德雷福斯（H. Dreyfus）认为现象学是认知科学的前期准备，瓦雷拉（F. J. Varela）和加拉格尔（S. Gallagher）认为现象学与认知科学是互为补充和相互协作的⑥，内省

---

① 陈巍：《现象学的自然化运动：立场、意义与实例》，《科学技术哲学研究》2013年第5期。
② [美]约书亚·诺布、[美]肖恩·尼柯尔斯：《实验哲学》，厦门大学知识论与认知科学研究中心译，上海译文出版社2013年版，第316页。
③ 孟伟：《自然化现象学——一种现象学介入认知科学研究的建设性路径》，《科学技术哲学研究》2013年第2期。
④ Bockelman, P., "Reinerman-Jones, L., Gallagher, S., Methodological Lessons in Neurophenomenology: Review of a Baseline Study and Recommendations for Research Approaches", *Frontiers in Human Neuroscience*, No. 7, 2013.
⑤ Goldman, A. I., "Epistemology and the Evidential Statues of Introspective Reports", In: Anthony, J., Roepsrorf, A. (eds.), *Trusting the Subject? The Use of Introspective Evidenu in Cognitive Science*, Thorvenon: Imprint Academic, 2004: 1-16.
⑥ Tauber, J., *Invitations: Merleau-Ponty, Cognitive Science and Phenomenology*, Saarbrucken: VDM Verlag Dr. Muller, 2008, p. 6.

的观察不仅仅是个人生活的普遍特征,也是认知科学家为他们工作的每一个阶段提供信息证据的来源[1]。汤普森(E. Thompson)认为现象学和科学是相互依存的,现象学能够给科学提供解释,科学也能够解释现象学,二者在解释生活和心灵的关系时是相互解释的关系[2]。因此,在现象学自然化运动中,有两种不同的自然化趋向:一种是温和的自然化,即将现象学自然化;另一种是比较激进的自然化,即将自然科学现象学化。这两种自然化倾向也渗入了他心直接感知研究中。因此,对他心问题的直接感知研究,也会借助于神经科学、心理学、脑科学的研究成果,探讨理论的可行性。

与此同时,通过对他心直接感知的研究及完善,也有助于捋清当前他心问题研究的最新进展。通过对当前他心直接感知研究的哲学基础挖掘,探讨直接感知理论内部在哲学理念上的相通性,试图找出导致当前他心直接感知研究理论内部之间争论产生的逻辑和理论起点。另外,在身体现象学的整体框架下对梅洛-庞蒂关于身体间性、自我和他人的关系、儿童心理发展等角度进行全面探讨,特别是对梅洛-庞蒂中期和后期思想的深度挖掘,将有利于更加完整地认识梅洛-庞蒂关于他心问题的暗示,从而能够对当前的他心直接感知进行哲学基础以及功能层面上的完善,这一方面有利于他心直接感知进一步摆脱心智理论的束缚并与现象学深度结合,从而实现长足发展;另一方面也有利于解决当前他心直接感知对于具身认知观的混淆,从而使直接感知研究不再摇摆于第一代与第二代认知科学之间的尴尬性,更有利于保证他心直接感知研究的理论一致性。另外,将梅洛-庞蒂的身体现象学应用于他心直接感知研究,有助于我们认识梅洛-庞蒂在具身认知研究和他心问题研究中其他哲学家无以替代的角色。梅洛-庞蒂作为一个哲学家,1949年他在索邦获得的职称竟然是儿童心理学和教育学教授,因此他对儿童心理学的研究应该更加值得我们去研究。

---

[1] Jack, A. I., Roepstorff, A., "Introspection and Cognitive Brain Mapping: From Stimulus-Response to Script-Report", *Trends in Cognitive Sciences*, Vol. 6, No. 8, 2002, p. x.

[2] Thompson, E., *Mind in Life: Biology, Phenomenology, and the Sciences of Mind*, Cambridge/London: Harvard University Press, 2007.

在当下正在经历的世界局势中，各文化之间、各国之间、人与人之间的冲突频发也使人们更加关注他心问题的研究，因此对他人与自我的关系的界定以及如何理解他心问题，成为解决当下社会问题的一个关键因素。现代社会的国际化、科技化、资本化等方面的发展程度越来越高，人类生活境遇和生活方式也在发生着巨大变革，以人工智能、脑机结合、元宇宙等为代表的新技术，使他心问题出现了新形态和新挑战。身心二元论使心灵成为一个自为的系统，而身体和世界则作为为我的客体成为一个自在的客观对象，这就导致现代人类正在经历一个表象的或者图像式的时代，在此思想观念影响下，工具性的离身思维就获得了普遍认同，技术也因此得到了迅速发展，技术成为心灵对身体和工具操纵的客观知识。但是，随着技术的快速发展，人类在享受技术带来便利的同时似乎忘记了身体、生活和世界以及生存的意义。面对这些问题，研究如何解决他心分歧将成为解决当下社会问题的一个快捷方法。而他心直接感知的提出也是对当下社会中人与人之间的分歧问题，特别是信任危机的一个应对。

他心理解问题是自闭症研究、人机交互以及机器伦理研究的重要方面。他心理解困难是自闭症患者的一个重要表现方式。过去的自闭症诊断主要是以心智理论的错误信念任务实验为判断依据，但是这种判断的理论、方法和时间段都受到了很大质疑。目前在自闭症研究的理论中，主要有三种理论假设，即心智理论、弱中心连贯理论和执行功能理论[1]，但是这三种理论假设并没有全面和综合性地考察身体、他人、主体间性等在自闭症患者认知过程中的作用[2]。另外，人工智能研究也加速了人机交互的研发，如阿法狗（AlphaGo）、阿特拉斯（Atlas）机器人及交互性机器人"索菲娅"的问世等。人工智能的发展使人机交互成为人工智能研究的一个核心部分，但是目前的人机交互还不能达到完全仿真的水平，我们在观看机器人"索菲娅"与人交流的时候可以感受到一种似人的回

---

[1] De Jaegher, H., "Embodiment and Sense-Making in Autism", *Front Integr Neurosci*, No. 7, 2013.

[2] Gallagher, S., Varga, S., "Conceptual Issues in Autism Spectrum Disorders", *Current Opinion in Psychiatry*, Vol. 28, No. 2, 2015.

应，但是，仍然会有一种不同于日常交流的感觉。对于人类而言，人与人之间的社会交际在日常生活中表现得并没有那么困难，一个 2 岁的儿童就可以毫不费力地与周围的人进行直接的顺畅交流，因此对他人问题的认知过程和方式的研究将能够为人机交互提供一些基本样式，对人工智能的发展和人机交互的真实化提供帮助。虽然人工智能并没有达到预期的发展水平，而且交互性机器人也没有出现弗兰肯斯坦所创造的机器怪物，但是人类越发担心机器与人的对抗而导致对人的全面超越或者替代，因此人机交互成了人工智能的终极智慧以及奇点呈现方式。人工智能的发展就是在这一追求与畏惧的夹缝中发展的，这就需要我们能用正确的目光看待人工智能的发展，人与机器到底是一个什么样的关系？对于这个问题，麦金（C. McGinn）指出人性的出现得益于人类身体的活动[1]，他心问题正是人类活动在实践过程中表现出来的主要内容，因此，人类在生存过程中相互理解的看法成为解决当前社会问题的关键。

由此可见，从现象学视角分析他心问题的直接感知研究，一方面蕴含了重塑和加固他心直接感知，从而全面摆脱心智理论的理论意义；另一方面他心直接感知也可以应用于与他心问题有关的自闭症、人工智能和机器伦理等相关的实践问题，这也从侧面证明了现象学和科学深度融合的研究将有利于多维度和深层次地解决他心问题。因此，我们从他心直接感知的层面上指出自我和他人的关系以及自我对他人直接感知成为可能的基础，从跨学科的角度论证人与人之间的真实状态是坦诚相待和直接感知的命运共同体，这样的解释将为解决当前的理论和实践问题以及技术所带来的人与人之间关系的冲击提供一些建议。

## 二 国内外研究综述

他心直接感知研究得以迅速和深度展开的重要原因是欧盟对"朝向主体间性的具身科学研究"（Towards an Embodied Science of Intersubjectivity, TESIS）这一项目的资助。此项目的主要研究目标是[2]：(1) 研究与他

---

[1] Mcginn, C., *Prehension: The Hand and the Emergence of Humanity*, Cambridge/Massachusetts: The MIT Press, 2015, p. 20.

[2] Https://Cordis. Europa. Eu/Project/Rcn/97021_ En. Html.

人情感交流、共同行动空间和共同目标关系的神经基础，支持一种新的互动性的具身神经科学；（2）研究婴儿社会技能的发展过程，在互动情境中，婴儿能够意识到他人并产生一种具身社会认知的互动概念；（3）研究精神病理的主体间性因素，特别是精神分裂症、自闭症和躯体形态障碍，并尝试给这些疾病的治疗以建议；（4）调查刚会走路的幼儿和儿童对于玩具、文物和文化人工物的理解以及物质性与社会性的联系；（5）研究文化互动模式和共享实践，为教育、管理和组织发展创造应用性的知识，如团体学习、游戏、团队合作、分布式认知的文化互动模式。这项研究的最终目标是证明人之为人的一个重要因素是我们自出生以来就生活于主体间的生活世界中，以及主体间性对于他心问题的影响，也是西方哲学家和科学家就同一个问题进行深度融合研究的典范。本书即是对此项目的延伸性研究，从梅洛-庞蒂身体现象学的整体视域以及具身认知和神经科学的交叉融合中探讨他心直接感知所面临的问题，完善他心直接感知的可能以及解决他心的分歧问题。

（一）基本概念澄清

他心问题主要分为三个问题：概念问题、认识论问题和经验问题[①]。只要我们将心灵看作是一个内在于身体或大脑内并与外界分离的实体，那么如何通达他心的问题就会一直出现。传统的他心问题主要涉及概念问题和认识论问题。奥弗高认为认识论问题是一个"什么"（what）的问题，即他人的心灵状态是什么的问题；概念问题是我们怎么去理解他人心灵的概念或者不属于自身的心灵的概念[②]。心灵的身体性研究逐渐消解了他心的认识论问题和概念问题，因此经验问题成为当前他心问题研究的中心部分[③]。

1. 心智理论的内容

心智理论强调自我依赖于对信念和欲望等心智状态的拥有能力，从

---

[①] Overgaard, S., "Other Minds Embodied", *Continental Philosophy Review*, Vol. 50, No. 1, 2017.

[②] Overgaard, S., "Other Minds Embodied", *Continental Philosophy Review*, Vol. 50, No. 1, 2017.

[③] 陈巍将经验问题称为实效性（pragmatics）问题，虽然称呼不同，但大意相似，都强调理解他人或他心的机制，即人们使用何种方法获得他人所感和所想？有什么样的亚人机制？本文认为将其称为"经验问题"更加恰当，强调感知他心的历时性和过程性，而非结果和效果。

而达到对他人的信念、欲望和意图的理解。心智理论中的理论论认为人类是一个心理学家,理解他人依赖一系列的大众心理学规则,从而使我们能够对所观察的他人行为进行推理。对于理论推理能力的形成有两种说法:一种说法认为理解他心的推理能力是天生地用来解读别人想法的机制[1];另一种说法是儿童通过后天习得获得了这种能力,并在社会环境中不断测试和提高[2]。虽然心智理论内部对于这一心理机制是先天还是后天有很大的争论,但是都强调对于他心问题需要有一套心智理论机制。大部分的观点认为理论推理的作用主要是对他心的状态和意图进行推理和理解,比较激进的观点认为对自己的理解也需要推理。与理论论相反,心智理论中的模拟论认为心智阅读并不与理论知识连接,而是来源于第一人称经验,通过对他人心智状态的模拟达到镜像或复制他心的内省状态,因此,当自我在对他人的意向状态进行归因时,会通过对比自我和他人的行为方式,将自己的心智状态投射到他人的心智状态[3]。总体上说,对于他心的模拟有三个基本步骤:首先,我需要自己在假装(as if)的状态下创建与目标匹配的状态,也就是需要一种换位思考能力;其次,将这些最初的假装状态传输到自我心理的某种机制中,例如决策制定或情绪生成机制,并使这种机制在假装状态下运作,从而产生一个或多个新状态;最后,我将产生的结论应用于他人[4]。因此,按照模拟论的观点,心智阅读不是推理而是第一人称的投射。综合理论结合了理论论和模拟论,认为通过使用理论推理创制假想的交互情景,然后再使用模拟类比的方式将假设的心智状态投射给他心,成为一种心智镜像投射。对比心智理论的三条进路,三者都预设了对于他心的理解发生在独立心灵之间,都将他心问题归结为如何通达一个不可见的内部心灵状态,而且

---

[1] Baron-Cohen, S., Swettenham, J., "The Relationship Between SAM and ToMM: Two Hypotheses", In: Carruthers, P., Smith, P. (eds.), *Theories of Theories of Mind*, Cambridge: Cambridge University Press, 1996, pp. 158–168.

[2] Gopnik, A., Meltzoff, A. N., *Words, Thoughts, and Theories*, Cambridge: MIT Press, 1997.

[3] Goldman, A. I., *Simulating Minds: The Philosophy, Psychology, and Neuroscience of Mindreading*, Oxford: Oxford University Press, 2006, p. 57.

[4] Goldman, A. I., "Imitation, Mind Reading, and Simulation", In: Hurley, S., Chater, N. (eds.), *Perspectives on Imitation: From Neuroscience to Social Science*, Cambridge/MA: The MIT Press, 2005, pp. 79–93.

都以自我为起点，试图通过静态的线索推断、情境再现或者预测的方式理解他心。加拉格尔认为模拟论和理论论有相同的基本假设：（1）隐藏的心灵；（2）普遍的心智阅读；（3）第三人称观察的姿态；（4）方法论上的个人主义[①]。这显然会让他心脱离身体、情境和交互状态，因此对于他心内容的理解是否为真值得怀疑。

2. 他心直接感知的内容

对于他心直接感知理论的划分有不同的观点，陈巍通过认识论上的哲学倾向和个人水平与亚个人水平将他心直通理论（他心直接感知）划分为四个方面[②]，本书采取甘歌帕德亚（N. Gangopadhyay）和皮希勒（A. Pichler）的分法，根据是否接受心智理论作为理解他人的基础，将直接感知理论分为：激进感知、温和感知和弱感知[③]，但是在弱感知中，直接感知只是一种辅助作用，更多的是心智理论在发挥作用，因此从严格上讲弱感知不属于直接感知理论，这就排除了史密斯（J. Simith）等人的构成性解释方案（constitutive account）。构成性解释方案认为："心灵应该被视为一个混合的实体（hybrid entities），它们是由内在的（神经与生理）和外在的（行为与环境）、部分与过程构成的一个整体。虽然我们无法看见他人的混合的心灵的所有构成部分，但这并不会影响我们可以直接知觉到其外部实现的部分。"[④] 本书中，他心直接感知是现象学的，强调我们并非穷尽所有能力理解他心，而是通过具身模拟或主体间交互达到对他心的通达。因此，本书所探讨的直接感知理论主要涉及以具身模拟论和交互理论为代表的温和和激进的感知阶段。以加莱塞（V. Gallese）和戈德曼（A. Goldman）等人为代表的具身模拟论指出，人类具有镜像神经机制，只需通过具身模拟的方式对他人的行为、情绪和语言进行模拟，就能够理解他人的所做、所感和所言从而直达他心，通过具身模拟就可以解释共情和主体间体性等关涉他心的问题。而以加拉格尔和扎哈维

---

[①] Gallagher, S., "In Defense of Phenomenological Approaches to Social Cognition: Interacting with the Critics", *Review of Philosophy & Psychology*, Vol. 3, No. 2, 2012.

[②] 陈巍：《当前认知科学哲学中的他心直通理论之谱系》，《哲学动态》2017 年第 2 期。

[③] Gangopadhyay, N., Pichler, A., "Understanding the Immediacy of Other Minds", *European Journal of Philosophy*, Vol. 25, No. 4, 2017.

[④] 陈巍：《当前认知科学哲学中的他心直通理论之谱系》，《哲学动态》2017 年第 2 期。

(D. Zahavi) 等人为代表的交互理论,则认为他心直接感知应该以初级主体间性、次级主体间性和叙事理论解释,强调感知—运动系统在他心感知过程中的基础和核心作用。具身模拟论和交互理论成为解决"他心问题"直接通达的新方法,当然,在这两个理论之间的争论也是存在的。虽然这两个直接感知理论对采取何种机制有不同的看法,但都强调直接感知的重要性,都认为自我能全部或部分地直接把握他心。总之,他心直接感知强调了身体的重要性,不管是具身模拟论还是交互理论,都将他心看作是与他人的身体经验相互粘连的整体,因此能够直接地从外部感知他心,统一于共存的整体。从这个角度来看,他心直接感知首先发生在我直接参与他人的社会交互过程中,在某些情况下甚至可以由社会互动过程本身构成。① 他心理解不需要我们去假设或者推理在他人心灵之中有一个隐藏的意向、信念或者欲望的心灵实体,我是能够直接把握他人的意向、信念或欲望的,他心被明确地表达在情境性的具身的主体间互动中。

(二) 国外研究历史及现状

他心直接感知研究作为一个新兴的交叉性研究课题,吸引了很多研究者和研究团队参与,并提出了相关的研究理念,如,意大利帕尔马大学 (University of Parma) 的加莱塞及帕尔马研究小组的具身模拟论、美国加州大学伯克利分校莱考夫的隐喻理论、丹麦哥本哈根大学 (University of Copenhagen) 的扎哈维及其建立的主体间性理论 (主要研究主体与主体间性的关系)、美国孟菲斯大学 (University of Memphis) 的加拉格尔建立了交互理论、澳大利亚伍伦贡大学 (University of Wollongong) 的赫托 (D. D. Hutto) 从激进的具身认知观中提出了叙事实践假设 (Narrative Practive Hypothesis)、英国爱丁堡大学 (The University of Edinburgh) 的特热沃森 (C. Trevarthen) 的儿童初级主体间性理论 (Primary Intersubjectivity) 以及瑞典隆德大学 (Lund University) 的兹拉特夫 (J. Zlatev) 所创立的认知与符号研究中心对语言的主体间性和沉淀性 (sedimentation) 思想的研究。欧盟对于他心直接感知研究也提供了大量的资助,从 2011 年 3

---

① Froese T., Gallagher S., "Getting Interaction Theory (IT) Together: Integrating Developmental, Phenomenological, Enactive, and Dynamical Approaches to Social Interaction", *Interaction Studies*, Vol. 13, No. 3, 2012.

月到 2015 年 2 月对"朝向主体间性的具身科学研究"这一项目总计投入了四百多万欧元,包括当时欧盟中的西班牙、丹麦、德国、英国、意大利等 13 个研究机构、医疗中心和私人企业参与其中。此项目的研究横跨哲学、认知神经科学、发展心理学、精神病理学和其他社会学科。围绕此项目涌现了一批新的研究成果,发表和出版了大量的高水平论文和专著。

对于他心直接感知的哲学研究从 19 世纪末开始就一直在探讨。后期维特根斯坦通过否定私人语言从而否定他心问题,维特根斯坦将"他心问题"与语言使用问题类比,因此尝试通过语言分析来解释导致"他心问题"出现的根本原因及解决方法,后期的马尔科姆(N. Malconm)、赖尔等也否定他心问题的类比推理法。而现象学更多的是从自我与他人、主体间性和存在论等角度来考察此问题。胡塞尔后期哲学中论述了生活世界及主体间性思想,之后有舍勒的共情、萨特的羞耻之心、梅洛－庞蒂的身体间性、列维纳斯关于他心的伦理学研究等。这些研究都透露出对身心二元论思想下的间接类比推理方式的反对,从而使他心问题逐渐进入直接感知阶段。但是,这些哲学的探索主要是在哲学本体论层面上的阐述[1],并没有提出具体的实施方法,不过哲学层面的探讨也会影响其他学科,他心问题的具身认知和神经科学视野下的实验研究就是对哲学上他心直接感知思想的验证和发展。

具身认知的发展使人们认识到人类具有直接和直觉地感知世界甚至他人心智状态的能力。现象学的自然化使他心问题的研究也出现了神经现象学的转向,特别是镜像神经元的发现和具身模拟论的提出为此转向提供了大量的理论和实验证据。具身模拟论的支持者主要有里佐拉蒂(G. Rizzolatti)、加莱塞、戈德曼、戈登(R. Gordon)、希尔(J. Heal)和赫尔利(S. Hurley)等。意大利帕尔玛大学的帕尔玛小组在模拟论基础上结合镜像神经元的功能特征以及现象学,特别是在梅洛－庞蒂的具身主体间性(embodied subjectivity)思想基础上提出了具身模拟论,从理论基础和实验结果中对他心问题给出了新的解决方案。镜像神经元的出现加快

---

[1] 黄家裕、盛晓明:《"理论之理论"范式走向综合的原因》,《哲学研究》2011 年第 6 期。

了他心问题的具身转向并将直接感知理论推向了高潮,加莱塞和他的同事发现猴子在看到他人行为或者听到与某种行为相关的声音时,在大脑的 F5 区都会激活一个系统,从而能够模拟和理解他人的行为和意图,他们将这个系统命名为镜像神经元(Mirror Neuron)[1]。而且这样的神经系统也在人类大脑中得到验证,通过正电子发射断层扫描(Positron-Emission Tomography, PET)实验发现人类大脑的颞上沟(Superior Temporal Sulcus, STS)、顶下小叶(Inferior Parietal Lobule, IPL)和额下回(Inferior Frontal Gyrus, IFG)区域与猴子的 F5 区有类似的功能。通过使用功能性磁共振成像(Functional Magnetic Resonance Imaging, fMRI)、脑电图(Electroencephalo-Graph, EEG)、核磁共振(Transcranial Magnetic Stimulation, TMS)等方法来研究在具身模拟过程中大脑神经的激活状态,如对与他心问题相关的内疚、尴尬、羞耻等的生理基础,还有对行为理解、手语、语言、想象力、判断和叙事等高阶阅读能力的研究,检验了在理解他心时镜像系统与模拟的关系,给具身模拟论提供了神经科学支持。镜像神经元的发现为模拟论打下了身体基础,强调了身体在模拟中的重要性,具身模拟的研究也成为目前他心问题的科学研究中影响最大和成果最多的研究范式[2]。具身模拟论挑战了他心问题的命题态度解释(认为信念和欲望等都会映射为符号表征),在心智阅读之前和之下都是身体间性,是直接感知他心的知识之源[3]。神经科学和具身认知科学以及现象学的合力发展促使神经科学的研究逐渐扩展到语言理解、文学欣赏、美学和经济学等人文社会科学研究中。

以加拉格尔和扎哈维为代表的哲学家从现象学的视角特别是以梅洛-庞蒂的互惠性关系为基础,指出他心问题应该放在动态的、互动的和生成性的情境中,结合赫托的叙事理论的解释提出了交互理论。交互

---

[1] Gallese, V., "Embodied Simulation: From Mirror Neuron Systems to Interpersonal Relations", In Bock, G., Goode, J. (eds.), *Empathy and Fairness*, *Novartis Foundation Symposium*, Chichester: John Wiley & Sons, 2007, pp. 3-19.

[2] Gallese, V., Keysers, C., Rizzolatti, G., "A Unifying View of the Basis of Social Cognition", *Trends in Cognitive Sciences*, Vol. 8, No. 9, 2004.

[3] Gallese, V., "Bodily Selves in Relation: Embodied Simulation as Second-Person Perspective on Intersubjectivity", *Philosophical Transactions of the Royal Society of London*, Vol. 369, No. 1644, 2014.

理论与具身模拟论一起挑战了心智理论。交互理论还联合德·亚赫尔（H. De Jaegher）、福克斯（T. Fuchs）、麦克尼尔（W. E. S. McNeill）、克鲁格（J. Krueger）和奥弗高（S. Overgaard）等人的研究，从现象学和具身认知的视角探讨通达他心的方案。交互理论认为对他心的理解依赖于在情境中持续的动态交互，自我与他人之间首先是一个存在关系，之后才是认知关系，因此应该以社会交互和个人发展的角度来考察他心问题，探讨主体间性下他心直接感知的可能性[1]。交互理论认为他心问题最主要的是自我和他人的具身关系问题，如何将他人放入交互中是解决他心问题的最重要方法，认为人们在交互过程中，是能够直接理解他心的，这种理解方式是以具身的主体间性为基础的实践过程。正是在理解他人的交互理论进路中，他人才完整地作为与我共在的存在者得以理解，从而将我与他人放在一个统一且平等的位置上，实现对于他心的全面把握，此时才能够真正地理解他心。从学科背景上来看，交互理论的支持者主要是哲学背景，因此是以哲学（特别是现象学）的视角为进路进入到他心直接感知的研究中。除了哲学背景之外，交互理论还吸收了发展心理学、神经科学和认知科学等学科的研究成果，强调具身的生成过程与交互的和叙事的生活实践参与到了主体间理解的动态过程中。虽然交互理论没有具身模拟论的影响大，而且主要限制在哲学范围内讨论，但是这一理论正在逐渐被认可，并被应用于病理学、语言学和自闭症研究中。交互理论还从新的维度解释了镜像神经元的作用，指出镜像神经元在他心理解的过程中产生的身体共振并不是模拟，而是对他心的直接把握，是对呈现于身体姿势之中的心灵的全面理解。交互理论将他心问题推向了一个开放的、生成的新维度，并将他心的直接感知放入更大的动态交互涌现过程中。

总体上说，他心直接感知的提出引起了国外学者极大关注，包括哲学、认知科学、神经科学、心理学等领域。他心直接感知正是在对哲学的身心二元论以及他心问题的间接心智推理的反对中形成的。在哲学的引领下，随着认知科学、神经科学的发展，他心问题的直接感知开始向

---

[1] Overgaard, S., "The Problem of Other Minds: Wittgenstein's Phenomenological Perspective", *Phenomenology and the Cognitive Sciences*, Vol. 5, No. 1, 2006.

这些学科渗透，并逐渐获得了研究者的认可。当然，他心直接感知作为新的理论趋势，还面临着一些解释层面的不足，因此，需要我们对于这一理论路径做进一步地推进。

（三）国内关注及研究现状

他心直接感知研究也同样吸引了国内很多研究机构和学者的关注。国内最早开始这方面研究的主要是以浙江大学哲学系以及语言与认知研究中心为代表的研究团队，特别是曾在此中心做过博士后研究的黄家裕和陈巍两位学者，他们对他心直接感知的两条进路进行了介绍和探讨。另外，还有中国政法大学的费多益教授、厦门大学的王晓阳教授、山东大学的王华平教授等都对他心直接感知问题有所论述。总体上来说，国内对他心直接感知的研究大致分为三个方面：一方面是对理解他心的各种哲学本体论和方法论的探讨；另一方面是对直接感知所包含的两个理论的对比和分析；最后一个方面是对镜像神经元的作用和归属方面的研究，关注直接感知的神经现象学解释。与国外的研究相比，国内对他心直接感知的研究还不是很多，在研究层次、内容和方法等方面还存在一定的差距。

从发展历程上看，国内对于他心问题在哲学层面的研究首先由高新民提出，强调他心问题在西方心灵哲学中占有重要地位[①]。唐玉斌从外在主义和内在主义视角详细分析自我与他人心灵的本质及产生他心问题的原因，最后建议从可能世界语义学的角度来研究他心[②]。王华平通过论证维特根斯坦和麦克道威尔（J. Mc Dowell）的他心思想，认为应该摆脱身心二元论，强调对他心的直接感知[③]。王炜以维特根斯坦的心理学唯名论为基础，建立起了具身直通论的感觉语义行为学模型，并回应了"怪人"和弱人工智能的挑战[④]。王晓阳认为处理他心问题的两大当代基础理论方案分别是推论主义和非推论主义，并整合推论主义和非推论主义提出了解决他心问题的复合方案[⑤]。国内对于他心问题从认识论角度的研究相对

---

① 高新民：《他心知问题：一个不应被冷落的认识论领域》，《哲学研究》1996 年第 11 期。
② 唐玉斌：《自我与他人心灵的逻辑哲学探究》，博士学位论文，西南大学，2011 年。
③ 王华平：《他心的直接感知理论》，《哲学研究》2012 年第 9 期。
④ 王炜：《具身直通论：他心问题的当代视角》，《哲学动态》2019 年第 4 期。
⑤ 王晓阳：《为他心辩护——处理他心问题的一种复合方案》，《哲学研究》2019 年第 3 期。

较少，他心问题并没有成为国内哲学研究的重心，但是对于这一问题的探讨仍然是有价值的[1]。而且国内对于他心问题的哲学探讨是非常有建设性的，除了在哲学本体论上讨论之外，同时还倡导和鼓励对这一问题在科学和自然主义框架下研究，重视对心的本质、心理与行为、心理过程与大脑过程的关系等问题的研究[2]。虽然国内对于他心问题的哲学层面探讨并不多，但是一些学者已经发出了对他心问题朝向自然主义方向研究的号召，这为之后对他心问题的认知科学研究进路的探讨起了很好的铺垫。

国内对具身认知科学的研究兴趣日益浓厚，在具身认知科学视角下研究他心问题也成为一种潮流。国内的研究方式与国外的研究方式并不相同，更多地是以模拟论为基础，将理论论、具身模拟论和交互理论作为其理论补充。总体上说，国内赞同理论论的学者并不多，即使赞同也认为应该吸收模拟论的优点，如模拟论在疼痛、信念等方面具有很强的解释力[3]。黄家裕认为模拟可以分为两种，即类比模拟理论与上升程序模拟理论，两者都承认相似性是模拟的基础。但是前者认为自我心智认知的方式是内省，对他心的认知方式是内省加上类比推理；后者则认为自我认知方式是上升程序，对他心的认知是上升程序与移情的结合。因此上升程序的模拟论被大家所认可[4]。模拟论对于他心问题的研究而言，的确存在诸多理论论所不可比拟的解释优势，但是模拟论还是有很多无法克服的缺陷，如知识的不对称性和对他心的无法完全通达性[5]，因此后来的研究多强调综合性解释，于爽和盛晓明认为应该将理论论综合到模拟论中[6]，而模块说是两种理论综合的基础[7]。综合进路研究也激发了对身

---

[1] 江怡：《当代英美哲学实在论与反实在论语境中的他心问题》，《求是学刊》2006年第1期。

[2] 沈学君、高新民：《试论认识心灵的三次范式转换》，《福建论坛》（人文社会科学版）2004年第2期。

[3] 黄家裕、盛晓明：《"理论之理论"范式走向综合的原因》，《哲学研究》2011年第6期。

[4] 黄家裕：《类比推理模拟理论与上升程序模拟理论的差异》，《自然辩证法通讯》2013年第2期。

[5] 殷筱：《常识心理学"他心知"认知模式的非对称性》，《哲学研究》2013年第5期。

[6] 于爽、盛晓明：《读心的模拟说进路》，《自然辩证法研究》2011年第2期。

[7] 于爽：《读心的三种路径及其交融》，博士学位论文，浙江大学，2010年。

体在他心问题中的重要性关注,因此"模拟论需要接地,即应该尝试对身体认知层面的考察"①。张静等人认为社会认知具有双重机制,一种机制是具身模拟能力,另一种机制是"心智化能力",二者的结合才能解释完整的社会认知②。对他心问题的研究,逐渐走向与具身认知的融合之路,身体在社会认知中的作用也越来越明显。因此,对于他心问题的研究从心智理论转换为直接感知理论。国内大部分学者认为不管是具身模拟论还是交互理论,都无法作为理解他心的唯一模式,因此他心直接感知的两条理论路径是一个整体的两个分支,它们都是一种现象学的诉求,但是这两个理论的地位并不相同,他们更倾向于将交互理论作为具身模拟论的补充。陈巍和李恒威认为,应该以整体的视角看具身模拟论和交互理论,两者都证明了对他心的理解不是一个心智反思的过程,而是在第二人称研究视角下动态的主体间耦合,具身模拟论为交互理论提供了脑与神经机制的说明③。当然,具身模拟论也存在着诸多无法解决的问题。陈巍和张静就认为具身模拟论存在五个方面的不足:相似的大脑—身体系统并非社会互动的必要条件,自身运动能力并非理解动作意图的必要条件,镜像神经元经典实验的解释并非不可兼容心智化,具身模拟并非是在刺激贫乏而是在刺激丰富的背景下产生的,镜像神经元是联想学习而非自然选择的产物④。陈咏媛等通过实验证明了具身模拟的强度可能会受到社会距离的影响,社会距离越近,个体的解释水平越低,具身模拟强度越高⑤。

除了对具身模拟论和交互理论的探讨外,国内的研究还侧重对镜像神经元的作用、功能、归属和应用等方面的研究。毫无疑问,镜像神经元在解释他心直接感知的机制中具有不可替代的作用,我们对他心的认

---

① 黄家裕:《理论之理论与模拟理论——谁更优?》,《理论月刊》2013年第3期。
② 张静、陈巍、丁峻:《社会认知的双重机制:来自神经科学的证据》,《中南大学学报》(社会科学版)2010年第1期。
③ 陈巍、李恒威:《直接社会知觉与理解他心的神经现象学主张》,《浙江大学学报》(人文社会科学版)2016年第6期。
④ 陈巍、张静:《直通他心的"刹车":五问具身模拟论》,《华东师范大学学报》(教育科学版)2015年第4期。
⑤ 陈咏媛、许燕、王芳、潘益中:《解释水平在社会距离影响具身模拟中的中介效应检验》,《心理学探新》2012年第3期。

知，若没有镜像神经元模拟机制正常发挥作用就会出现障碍[1]，镜像神经元是连接身体和模拟的桥梁[2]。徐盛桓将镜像神经元的功能应用于对身体—情感语言转喻的解读，认为通过大脑的镜像神经系统的观察，会在观察者的内心模拟重建他人的心智过程从而理解隐喻[3]。郁欣认为当代神经科学的发展，也在一定程度上推进了"他心知"问题的研究[4]。但是，镜像神经元真的是解决他心问题的圣杯吗？很多人对镜像神经元的功能进行了质疑：一方面，他心问题不能被完全还原为认知神经活动；另一方面，"就目前关于镜像神经元的经验证据看，镜像神经元的相关功能表明它应该是人们对他人心智阅读能力的神经基础，但还不足以确定其到底支持模拟论还是理论论"[5]。在对严重脑损伤患者的他心问题研究中，神经科学对他心问题的解答仍然有局限性[6]。神经相关性并未提供关于他心理解的完备解释，神经元只是提供了关于他心的部分解释，但是这种解释与他心知的研究方向是不匹配的，他心知应该从外部的意义着手而非相反[7]。因此，总体上说，国内的研究者并没有将他心问题完全还原为神经活动来解释，而是认为需要一个整体性的社会性解释。

综上所述，国内关于他心直接感知的关注和研究集中在对他心直接感知可能性的论述及对各种理论的对比和综合分析方面，当然也有一些他心直接感知的心理学、临床学和语言学上的讨论，但是相对来说还是比较少，没有对他心问题的认知过程和方式做更深入地实验和实证研究，也没有提出一个更加全面的或者更加完善的他心直接感知理论。

总体来看，国内对于他心直接感知的研究还没有出现大规模的关注，多学科交叉的团队还比较少，特别是与人工智能、病理学、神经科学研

---

[1] 刘畅：《心灵与理解》，《云南大学学报》（社会科学版）2016年第2期。
[2] 孙亚斌、王锦琰、罗非：《共情中的具身模拟现象与神经机制》，《中国临床心理学杂志》2014年第1期。
[3] 徐盛桓：《镜像神经元与身体——情感转喻解读》，《外语教学与研究》2016年第1期。
[4] 郁欣：《我们如何通达他人的意识？——发生心理学的进路与现象学的进路》，《哲学研究》2015年第2期。
[5] 黄家裕：《镜像神经元与他心认知》，《自然辩证法通讯》2010年第2期。
[6] 刘俊荣、韩丹：《科学证据、类比方法和伦理论证——兼论严重脑损伤患者的他心问题》，《自然辩证法通讯》2011年第2期。
[7] 费多益：《他心感知如何可能？》，《哲学研究》2015年第1期。

究还没有进入深度融合阶段。因此，系统地研究他心问题的直接感知以及发展瓶颈将有利于全面和深入地推进他心问题研究，在某种程度上减少目前他心问题研究的分歧。但是，也应看到国内对于他心问题的研究更倾向于具身模拟说，值得欣慰的是国内的研究者已经开始强调应将他心问题研究放到一个历时的、社会的和文化的动态情境中，而且详细地探讨了镜像神经元的性能及归属问题，这为本书的研究打下了前期基础。

### 三　研究思路和方法

(一) 研究思路

本书作为一个跨学科研究，始终围绕着"他心直接感知"这一概念展开，主要涉及身体现象学、心智理论、具身认知和神经科学四个关键因素。在梅洛-庞蒂的身体现象学视域下，结合具身认知、神经科学、儿童发展心理学等相关学科的研究成果，探讨他心直接感知的产生背景、发展优势与不足、补充方式以及理论应用等方面的问题。与此相应，本书主要分为六个章节，详细内容和论述如下。

绪论部分指出了他心直接感知的研究背景以及理论和现实意义，对他心直接感知的基本概念进行了澄清，对当前他心直接感知研究的国外研究历史及现状和国内对这一问题的关注及研究现状进行了综述。阐明了本书在写作过程中的思路和框架以及所使用的研究方法。

第一章主要厘清他心直接感知产生的基础。通过梳理他心直接感知在哲学层面、认知科学层面和神经科学层面的研究趋势以及最新研究成果，探讨他心直接感知的产生基础以及获得发展的动力。具体而言，他心直接感知产生的哲学基础主要是有身哲学的出现，认知科学基础是以具身认知为代表的第二代认知科学革命，神经科学基础是神经科学研究的整体论视角、神经影像学技术的发展和镜像神经元的发现。这些新的研究视角、研究进展、研究结论使他心直接感知研究迅速发展。

第二章是对他心直接感知的基本思想内涵和发展脉络的论述。当前的他心直接感知主要有两个理论路径：具身模拟论和交互理论。在本章中，将分析两个理论的前提以及基本内涵，并从理论发展的纵深切面和理论应用的横向切面对两个理论的解释力和发展趋势进行综述，包括对他心直接感知所包括的理论基础、研究方法、研究对象和应用等方面进行综合分析，阐述各理论的发展优势。

第三章对他心直接感知所面临的挑战以及应对进行了辩证分析、梳理和总结。他心直接感知在纵深上虽然不断取得进展，但是还面临着诸多问题和挑战，因此对他心直接感知还需要从整体上进行理论梳理和挖掘，找出理论争论的根源。分别从对心智理论的态度、与现象学的结合状况、镜像神经元的归属等方面，对他心直接感知所面临的挑战和应对方法进行分析、梳理和总结，并在哲学层面、功能层面和他心分歧层面进行补充。

第四章是在上一章分析结果的基础上，在梅洛－庞蒂身体现象学视域下对他心直接感知的哲学基础、功能层面和他心分歧层面的全方位补充。主要结合梅洛－庞蒂的身体现象学，特别是融合社交的观点对他心直接感知进行哲学基础的补充。梅洛－庞蒂通过感知的通感性解释以及通感的现代发展否定传统的感知观，尝试将梅洛－庞蒂的通感感知思想介入他心直接感知的功能机制中。在梅洛－庞蒂的体验观视角下，结合语用身份在交互中的运用，试图解决他心分歧问题。

第五章主要是将修复后的他心直接感知理论应用于自闭症、人机交互和机器伦理的研究中，并对本书做了总结。通过梳理现有的自闭症研究的各种解释方案，结合他心直接感知理论，将融合社交、通感感知和语用身份等观点融入自闭症研究中。在解释人机交互的哲学基础时，更强调直接感知视域下人机之间的共在、交互融合、经验沉淀和伦理一致性等。对于交互性机器人的出现所引发的伦理问题，可以通过改变人对机器的态度、人与机器和世界的关系、人机之间的交互以及人机伦理一致来解决。最后，对本书的内容进行了总结，并突出了研究的创新点、不足和未来研究展望。

（二）研究方法

1. 文献分析法

本研究是建立在大量研读国内外专著、论文和实验结果的基础上。尤其需要研读以胡塞尔和梅洛－庞蒂等为代表的现象学、后期维特根斯坦心理学哲学、具身认知科学、神经科学、儿童发展心理学、自闭症研究、认知语言学等原著和英文论文，通过对这些文献进行对比、分析和整理，全面、系统和整体地掌握他心直接感知的产生背景、理论内容和最新进展。

2. "逻辑与历史相统一"的研究方法

从哲学背景、具身认知的研究进展以及神经科学的新技术出现，详细分析具身模拟论和交互理论产生的逻辑关联框架以及他心直接感知产生的历时背景。具身模拟论和交互理论都对他心直接感知提供了独特的解释方法，都运用了现象学、认知科学、神经科学等学科的研究成果和思想对各自的理论进行了跨学科论证和解释，这就需要用逻辑与历史相统一的研究方法清晰地把握具身模拟论和交互理论的思想来源、发展脉络、理论优势和不足。从他心直接感知的哲学来源、直接感知的多维层面、自我和他人的关系，对他心直接感知的应用进行逻辑分析和解释，并对当前的他心直接感知进行补充和完善。

3. 案例分析法

本书将通过列举一些真实言语交际场景下的对话以及他心感知过程中的案例，并对这些案例进行具体分析，详细描述交际过程以及语言交际特征，探讨语用身份范畴划分在解决他心分歧时的作用，同时通过案例分析法来解释和论证他心直接感知的可行性。

4. 跨学科研究法

本书属于跨学科研究范畴，涉及现象学、认知科学、神经科学、儿童发展科学等多学科的交叉和融合，通过运用来自不同学科的理论视角、实验结果和研究范式，探讨当前他心直接感知的发展现状、优势与不足，最后形成一个更加完善的跨学科研究结果，并将这些研究结果应用于自闭症、人工智能和机器伦理研究中。

# 第 一 章

# 他心直接感知的产生基础

他心直接感知的产生有其哲学、科学和时代背景。哲学对他心问题的讨论与身心关系问题的讨论有关，有二元论、行为主义、功能主义、取消主义等各个理论视角，整体上来说，哲学对身心关系的探讨可以分为有身哲学和无身哲学。与此同时，他心问题与认知科学的发展有关，认知科学经历了从第一代认知科学向第二代认知科学的转变。神经科学研究出现了新的研究技术，特别是神经影像学的发展以及镜像神经元的发现。哲学、认知科学和神经科学的整体发展使身体感知逐渐成为身心问题的核心，因此，他心问题也逐渐摆脱心智理论以及它所依赖的身心二元论，从间接推理的读心观向直接的感知观转变。在身体现象学、具身认知科学和认知神经科学的视域下身体不再作为阻隔心灵的挡板，那么对于他心的通达也从间接走向直接。

## 第一节 他心直接感知产生的哲学基础

有身哲学将活生生的身体作为解决他心问题的核心，就会消解由身心二元论指导下的心灵观和他心观，心灵和身体会统一于此在的生活实践中，因此也就没有一个隐藏在身体之后的独立心灵去操纵身体或者脱离身体实践的独立意图。瓦雷拉认为"正是因为我们文化（西方文化）中的反思一直以来与身体生活断开，才使得身心问题对抽象反思而言成为一个中心主题"[1]。梅洛-庞蒂认为"在笛卡尔看来，我只能找到和触

---

[1] ［智］瓦雷拉、［加］汤普森、［美］罗施：《具身心智：认知科学和人类经验》，李恒威等译，浙江大学出版社 2010 年版，第 24 页。

摸我自己的纯粹心灵。其他人对于我来说从来都不是纯粹的心灵：我只能从他们的眼神、手势、话语，换句话说通过他们的身体理解"[1]。而之所以有他心问题，一个很重要的方面是将他人设想为抽象的、独立的个体指称，一旦将活生生的身体和情境赋予他人，他心问题就会因此而消失。

### 一  无身哲学的困境

一般来说，可以将无身哲学传统看作笛卡尔身心二元论的遗产，但是无身性在西方的哲学传统中一直占据着主流地位。在古希腊一直都有扬心抑身的传统，最早贬低身体的哲学家是克西那芬尼，他说："如果一个人在摔跤或拳击中获胜，他会在比赛中得到巨大的荣誉。然而，他不像我那么有价值。因为我的智慧胜过人类或马匹的力量。把力量排在我的智慧之上是完全不公平的。"[2] 自柏拉图以来人们就更倾向于追求理性，到笛卡尔时期达到顶峰，"笛卡尔在《第一哲学沉思集》的第一、第二和第三沉思中，试图通过严格地区分纯粹的思维和物体引领我们达到所谓的具有自明性和确定性的思维自身"[3]。身心实现了完全分离，哲学进入无身哲学进程，心灵成为独立于身体的思考实在，身体成为独立于心灵的广延实在，心灵中没有身体的位置，身体中也没有心灵的元素。我思是最小的我，身体犹如机器一样，由隐藏在身体之内的心灵控制和发号施令，心灵也成为人类认知的基座。这种心灵观有两个特征：（1）位置宣称——任何心智现象都位于主体的限度之内；（2）拥有宣称——必须有一个主体拥有心智[4]。没有心灵的控制，身体器官只是一个没有安装软件的电脑或机器，因此，也就无法获得世界存在的知识，更不用说他人和他心的存在。一个戴着帽子和穿着衣服的人穿过广场，他是人还是机

---

[1] Merleau-Ponty, M., *The World of Perception*, London/New York: Routledge, 2002, p. 82.

[2] Claxton, G., *Intelligence in the Flesh: Why Your Mind Needs Your Body Much More than It Thinks*, New Haven/London: Yale University Press, 2015, p. 16.

[3] 贾江鸿：《作为灵魂和身体的统一体的"人"——笛卡尔哲学研究》，中国社会科学出版社2013年版，第8页。

[4] Rowlands, M. *Externalism: Putting Mind and World Back Together Again*, London: Acumen, 2003, p. 13.

器，笛卡尔认为这需要心灵的自我进行判断。在日常生活中，我不会怀疑戴着帽子和穿着衣服的这个人是否真实存在，不需要推理和判断就能知道结果，只需我们跟这个穿着衣服和戴着帽子的存在交流一下就知道他是否是真的人，因此，笛卡尔是通过将不可怀疑的"我思"作为起点，将身体和心灵分离开来。奥弗高认为"对于笛卡尔来说，重要的不是衣帽遮盖的身体，而是身体之内是否有灵魂或心灵存在"[1]，因此他心是否存在才是一个重点。笛卡尔对于心灵的强调实际上宣告了一种主体哲学的现代性建构的开始，而且这种哲学一直延续到20世纪[2]。分析哲学就典型地继承了这一思想遗产，从弗雷格（F. L. G. Frege）、罗素（B. A. W. Russeu）、前期维特根斯坦、维也纳学派和逻辑经验主义等，都注重对数理逻辑、命题推理和理想语言的研究，当然还有奥斯汀（J. L. Austin）、蒯因（W. O. Quine）、戴维森（D. Davidson）等人也都部分继承了二元论思想。分析哲学在进入语言转向阶段之后就将语言分析作为哲学研究的重要手段，认为真正重要的是语言、概念、逻辑、理性、知识和真理等，因此，身体以及身体经验的位置微乎其微，甚至起着阻碍的作用。这种研究传统可以追溯到弗雷格，他尝试将数学、逻辑和科学的主张看作是解决一切哲学问题的基础，在谈论符号意义时，并没有涉及身体，而是认为正是因为有身性和经验性才不具有普遍性[3]。当然，也不只是分析哲学传统忽视身体，即使早期现象学也面临着相同的问题，如布伦塔诺、前期胡塞尔等也没有考虑身体在意识中的作用。

## 二 对无身哲学的批判

从19世纪后半叶开始，突破身心二元论的趋势越来越明显，逐步把心理、下意识、情感、意志等方面与身体联系起来，导致哲学关注的重心从与心灵联系在一起的"我思"向与身体密切关联的"我能"过

---

[1] Overgaard, S., *Wittgenstein and Other Mind: Rethinking Subjectivity and Intersubjectivity within Wittgenstein, Levinas and Husserl*, London/New York: Routledge, 2007, p. 2.

[2] 贾江鸿:《作为灵魂和身体的统一体的"人"——笛卡尔哲学研究》，中国社会科学出版社2013年版，第3页。

[3] Gallagher, S., *Enactivist Interventions: Rethinking the Mind*, Oxford: Oxford University Press, 2017, p. 5.

渡，这其实意味着现代西方心灵哲学以笛卡尔为起点，但又对其展开了全面突破①。此时的身体虽然还没有完全获得充分表达和位置，但已经具有了某种主体性特质，也就是说，身体不再从属于意识和心灵，不再是被心灵表征的客观认识对象，这意味着超越笛卡尔身心二元论的身心一体观在哲学传统中的立身。

尼采是西方哲学从无身哲学向有身哲学转折的一个关键人物。正是基于身心统一的现象和事实，以致从尼采主张"我全是身体，身体才是真正的大智慧，身体才是一切艺术的基础和根基"之后，世界范围内的新尼采主义者便纷纷涌现身体哲学和身体认知的战场②。尼采（F. W. Nietzsche）受到重视的另一原因要归功于海德格尔写的《尼采》一书，海德格尔接续尼采的思想，也对无身哲学给予了批评。海德格尔的"此在"（dasein）观更加关注人在世界中的存在而非对世界的认识，人与世界的认识关系不是本真存在，因此表征、心智状态、概念、反思等是次生的和非本质的。海德格尔坚持要回到日常人类行动的生存现象并且停止传统的二元分立，内在/超越、表征/被表征、主体/客体、有意识/无意识、外显/默会、反思/非反思③。在胡塞尔后期的身体观以及海德格尔存在论基础上，梅洛-庞蒂否定了经验主义将原子式的感觉通过联想的方式获得对世界和他人的整体经验，同时也反对理智主义将知觉经验归入先验主体的判断。梅洛-庞蒂反对科学实在论的思维方式对于人类感知的渗透，认为无法区分表征和真实世界，更没有一个脱离世界的表征实在存在，身体感知的世界就是真实的世界，活生生的身体在人类知觉过程中具有不可替代的作用。因此，海德格尔的"在世之在"和梅洛-庞蒂的知觉现象学就是将世界和身体拉回到生存和感知的动态过程中，以此消解掉镜像世界存在的可能性、必然性和先验性。

分析哲学、心灵哲学以及实用主义也都对无身哲学提出了挑战。实在论与反实在论之争、外部主义与内部主义的激辩，"以分离、解构、消

---

① 杨大春：《20世纪法国哲学的现象学之旅》，社会科学文献出版社2014年版，第18页。
② 张之沧、张咼：《身体认知论》，人民出版社2014年版，第8页。
③ 徐献军：《具身认知论——现象学在认知科学研究范式转型中的作用》，博士学位论文，浙江大学，2007年，第33页。

解和非中心化为特征的'后现代性'具有反基础主义、反本质主义和反表征主义的实质。因此，它冲击了以认识论为核心的现代思想框架，为传统的形式、观念和价值标准的可接受性带来震撼"[1]，这些哲学争论在某种程度上对挣脱无身哲学带来了直接或间接的影响。维特根斯坦通过语言分析对自我心灵、身心关系、思维与语言、理解、意向、情感等做了大量论述，同时对心理学中的身心二元论、表征主义、实证主义方法论进行了深入批判。维特根斯坦对私人语言的论述有强烈的外部主义元素，但同时也有很强的反形而上的实在论思想[2]。维特根斯坦把心灵与身体的关系看作是化学结构与物质之间的关系，人们对于心灵的追求犹如人们对于化学结构的迷恋一样，但是水的化学结构并不能反映水对于我的意义。基于后期维特根斯坦哲学思想，之后的分析哲学家及实用主义哲学家也开始对身心二元论、心灵的本质、计算主义、逻辑实证主义等进行反思和批判。戴维森认为心灵的观点是一种虚构，为了解释的需要而虚构出来并强加或归属于人[3]。丹尼特（D. C. Dennett）否定独立心灵的存在，认为人的心灵本身是人们在重构人脑时为了方便而创造出来的一种人工制品，既不是人身上客观存在的现象，也不是人脑高阶的状态或属性，而是人为解释的需要而加给人、归属于人的[4]。休伯特·德雷福斯认为心智的计算主义是脱离情景的并非真实的知识；普特南认为计算主义仅仅是个人幻觉；马克·约翰逊（M. Johnson）认为整个西方哲学传统，特别是分析哲学传统的错误就在于心灵的模式是意识离身的剧场，这是按照完全逻辑的规则保证知识的确定性和不变的真理，但是这里面所欠缺的是经验和思想特征的时间性和身体性特征[5]。实用主义者也认识到无身哲学是抽象的、客观的和脱离情景的，在实际生活中，我们总是在一个情境中获取经验，也在具体的情节中去实践。

---

[1] 郭贵春、殷杰：《在"转向"中运动：20世纪科学哲学的演变及其走向》，《哲学动态》2000年第8期。

[2] Overgaard, S., *Wittgenstein and Other Mind: Rethinking Subjectivity and Intersubjectivity within Wittgenstein, Levinas and Husserl*, London/New York: Routledge, 2007, p. 63.

[3] 高新民、沈学君：《现代西方心灵哲学》，华中师范大学出版社2010年版，第90页。

[4] 高新民、沈学君：《现代西方心灵哲学》，华中师范大学出版社2010年版，第98页。

[5] Johnson, M., *Embodied Mind, Meaning, and Reason: How Our Bodies Give Rise to Understanding*, Chicago: University of Chicago Press, 2017, p. 55.

### 三 有身哲学的提出

有身哲学可以追溯到亚里士多德提出的"实践智慧（phronesis）"，认为人类灵魂是身体的表达，但是这一思想并没有被后来的哲学家所继承和认可，直到尼采才逐渐将身体纳入哲学研究中。尼采的思想影响了包括后来的海德格尔、梅洛－庞蒂、莱考夫（G. Lakoff）等哲学家。除了现象学之外，实用主义的一些研究也可以归为有身哲学，如皮尔士（C. S. Peirce）、威廉·詹姆斯（W. James）、杜威（J. Dewey）和乔治·米德（G. H. Mead）等人的思想。同时，后期维特根斯坦思想也充满了有身哲学的种子。杨大春教授认为"身体哲学最初是在大陆现象学中作为范式出现，随后在大陆结构—后结构主义和英美心智哲学中出现了相应的改造，最终是依据分析哲学的思路对它进行重构，并导致了大陆哲学和英美哲学在身体问题上的合流，最终实现了身体哲学的普遍化"[①]。因此，有身哲学是在众多哲学流派合力的作用下出现的，有身哲学也是对亚里士多德将灵魂和身体看作生活的两个面（sides）哲学思想的复兴[②]。下面我们就分析这些哲学流派中所表现出的有身思想。

第一，现象学中的有身哲学。在20世纪的哲学中，现象学是最早和最大规模强调身体的，主要代表人物有后期胡塞尔、舍勒、海德格尔、梅洛－庞蒂和约纳斯（H. Jonas）等人。在现象学传统中，胡塞尔最早提出肉身性（Leiblichkeit）这个词，并在《1925年现象学心理学演讲》（*Phenomenological Psychology Lectures of 1925*）中提出了身体现象学，后来在现象学中关于身体的探讨也都沿用这个词。胡塞尔将身体作为人类知觉经验的原点，身体是人们对空间物体感知和交往的可能条件，每一个世界性的经验只有受到具身性调节才成为可能[③]。身体不是生理的身体更是运动的身体和体验的身体，身体作为运动的场是感知的构成部分，我就是我的身体，就是"我能"。胡塞尔急切地强调身体的两面性，即作为

---

① 杨大春：《从身体现象学到泛身体哲学》，《社会科学战线》2010年第7期。
② Thompson, E., *Mind in Life: Biology, Phenomenology, and the Sciences of Mind*, Cambridge, Massachusetts/London, England: Harvard University Press, 2007, p. 226.
③ Zahavi, D., *Husserl's Phenomenology*, Stanford: Stanford University Press, 2003, p. 99.

一个意向性，也就是说作为一个主动的结构和感知的主体，同时也作为视觉和触觉显现的外在物①。而且胡塞尔在论述主体间性的时候，认为先验自我是具身的，身体作为器官的承载者是人类存在的坐标原点，所有被观察的世界都以身体为参照系②。虽然胡塞尔首先提出了身体的重要性，但他的主要目的还是为了保证先验自我的存在。

沿着后期胡塞尔的身体思想，梅洛-庞蒂在《知觉现象学》中特别强调了身体的重要性，身体是我们之所是、我们在世界之中和理解人类存在的关键。梅洛-庞蒂批判性地继承了比朗（M. Biran）和柏格森（H. Bergson）等人的身体观，深化和拓展了马塞尔"我就是我的身体"的论点，围绕行为和知觉来描述作为主体的本己身体，为我们提供的是一种围绕身体意向性而展开的知觉现象学③。因此，梅洛-庞蒂的身体现象学将身体感知看作比分析性和反思性的心灵更加原初，他吸收了胡塞尔关于身体的哲学讨论，但对其相关论述进行了创造性的误读，并借此实现了从意向性向身体性的真正转变，肯定了身体在获得经验过程中所扮演的基础性角色。"梅洛-庞蒂的非二元论的主体性思想是建立在原始的匿名性基础上，而非基于视觉的反思性或主体间性。这一立场摧毁了笛卡尔将人类主体看作是孤立的主体控制或能够从理性的角度看待自己的身体及其行为的观点。"④海德格尔曾经被指责没有关注身体，但是海德格尔提出了一个既不是意识也不是身体的含混的"此在"概念，绕开了身心关系难题，用"共同此在"或"共在"来否定唯我论困境⑤。海德格尔还提出了在"世界之中"和"上手状态"的观点，指出我对于世界的理解不是以反思和智力的方法来客观表征和加工的。约纳斯则从生命的维度探讨身心合一的整体性。因此，按照梅洛-庞蒂的观点来看，既然我的意识有一个身体，那么他人的身体为什么就

---

① Zahavi, D., *Husserl's Phenomenology*, Stanford: Stanford University Press, 2003, p. 103.

② Overgaard, S., *Wittgenstein and Other Mind: Rethinking Subjectivity and Intersubjectivity within Wittgenstein, Levinas and Husserl*, London/New York: Routledge, 2007, p. 47.

③ 杨大春：《20世纪法国哲学的现象学之旅》，社会科学文献出版社2014年版，第240页。

④ Vasseleu, C., *Textures of Light: Vision and Touch in Irigaray, Levinas and Merleau-Ponty*, London/New York: Routledge, 1998, p. 50.

⑤ 杨大春：《身体的秘密——20世纪法国哲学论丛》，人民出版社2013年版，第65页。

不会有意识呢？这样就将我的意识的身体性延伸到另一个活生生的身体意识，他人的身体是有意识的，他人的意识也是有身体的。梅洛-庞蒂作为有身哲学的代表，"他的思想与实用主义的观点，特别是杜威以及乔治·米德的观点非常接近"①，这表明实用主义也支持有身哲学的观点。

第二，实用主义中的有身哲学。作为实用主义的代表人物，威廉·詹姆斯认为心智事实不可能与身体环境分离。詹姆斯首先看到"将身心隔离的弊端，而认为心灵是身体与环境交互而涌现的过程，心灵无法脱离身体、情绪而独立存在。过去的理性心理学的最大的问题是将灵魂看作是纯粹的精神实体，同时灵魂具有自身的功能获得，如记忆、想象、推理和意愿等"②。詹姆斯告诉我们人类是无法逃脱具体生存环境的有身自我，也不存在一个离身的自我或超验的自我作为认知加工过程的基础，而是将心灵与经验、身体和世界紧密地关联起来。经验是杜威哲学思想中最重要的概念，认为心灵、思想和语言必须依赖人类的经验，心灵是机体和周围环境交互过程中涌现的产物③，心灵并不是只与大脑神经有关而是与整个身体及整个环境都有关联。杜威反对经验主义的经验观，认为并不需要理性将原子化的感知经验综合到一起形成一个统一的经验表征，而是说经验本身就是综合和统一的。抽象的高阶认知经验来源于具体的低阶运动实践和感知能力，心智离不开身体和世界的交互，然而杜威更强调社会和文化维度对于心灵的塑造作用，他认为心灵来源于符号互动和群组内成员的意义共享④。杜威还是情境认知的先驱，他认识到环境的重要性，但是又不同于传统的环境观，而是将环境当作一个整体，认为生物个体不仅仅是生物个体还包括整个环境在内的整体，任何尝试将机体和环境分开的观点都

---

① Low, D., *Merleau-Ponty's Last Vision: A Proposal for the Completion of the Visible and the Invisible*, Evanston, Illinois: Northwestern University Press, 2000, p. 110.

② Johnson, M., *Embodied Mind, Meaning, and Reason: How Our Bodies Give Rise to Understanding*, Chicago: University of Chicago Press, 2017, p. 72.

③ Johnson, M., *Embodied Mind, Meaning, and Reason: How Our Bodies Give Rise to Understanding*, Chicago: University of Chicago Press, 2017, p. 18.

④ Johnson, M., *Embodied Mind, Meaning, and Reason: How Our Bodies Give Rise to Understanding*, Chicago: University of Chicago Press, 2017, p. 40.

是一种毁坏①。杜威的有身哲学表现在其机体思想（organism）中，这与现象学的身体观非常接近。

乔治·米德在杜威有身思想基础上做了更深入的探讨。他在社会环境方面的论述比杜威更加深刻，认识到自然环境与社会环境、有机体与环境之间都无法实现分割，因此环境包括多重视角，而任何视角都是对一个机体活动场域的阐释，身体与周围环境黏在一起，而身体活动及所带来的意义则与社会生活无法分离。米德的有身哲学不仅使实用主义的研究从对自然环境的关注转向社会互动，还"使得自我意识的研究以社会性为起点，从而摆脱西方的个人中心主义"②。米德在分析人类心灵和思维时，创造性地提出了思维是一种姿态对话和符号互动，互动的双方是自我与他人、主我与客我的沟通，通过自我与他人的互动衍生出主我与客我的符号沟通，这不仅摆脱了自我作为哲学研究的绝对中心，而且还从生成的角度展现自我与他人、认知与符号互动是无法分离的部分。米德并没有否定自我，其目的是要强调心灵不能被删除，无心之身的存在并非人类，也不能将心灵还原为物质或者亚人层面，机械的存在也并非人类的存在状态。自我绝不是心灵的起点，而是身体与世界与他人互动时所表现出的自性。由于自我同时具有主我和客我两个方面，米德将自我放在一个与他人在符号互动中相同的地位，这使自我研究的中心发生了转移，从自我中心主义到符号互动的共同体，这个共同体既是一个自我也是一个他人，因此自我既有自性又有他性。可以说米德的哲学思想推进了西方哲学的研究和转向，同时与后期胡塞尔、海德格尔、梅洛-庞蒂等大陆现象学家的思想共同促进了哲学的身体转向。

第三，后期维特根斯坦的有身哲学。后期维特根斯坦的有身哲学思想主要表现在对心理学、语言和文化等方面的论述，采用语言分析的方法将语词作为分析工具，通过对心灵、思维、记忆、理解、意图等相关

---

① Gallagher, S., *Enactivist Interventions: Rethinking the Mind*, Oxford: Oxford University Press, 2017, p. 45.

② Carpendale, J. I. M., Racine, T. P., "Intersubjectivity and Egocentrism: Insights From the Relational Perspectives of Piaget, Mead, and Wittgenstein", *New Ideas in Psychology*, 2011, Vol. 29, No. 3, 2011.

词汇使用方法的分析来认识认知，见诸《哲学研究》《文化与价值》《心理学哲学评论》《纸条集》和《关于心理学哲学的最后著作》等著作。维特根斯坦在论述语言理解、私人语言、他心等观点时都提到了身体的重要性。维特根斯坦反对思维只发生在大脑内，之所以会产生思维的内部主义这样的误解是因为思维与语言混合在一起。维特根斯坦认为心灵是与整个身体密切相关的，"人的身体是灵魂最好的画像"[1]，因此，离开身体的心灵是不存在的。维特根斯坦的"身体"不同于现象学所说的肉身（flesh），更注重与行为表达的联结，正是在行为中身体才是认知的场域，心灵和身体在行为中达到统一，"如果我说垂头丧气，那这是一种行为，还是心理状态？两者都是；但它们不是并列的，而是在一种意义上是这样，在另一种意义上是那样"[2]。维特根斯坦并不会像行为主义者那样将心灵还原为物理身体的机械行为，而是把行为与心灵看作不同的面相，"'知'的语法显然与'能'的语法很近，但也同'理解''领会''会'的语法相近"[3]，因此心灵不能离开身体，正是在行动中的身体使认知成为可能。语言和身体行为也是相同的，语言就是行为，理解语言就是理解对方的感觉，语言是思维的重要表现形式，因此，心灵与身体的活动是同一个实在的不同面相。在维特根斯坦的概念中，身体之所以重要，是因为身体是行为的保证，行为即有"身"的特点，又有"心"的意义。维特根斯坦强调生活实践的作用，认为实践是人的生存方式、人生活的形态和生活意义的保证。在实践中，主观与客观、心灵和身体、内在与外在相互融合和转化。维特根斯坦将心灵看作是发展着的身体在情境中的实践活动，人类只有在实践活动中，身体行为和游戏才凸显其意义，没有实践的身体，行为和游戏都不是人类的心灵活动，离开身体实践的心灵是片面的、孤立的和表象的。因此，实践是人与世界联系的基本形式，是在整个时间和空间上不断延伸的过程，是人类认识世界和构造世界的方式，身体实践统一了主体和客体、身体和心灵。

总的来说，在无身哲学传统中，身体一直处于不可见，但又表现出

---

[1] Wittgenstein, L., *Philosophical Investigation*, Oxford: Blackwell, 1999, p. 180.
[2] Wittgenstein, L., *Philosophical Investigation*, Oxford: Blackwell, 1999, p. 122.
[3] Wittgenstein, L., *Philosophical Investigation*, Oxford: Blackwell, 1999, p. 26.

一种强力效果的状态。人们被诱惑于一个虚幻的和脱离存在的表象世界、柏拉图式的抽象和理念化处境、一种无身的和脱离生活实践的思考，哲学也一直困于洞中之影。直到人们突然惊讶于身体和在真实生活中的角色时，身体才受到重视。心灵不再是一个形而上实体或固定结构，而是与身体过程、活动和他人一起产生于身体自我的社会实践和交互。哲学的身体转向极大地挑战了无身哲学，越来越多的哲学家认识到了身体的重要性，理性或自我并不能够脱离感性或身体的作用，身心统一成为心灵哲学的优势思潮。其实，即使是柏拉图也是一位成功的运动员，传说他年轻的时候是一位摔跤冠军[1]。因此，人是带着身体的心灵，一个人之所以能够获得真理是因为有一个身体，它嵌在这些事物中[2]。西方的心灵哲学研究正从表征的、内在的和单一学科的无身哲学走向有身的、实践的和多学科交叉的路上。有身哲学几乎涉及了包括现象学、实用主义和以后期维特根斯坦为代表的分析哲学的所有哲学流派，但是它们对于后继的认知科学的影响力却是不同的，因此对他心直接感知的影响也是不一致的。托贝（J. Tauber）认为梅洛-庞蒂与维特根斯坦、海德格尔共同促进了认知科学范式革命，但梅洛-庞蒂的贡献比后两者大[3]。梅洛-庞蒂对于知觉的身体现象学解释激发了认知科学的身体转向，对具身认知、延展认知和生成认知都有深刻影响，瓦雷拉、汤普森和罗施（E. Rosch）的《具身心灵》（*The Embodied Mind*）一书就很大程度上受梅洛-庞蒂影响，还影响了克拉克（A. Clark）、加拉格尔、诺瓦（A. Noë）等人。在《肉身哲学》（*Philosophy in the Flesh*）一书中，莱考夫和约翰逊提到梅洛-庞蒂和杜威是影响他们提出第二代认知科学的关键哲学家。因此，梅洛-庞蒂的身体现象学在有身哲学中扮演着中心角色。他心问题的直接感知路径就是在这一哲学演进背景下展开讨论的。

---

[1] Claxton, G., *Intelligence In the Flesh: Why Your Mind Needs Your Body Much More Than It Thinks*, New Haven/London: Yale University Press, 2015, p. 16.

[2] Merleau-Ponty, M., *The World of Perception*, London/New York: Routledge, 2002, p. 56.

[3] Tauber, J., *Invitations: Merleau-Ponty, Cognitive Science and Phenomenology*, Saarbrucken: VDM Verlag Dr. Muller, 2008, p. 3.

## 第二节 他心直接感知产生的认知科学基础

### 一 经典认知科学的衰落

认知科学作为现代科学一个新的研究主题，涉及了心理学、神经科学、语言学、计算机科学、人工智能和哲学等学科[①]。经典认知科学又被称为第一代认知科学，"以心灵的表征主义理论为基础，认为这一理论的核心是假设一种语言思维，有无数的心智表征能够作为命题态度和心智过程的对象"[②]。经典认知科学继承了笛卡尔的唯我论和身心二元论思想，不仅将心灵从身体中分离出来，而且还将自我从世界以及与他人的交互中分开，因此经典认知科学是一种心智的唯我论和方法论上的个人主义，心灵是独立个体的内部加工机制。经典认知科学有三个基本要素："心智表征、形式主义和以规则为基础的转换"[③]，其中心智表征的概念是关键，也是最受挑战、质疑和争论的。正是心智表征能力给予认知进行运动的功能机制，按照一系列的逻辑形式进行计算和推理，认知是否成功依赖命题的真值。经典认知科学与计算机和人工智能的繁荣发展相辅相成，电脑软件隐喻成为解释心灵的主要方式，因此，认知成为一种形式的和逻辑上的操纵能力，心灵成为一种计算程序，经典认知科学下的他心成为一个可依赖理性进行预测、推理和判断的实在。

认知科学的发展，使人们逐渐认识到经典认知科学过分注重心灵而忽视身体的事实。当我们去寻找和研究大脑负责控制认知的区域时，发现所有负责认知的网络都是以这种或那种方式与感知系统和运动系统或者动机系统有关，大脑中没有任何一部分是负责离身的认知的[④]。联结主义（connectionism）在20世纪80年代首先对经典认知科学发起了挑战，

---

[①] Thompson, E., *Mind in Life: Biology, Phenomenology, and the Sciences of Mind*, Cambridge/London: Harvard University Press, 2007, p. 3.

[②] Fodor, J. A., *Psychosemantics: The Problem of Meaning in the Philosophy of Mind*, Cambridge/London: MIT press, 1987, pp. 16–17.

[③] 徐献军：《具身认知论——现象学在认知科学研究范式转型中的作用》，博士学位论文，浙江大学，2007年，第16页。

[④] Tucker, D., *Mind from Body: Experience from Neural Structure*, Oxford: Oxford University Press, 2007, p. 59.

将经典认知科学的计算机隐喻转换为大脑神经网络隐喻。联结主义的出现促使认知科学的研究者认识到认知的心灵表征观和心智计算的问题，但是联结主义并没有完全突破经典认知科学范式的束缚，仍然认为是受制于大脑的计算。20世纪90年代，具身认知的支持者特别是激进的具身认知者对心智表征的概念进行了全方位地反驳，如德雷福斯、郄默罗（A. Chemero）、赫托（D. D. Hutto）、加拉格尔和拉姆齐（W. Ramsey）等哲学家指出，经典认知科学在处理常识性知识、情感以及在人工智能应用上存在表征主义无法解决的缺陷，会忽视对情感和动机的关注。以反表征主义而著名的哲学家德雷福斯对心智表征进行了大量的批判，认为表征主义的观点与笛卡尔式的表征概念相连（主要表现在应用于人工智能的失败），仍然是脱离情境的以及深陷于知识论中对事物"知道"的状态。在《计算机不能做什么——人工智能的极限》一书中，德雷福斯强调情境和身体在认知过程中的重要性，还论证了技能学习以及海德格尔所说的上手状态需要的是在实际情景中的操作经验而非抽象表征。这就像我们日常所说，读再多关于游泳的教科书也不一定会游泳，只有亲身下水尝试才能够学会游泳，因此"成功的学习和行动不需要命题的心理表征作为基础和支撑，也不需要语义解释的大脑表征"[1]，更不需要一个以规则和命题进行运算的心智操作过程。知识是通过亲身实践获得的并不依赖于直接对外部事物进行理论化或表征。至于经典认知科学者所强调的高阶认知独特性的坚持，批评者认为所谓的高阶认知也依赖于身体经验，"在思维的高阶形式与运动适应的低阶形式整体之间，存在着根本的功能连续性"[2]。莱考夫和约翰逊提出具身实在论（embodied realism）解释高阶的认知功能源于我们与周围环境的身体交互、感知、运动和情感体验，之后通过想象或投射的方式将已有的经验映射到抽象概念中。对于世界的感知依赖于整个身体的把握，因此"经典认知科学的真正问题是将理性的思考作为最基本的认知

---

[1] Dreyfus, H. L., "Intelligence without Representation—Merleau-Ponty's Critique of Mental Representation: The Relevance of Phenomenology to Scientific Explanation", *Phenomenology & the Cognitive Sciences*, Vol. 1, No. 4, 2002.

[2] ［瑞］让·皮亚杰：《智力心理学》，商务印书馆2015年版，第25页。

操作"①。研究表明，运动行为和运动表征之间是有清晰的一致性的，也就是说，高阶的感知信息描述的运动行为激活神经，从而对这些行为进行编码，而且运动神经接受感知信息是与运动特征一致的②。身体姿势也会影响认知表现，头和眼睛右转有利于回忆③，这与我们从左到右的看书习惯有关。这挑战了在感知和运动之间人为添加独立心灵的"三明治"式的认知观。

### 二 具身认知的挑战

第二代认知科学出现了所谓的4E运动，即认知是具身的（embodied）、嵌入的（embedded）、生成的（enacted）和延展的（extended），分别对应后来的具身认知、嵌入认知、生成认知和延展认知四个大的派别。当然，第二代认知不仅这四个，还有其他的名称或侧重方向，如认知动力系统（dynamical system）、情境认知（situated cognition）和接地认知（grounded cognition）等。这些对认知的描述选项涵盖了从对经典认知科学的保守模式到温和的模式最后过渡到比较激进的阵营（认为我们需要重新思考大脑和心理的运作方式）。

狭义的具身认知以现象学和实用主义为其哲学理据。具身认知与梅洛-庞蒂的活生生的身体概念以及对理智主义和经验主义的批判有很大关联，这些思想被具身认知吸收从而改变了经典认知科学的研究范式，人们认识到了身体在认知构成中的作用。具身认知的概念并不是固定的，很多关于认知的研究都会与"具身"这一概念紧密关联。由于对具身性有不同看法，因此，到目前为止并没有一个非常统一的具身概念，瓦雷拉等人将具身认知定义为机体的各种感知—运动能力——这种能力是嵌入和参与更加广泛的、生理的、心理的和文化多

---

① Noë, A., *Out of Our Heads: Why You Are Not Your Brain, and Other Lessons From the Biology of Consciousness*, London: Macmillan, 2009, p. 99.

② Gazzola, V., Keysers, C., "The Observation and Execution of Actions Share Motor and Somatosensory Voxels in All Tested Subjects: Single-Subject Analyses of Unsmoothed fMRI Data", *Cerebral Cortex*, Vol. 19, No. 6, 2008.

③ Lempert, H., Kinsbourne, M., "Effect of Laterality of Orientation on Verbal Memory", *Neuropsychologia*, Vol. 20, No. 2, 1982.

样性的情境中的[①];马克·罗兰兹（M. Rowlands）认为心智过程不仅仅是由大脑过程构成的,而是大脑过程与更广泛的身体结构和过程组合构成的[②]。具身认知是变异、改变和选择的进化结果,认知一直处于动态的、持续的机体—环境关系中,与机体的需求、兴趣和价值有关,具身认知总是社会的和合作性的,而非单一机体的[③]。很显然,具身认知的内涵在逐渐扩展,从身体结构对认知的影响或构成扩展到经验、情境、主体间性和文化等方面,具身认知也成为代表所有反抗经典认知科学的代名词。

延展认知首先由克拉克和查尔莫斯（D. Chalmers）在《延展的心灵》（*Extended Mind*）一文中提出。有一个非常典型的思想实验可以解释延展认知,英伽（Inga）搜寻头脑中的记忆并将他们用语言表达出来,奥托（Otto）患有阿尔茨海默症,因此使用笔记本帮助记忆,他们通过不同的方法认知到他们要去"位于53街区艺术博物馆",因此笔记本具有了认知功能。延展认知还解释了人类认知是如何延展到人工物上,通过对手机的习惯性操作,手机具有了人类认知的记忆、判断等功能,可以说认知延展到了手机上,手机成了认知的一部分。延展认知虽然赞同认知的身体主体性,认知产生于身体与周围世界的互动,但并没有将认知限制在身体内,更强调外部世界对认知的构成作用,而非只是一种影响或者依赖作用。延展认知认为人工物的创造和使用,助力人类获得高阶认知和抽象表征推理能力,例如,会使用复杂符号的猩猩能够完成更加复杂的跨模态任务,而不会使用符号的猩猩只会做简单的跨模态任务[④]。延展认知使认知不只限制于大脑内部,外部环境甚至语言、文化、习俗以及人造物等都构成了人类认知。虽然传统的认知观也认识到了外部世界以及周围环境对认知的影响,但只是将外部世界作为认知产生的一种因果性因素,延展认知使认知科学研究逐渐摆脱了个人主义和内在主义。但

---

① Varela, F., Thompson, E., Rosch, E., *The Embodied Mind: Cognitive Science and Human Experience*, Cambridge/Mass.: The MIT Press, 1991, p. 172.

② Rowlands, M., *The New Science of The Mind: From Extended Mind to Embodied Phenomenology*, Cambridge: The MIT Press, 2010, p. 53.

③ Johnson, M., *Embodied Mind, Meaning, and Reason: How Our Bodies Give Rise to Understanding*, Chicago: University of Chicago Press, 2017, pp. 68–69.

④ Savagerumbaugh, S., Sevcik, R. A., Hopkins, W. D., "Symbolic Cross-Modal Transfer in Two Species of Chimpanzees", *Child Development*, Vol. 59, No. 3, 1988.

是，加拉格尔认为延展认知的具身观并不彻底，延展认知更注重大脑在认知加工中的作用。

嵌入认知（也被称为情境认知）与视觉理论研究的进展有关，强调认知产生于机体与环境的交互。根据嵌入认知的观点，认知具有独特的适应性、丰富性和灵活性，有时也会依赖各种非神经的身体结构或运动，或依赖身体对某些环境道具或支架的利用[1]。嵌入认知与延展认知是一脉相承的，正是因为认知或心灵可以延展到身体以外的环境，认知或者心灵才能够嵌入环境中。相比于延展认知，嵌入认知对经典认知科学表现得更加温和。嵌入认知更多地将大脑、身体和认知过程放置于情境中，且又与周围的环境相隔离，所以嵌入认知仍然是将抽象的、离身的过程看作独立于周围世界和事件的表征，身体和周围的社会与物理环境仅仅起到影响认知的作用。嵌入认知几乎没有对经典认知做出任何碰触和挑战，即使认识到部分认知过程是嵌入环境中的，嵌入认知仍然认为真正的认知就在大脑中[2]。嵌入认知所理解的环境的功能与延展认知有所不同，嵌入认知是由环境驱动的认知，因此环境只是一种影响因素，对于认知构成本身没有太大的作用，而延展认知是认知构成的，延展认知指出认知在某种程度上是由周围环境所构成和塑造的，认知带有环境的元素。马克·罗兰兹认为嵌入认知是新笛卡尔主义的后退性立场，认知仍然是发生在大脑内部的认知操纵，只是部分地依赖和使用合适的环境结构[3]。因此，从总体上来说，嵌入认知是一种弱具身认知。

生成认知主要受现象学、动力系统论和机器人研究等影响，认为在基本层面上的（感知和行动相关的）认知不仅是在头脑中的，还包括了身体和环境因素[4]。瓦雷拉、汤普森和罗施在现象学中找到了资源，例

---

[1] Wheeler, M., "Is Cognition Embedded or Extended? The Case of Gestures", In: Radman, Z. (eds.), *The Hand, an Organ of the Mind: What the Manual Tells the Mental*, Cambridge/Mass: MIT Press, 2013, pp. 269–301.

[2] Rowlands, M., *The New Science of The Mind: From Extended Mind to Embodied Phenomenology*, Cambridge: The MIT Press, 2010, p. 69.

[3] Rowlands, M., *The New Science of The Mind: From Extended Mind to Embodied Phenomenology*, Cambridge: The MIT Press, 2010, p. 70.

[4] Gallagher, S., *Enactivist Interventions: Rethinking the Mind*, Oxford: Oxford University Press, 2017.

如，胡塞尔的"我能"（I can）、海德格尔的上手状态以及梅洛－庞蒂对于身体实践的关注等都成为生成认知的思想源泉。与此同时，实用主义是生成主义的先驱。实用主义的生成假设认为所有的感知都发生在与环境持续交互的过程中，人类的意义和思维都是依赖于感知—运动的关联，我们使用感知和运动结构进行抽象的概念化和理性推理[1]。在此基础上，生成认知提出认知在某种程度上是通过人在世界中的具身实践获得意义，而非通过表征性的映射或对世界的内部影印而形成的表征形态或命题概念。生成认知努力将高阶和复杂的认知功能建立于身体整体、周围环境和情感基础上的感知—运动协调，将反思看作是一种技能训练。儿童在学习如何去做一件事的时候，并不需要大人给他讲一大堆理论，只需要让他参与到实践中就自然习得了。生成认知有五个基本观点[2]：（1）活生生的存在使一个自治主体能积极地生成和维持自身，也能够生成或者产生自己的认知域；（2）神经系统是一个自治的动力系统，会产生和维持自身连贯的和有意义的活动模式；（3）认知是处于情境和具身行为中的，认知结构和过程来自于周期性的感知和行为的感知—运动模式，机体和周围环境的感知—运动耦合会刻画神经活动的内在动力模式；（4）认知存在的世界不是一个特殊的、外在的或者内部表征的世界，而是一个与周围环境处于耦合状态的关系域；（5）经验不是一个边缘性问题，而是理解心灵的中心，需要以现象学的方式研究。生成认知与延展认知相似，不将认知限制在大脑或者皮肤之内，而是分布于整个身体、情境和世界之中。但是与延展认知的假设不一样，生成认知并不赞同延展认知所持有的功能主义观，认为身体会塑造或构成意识和认知。生成主义又不同于嵌入认知和延展认知，后两种观点仍然是将大脑作为认知的边界，因此会将大脑而非整个身体作为认知的核心，生成主义并没有区分认知的内和外，而是说整个交互系统是导致认知生成的基础。

---

[1] Johnson, M., *Embodied Mind, Meaning, and Reason: How Our Bodies Give Rise to Understanding*, Chicago: University of Chicago Press, 2017, p. 164.

[2] Thompson, E., *Mind in Life: Biology, Phenomenology, and the Sciences of Mind*, Cambridge/London: Harvard University Press, 2007, p. 13.

### 三 心智理论的衰落

与经典认知科学同源的心智理论，也开始逐渐衰落。对于心智理论的类比推理观，有很多哲学家已经做出了批评，如胡塞尔、舍勒、梅洛-庞蒂、维特根斯坦等人。胡塞尔和舍勒等现象学家一起反对类比推理作为共情的基础，强调共情不是某种推理，甚至认为共情是无意识的，我们不是经验他人的身体然后推出心智状态，相反我们是直接经历他人心智状态，看到一张愤怒的脸而不是看到一张脸然后推出愤怒[1]。胡塞尔后期对先验自我和意识进行了身体性和主体间性的延伸，胡塞尔将另一个身体自我的通达建立在以身体为基础的共情上。胡塞尔还指出，我对他心的通达并不需要一个独立心灵作为中介，"对他人的身体理解不是一个散漫的需要思考或者逻辑推理的行为，而只是发生在一瞥之间，不需要思考和回忆，也不需要对比就能将自己的感知经验转移到他人"[2]。舍勒认为通过假装或投射的方式并不能解释理解他心的过程，因为这种理解只是对自己的理解，他心问题最初并非是一个理论问题，而是经验和情感问题[3]。梅洛-庞蒂反对依赖类比推理来解释他心问题，因为"我对他人的经历不是通过类比，而是依赖于僭越（encroachment）；我说话从而完成我的思想，为了打破传统的分类就需要我们进入一个前构成的世界，因此，就需要一个具身的、活生生的和情景性的我思的哲学"[4]。梅洛-庞蒂还从儿童发展的角度指出在实际生活中儿童能够简单直接地感知他心，他心问题在儿童看来根本不是问题，在现实生活中也可以毫不费力地理解他人，因此，心智理论的推理或模拟太复杂而表现得不自然。维特根斯坦认为我的思想并非向他人隐藏，而是以不同的方式向他人表现，维特根斯坦的私人语言论述其实也是对心灵外部主义的解释。赖尔

---

[1] Dermot, M., Cohen, J., *The Husserl Dictionary*, London/New York: Continuum International Publishing Group Ltd., 2012, p. 96.

[2] Kern, I., "Husserl's Phenomenology of Intersubjectivity", In: Kjosavik, F., Beyer, C., Fricke, C. (eds.), *Husserl's Phenomenology of Intersubjectivity: Historical Interpretations and Contemporary Applications*, New York/London: Routledge, 2019, pp. 11–90.

[3] Zahavi, D., *Self and Other: Exploring subjectivity, Empathy, and Shame*, Oxford: Oxford University Press, 2014, p. 115.

[4] Merleau-Ponty. M., *Signs*, Evanston: Northwestern University Press, 1964, p. 90.

对于模拟论也有直接批评,认为我们所观察到的行为和他人的实际行为并不匹配,通过模拟的方法达到对他心的理解是把自己的模拟行为归于他人,这其实忽略了他人行为的多样性考虑,因为"每个人的表达和行为都是不同的,如果我们将一个人的内部过程与另一个人或者自己的内部过程相匹配是与事实不符的"[1]。后来的哲学家,如扎哈维、加拉格尔、奥弗高等人直接提出主体间理解具有身体性和情境性,否定了心智理论离身的、静态的、非直接的读心观。

除了面临哲学上的极大挑战之外,具身认知更是对心智理论发起了全面进攻。具身认知认为心智理论面临着如下悖论:心智状态是复杂的而且不可见的,因此对于儿童来说获得这种能力应该是非常困难的。但是正常发育的儿童并不需要详细的心智理论教育就能理解他人的心智状态,18个月大的婴儿,还没有发展出推理和模拟这种复杂的认知能力就能够识别他人的意图[2]。也就是说,在理论或模拟能力获取之前,儿童对他心的理解已经有了很大发展。另外,从意识分析的角度来看,如果模拟和推理是普遍和明显的,那么我们应该会对这一过程有所意识,但是在日常理解他心的过程中,并没有意识到这一过程的发生,而且如果我们刻意地尝试对这种能力进行感知,似乎就无法理解他人,就如走路的时候一直想着去抬哪条腿,就会发现自己已经不会走路。因此,对于他心的理解并不是将他人作为认知对象的第三人称理解模式,而是在第二人称交互中的自动涌现。假如你看到面前一个人手里拿了一盒茶叶同时伸出手时,你会知道他是在拿杯子准备泡茶,而这却发生在一瞬间,你想都不会想就知道他的行为意图,并做出相应的身体反应。由于他心的不可见原则已经成为心智理论过程需要推理的一个中心问题,因此,心智理论认为我们不能通过感知的方式通达他心[3],只能通过高阶认知的参与才能通达他心。但事实上当我在感知他人意图时,我会自动地将对他

---

[1] Ryle, G., *The Concept of Mind*, London: Hutchinson, 1949, p. 54.

[2] Bruner, J., Kalmar, D. A., "Narrative and Metanarrative in the Construction of Self", In: Ferrari, M., Sternberg, R. J. (eds.), *Self-Awareness: Its Nature and Development*, New York: Guilford Press, 1998, pp. 308 – 331.

[3] Gallagher, S., *Enactivist Interventions: Rethinking the Mind*, Oxford: Oxford University Press, 2017, p. 111.

人的知觉转换为他的欲望和信念等，而不需要一个相互映射的过程。另外，心智理论的解释总是脱离交际情境的，当看到一个孩子摔倒时，我们的反应首先应该是去帮助他，而不是想他为什么会摔倒，看到他人疼痛也不应该去反思这个人是否真疼。在实际交际情境中，我们首先是有一个身体的反应之后才会推测他人的意图。例如，当我走在路上独自行走时，突然听到一个人朝我大喊大叫，此时我的身体会自动前倾并做逃跑状，伴随着的是心跳加速，感觉脱离危险之后才会尝试猜测此人的意图。

近年来，心智理论内部也逐渐认识到之前观点的不足，开始了自身变革。除了模拟论尝试与镜像神经元结合并发展出具身模拟论之外，也逐渐改变了第三人称视角的研究方法。作为心智理论的支持者巴伦—科恩（S. Baron-Cohen），在1995年就认识到了情绪的重要性，人不是完全冰冷的计算机，但是由于缺少关于情绪的相关理论，他并没有对这方面深入研究[1]；加洛蒂（M. Gallotti）和福斯（C. D. Frith）也认识到了心智理论的唯我论弊端，认为社会认知和心智表征是一种"我们—模式"（we-mode）[2]，这些观点是一种进步，这会促使心智理论逐渐摆脱方法论上的个人主义。但是，这似乎又不够进步，因为他们将"我们—模式"放在一个联合的目标导向的行为中，将心智理论还原为机体但又缺少他人在场，而且并非是在真实的交互环境中，因此并没有真正地摆脱个人主义[3]。心智理论认为他心问题在本质上是独立于社会互动的，因此只能从个人能力的角度（例如信念—欲望推理或假装）来解释；神经还原论认为个人的社会认知在本质上是独立于第一人称体验的，因此，只能用亚人机制来解释（例如心智理论或镜像神经元）[4]。实际上，第一个假设

---

[1] Cytowic, R. E., *Synesthesia: A Union of the Senses*, Cambridge, Massachusetts/London: The MIT Press, 2002.

[2] Gallotti, M., Frith, C. D., "Social Cognition in the We-Mode", *Trends in Cognitive Sciences*, Vol. 17, No. 4, 2013.

[3] Di Paolo, E. A., De Jaegher, H., Gallagher, S., "One Step Forward, Two Steps Back-Not the Tango: Comment on Gallotti and Frith", *Trends in Cognitive Sciences*, Vol. 17, No. 7, 2013.

[4] Froese T., Gallagher S., "Getting Interaction Theory (IT) Together: Integrating Developmental, Phenomenological, Enactive, and Dynamical Approaches to Social Interaction", *Interaction Studies*, Vol. 13, No. 3, 2012.

是将研究焦点从社会互动转移到个人认知能力上,第二个假设是将个人认知能力还原到大脑神经层面。一些心智理论的支持者一直持有不可见准则,但是最近似乎逐渐放弃了这一观点,而且开始接受直接感知观。另外,心智理论内部争论的一个重要方面是推理是否是感知的必要成分,这一争论潜藏着心智理论的一个重大转向,即理解他心是单一理论机制还是双机制,双机制暗示了心智理论会接受他心直接感知,而具身模拟论的提出离不开模拟论向具身认知的靠拢。然而,心智理论仍然受到了两个方面的挑战:一个来自心智理论内部,认为儿童心智理论的获得并非四岁而是十五个月[1],这种观点并没有否定心智理论,只不过是对心智理论的进一步深化;另一个来自直接感知,这一理论视角才真正触及了心智理论的核心,因此也是本书关注的方面。

## 四 具身认知的社会性转向

人是无法脱离他人而独立存在的,即使正常人也会发现独白是非常困难的[2]。近年来,一些学者认识到了具身认知所取得的成就,同时也指出具身认知不能仅限于身体和环境,还应该关注社会文化的促进作用,否则就会"忽视人类的高阶认知能力和文化对认知的影响。所以,只有通过嵌入社会,认知的具身进路才会得到完善"[3]。安德森(M. Anderson)认为具身认知需在生理、进化历史、实践活动和社会文化四个方面进行补充[4]。哈钦斯(E. Hutchins)指出"未来30年,认知科学的研究方向应该是认知的社会和文化问题"[5]。在这样的背景下,一大批学者开始从实践活动和社会文化方面研究具身认知。加拉格尔通过对自闭症和婴儿模拟的研究指出人类天生就有具身主体间性能力,而且会在以后

---

[1] Onishi, K. H., Baillargeon, R., "Do 15-month-old Infants Understand False Beliefs?", *Science*, Vol. 308, No. 5719, 2005.

[2] Iacoboni, M., *Mirroring People: The New Science of How We Connect with Others*, New York: Farrar, Straus and Giroux, 2009, p. 96.

[3] 常照强、张爱民、魏屹东:《心灵科学的重构:寻找缺失的意义》,《科学技术哲学研究》2013年第5期。

[4] Anderson, M. L., "Embodied Cognition: A Field Guide", *Artificial Intelligence*, Vol. 149, No. 1, 2003.

[5] Hutchins, E., "Cognitive Ecology", *Topics in Cognitive Science*, Vol. 2, No. 4, 2010.

的认知发展中起到关键作用①。人类基本的认知技能，如感知、分类和推理都需要身体与环境在社会中的实践互动，"即使最基本的认知技能也会受到特殊的社会环境影响，我们可以将其称为社会负载"②。具身认知逐渐从身体分析向主体间性、社会性、实践性维度转向，身体不仅表现为生理构造和神经系统，而且还表现为社会文化、语言、规则和习俗所影响与规范的社会性身体。

具身认知的社会性研究也在哲学中汲取了大量营养。美国实用主义哲学家米德通过研究社会行为和符号互动在心灵和自我形成过程中的作用，指出人类心灵是具身的、社会性的和符号互动性的，他认为整个西方对意识的心理学和生理学研究都是基于自我中心主义和唯我论的，这要求我们采用实用主义的观点将意识和认知的研究放入具体的情境和社会中③。在梅洛-庞蒂的哲学中，活生生的身体并不是一个孤立的个体，而是自一开始就受到了他人影响，携带着他人的视角和文化，"身体是在社会背景中，也就是在他人的观念（view）或者感知中被经验的"④。人自从出生甚至在胎儿时期就已经在与他人交互，因此我是处于与他人共在的主体间性的生活实践中，"我们不可避免地和不知不觉地与他人捆绑在一起"⑤。梅洛-庞蒂在《知觉现象学》中指出前期经验会作为当下经验的沉淀物支撑当前获得知识的可能样式。而在所有的原初经验中，儿童和父母之间的关系是儿童朝向他人、社会和文化的第一步，与父母的交流不仅仅是父母作为个体对儿童的影响，也是父母所在的整个文化的影响⑥。我们通过他人和他人的经验学习事物的价值以及用途，例如，医

---

① Gallagher, S., Varga, S., "Conceptual Issues in Autism Spectrum Disorders", *Current Opinion in Psychiatry*, Vol. 28, No. 2, 2015.

② Shore, B., *Culture in Mind: Cognition, Culture, and the Problem of Meaning*, Oxford: Oxford University Press, 1996, p. 4.

③ Mead, G. H., "The Genesis of the Self and Social Control", *International Journal of Ethics*, Vol. 35, No. 3, 1925.

④ Vasseleu, C., *Textures of Light: Vision and Touch in Irigaray, Levinas and Merleau-Ponty*, London/New York: Routledge, 1998, p. 51.

⑤ Merleau-Ponty, M., *Sense and Non-Sense*, Evanston, Illinois: Northwestern University Press, 1964, p. 36.

⑥ Landes, D. A., *The Merleau-Ponty Dictionary*, London/New York: Bloomsbury Academic, 2013, p. 42.

生能够直接看到病人的病因；因纽特人能够分出很多种雪花，而生活在赤道地区的人却不能分辨出来。一个人的信念和价值观以及一个人的情感状态都会塑造一个人的认知。因此，可以说感知—运动经验、社会互动及主体间性一起塑造着人类的认知模式，通过身体意象和身体图式与世界及他人相遇。

虽然具身认知发展势头迅猛，但并不意味着没有任何问题。虽然经典认知科学开始衰落，但是并没有完全退出，而且经典认知科学的研究范式在认知科学研究中仍然非常流行。一些科学家将计算机程序视为实际思维的模型，这被称为"弱人工智能"立场，还有一些科学家则宣传并坚持这些程序就是实际思维，这被称为"强人工智能"立场[1]。经典认知科学的支持者认为当前的具身认知是有问题的，亚当斯（F. Adams）和相泽（K. Aizawa）认为延展认知混淆了因果性和构成性，外部物体只是一种因果性的条件而非构成性的因素[2]；普林茨（J. Prinz）认为生成认知和具身认知"卖"的要比证明的好[3]；戈德曼和德·维盖蒙认为具身认知是萦绕在认知科学实验室的幽灵，非常普遍又非常不受欢迎[4]。经典认知的支持者认为即使具身认知是有道理的，但是并不能解释高阶认知的具身性问题，即我们如何解释抽象概念的具身性问题，如何解释范畴、逻辑、数学计算等的具身性。郄默罗认为这仍然是一个有待讨论的问题，但是面对这样的挑战，具身认知的支持者也给予了相应的回应。

一种观点认为，高阶认知来自于低阶的感知—运动经验。对于高阶认知的解释，汤普森通过回溯胡塞尔的现象学进行回答，胡塞尔区分了在感知过程中的呈现（presenting 或 gegenwartigung）及在记忆和想象中激活的呈现（reactivated presenting 或 vergegenwartigung）。对于胡塞尔来说，记忆就是激活先前的不在场的感知，也被称为准呈现（quasi-presence）；

---

[1] Hutto, D. D., Myin E., *Radicalizing Enactivism: Basic Minds without Content*, Cambridge, Massachusetts/London: The MIT Press, 2013, p. 12.

[2] Adams, F., Aizawa, K., "The Value of Cognitivism in Thinking About Extended Cognition", *Phenomenology & the Cognitive Sciences*, Vol. 9, No. 4, 2010.

[3] Prinz, J., "Is Consciousness Embodied?", In: Robbins, P, Aydede, M. (eds.), *Cambridge Handbook of Situated Cognition*, Cambridge: Cambridge University Press, 2009.

[4] Goldman, A., De Vignemont F., "Is Social Cognition Embodied?", *Trends in Cognitive Sciences*, Vol. 13, No. 4, 2009.

想象会激活感知过程而将没有发生的事情或事物带到现在而呈现①。想象是通过在大脑中建立一个可能的视觉体验来想象一些东西。莱考夫和约翰逊提出的概念隐喻理论（conceptual metaphor theory）就很好地解释了抽象概念的形成过程，抽象概念是由多层隐喻所定义的，我们会通过将来自物理与社会的实体、模式和关系来映射并建构我们对于更加抽象的经验范畴的理解②。通过隐喻投射的方式将低阶的感知—运动域的身体经验投射到另一个抽象的概念域，这表明感知—运动系统和抽象概念之间是关联的。我们会用旅程来指涉爱情、用重量来指身份、用身体的部位来映射山的名词构成（如山头、山脚、山腰）等，但是不会反过来使用这些隐喻投射。

另一种观点认为，我们的身体运动本身就包含着理性的因素。拿一个苹果和一支笔的身体姿势是不同的，手会自动地找到最合适的方式去抓握。之所以会出现这种情况，并不是说我们在抓握的时候是按照行为主义者所说的一种自动反射，而是我们的行为本身是有行为意图的，整个身体都会参与，大脑与身体各个部位也会协调。德雷福斯就认为技能专家或者工匠在工作的时候，并不是一种理性操作，而是一种身体经验的直接表达，犹如庖丁解牛一样。加拉格尔也指出在触摸的时候会表现出手口和手眼的协调，例如在挥手赶走难闻气味的同时会捂着鼻子③，因此这样的所谓低阶认知也会表现出理性特征，反思性的高阶认知只不过是具身经验的特殊应对样态。思考就像运动一样是一个具身表达，在一些情况下需要思考的姿势或者步伐来促进这一思考过程，在思考的时候会走来走去。因此，就像感知和行动一样，思考也需要环境、身体和经验的支持，甚至做数学题也是一种具身实践，即使是心算也需要大脑—身体系统的支持。具身认知在反对经典认知科学中获得了极大胜利，而且被引入了他心直接感知研究中。

---

① Thompson, E., *Mind in Life: Biology, Phenomenology, and the Sciences of Mind*, Cambridge/London: Harvard University Press, 2007.

② Johnson, M., *Embodied Mind, Meaning, and Reason: How Our Bodies Give Rise to Understanding*, Chicago: University of Chicago Press, 2017, p. 26.

③ Gallagher, S., *Enactivist Interventions: Rethinking the Mind*, Oxford: Oxford University Press, 2017, p. 201.

## 第三节 他心直接感知产生的神经科学基础

他心问题是认知科学的重要研究部分,而认知科学恰好处在自然科学与人文科学的交叉点。认知科学是"两面神"(Janus-faced),它同时俯视两条路:它的一张脸转向自然,视认知过程为行为;另一张脸则转向人类世界(或者现象学家所谓的"生活世界"),视认知为经验。[①] 对于他心问题的研究也离不开自然科学研究的支撑,其中神经科学对于他心的研究做了大量的实验和深度的探索。

### 一 模块论转向整体论

他心直接感知与神经科学有着千丝万缕的关系。神经科学的主要研究任务在于阐明认知活动的脑机制。神经科学是一个非常广阔的研究领域,横跨多个维度的研究方法,甚至包括了不同的学科,从分子神经科学、生物精神病学到神经系统科学和神经信息学[②]。神经科学的极大发展与新的研究手段和研究技术的出现有很大关联,像脑成像技术就使人类能够以非破坏的方式研究人脑,人脑在研究者面前不再是一个黑匣子。但是,神经科学一直受身心二元论和经典认知科学的影响,认为大脑就像是计算机一样的运算系统。平克(S. Pinker)认为心智生活可以还原为一系列模型的功能,后来又出现了以福多(J. Fodor)为代表的模块论等,认为人类的认知生活是一系列模块的功能,如语言模块、心智理论模块等[③],神经科学的研究就是对心灵与大脑神经进行模块性的匹配。模块论下的神经科学认为通过对大脑神经加工过程的研究就能够完全和充分地解释认知,将认知归结为大脑的某一模块的活动。所有这些因素就会导致一种普遍的还原论,将心灵活动还原为大脑某一区域的神经活动,这

---

[①] [智]瓦雷拉、[加]汤普森、[美]罗施:《具身心智:认知科学和人类经验》,李恒威等译,浙江大学出版社2010年版,第11页。

[②] Slaby, J., Gallagher, S., "Critical Neuroscience and Socially Extended Minds", *Theory Culture & Society*, Vol. 32, No. 1, 2015.

[③] Gallese, V., Cuccio, V., *The Paradigmatic Body: Embodied Simulation, Intersubjectivity, the Bodily Self, and Language*, Frankfurt am Main: MIND Group, 2014.

也成为认知科学与神经科学的基本假设。但是，后来的研究发现模块论的观点是不可取的，在心智理论观念中，将他人心智状态归结为具体的大脑部位的解释是非常不充分的，甚至是错误的，"模块化理论似乎完全无视活生生的具身经验在认知过程中的重要性"[1]。模块论研究并没有脱离心智理论的束缚，与笛卡尔的身心二元论也没有太大的不同，都将心灵看作是与身体没有关联的实体，只不过笛卡尔认为心灵与身体汇集在大脑的松果腺内，模块论是这一看法的修改版，将心灵与具体的脑神经区域进行直接匹配。

如果我们不能够将认知还原为大脑过程或者任何单一模块，那么应该如何去解释人类的心灵呢？认知科学中的具身革命挑战了过去比较流行的模块论，因此人们对于认知的研究也从还原主义进入涌现和自组织的方向[2]。另外，神经科学也在逐渐摆脱大脑功能分区的影响，例如，研究发现"人脸的视觉识别，需要大脑中许多功能不同且分布广泛的区域快速而短暂的协调"[3]，感知脑区和运动脑区也不再被看作是两个分开的脑功能区，而是一个功能整体。传统的观点认为颞顶联合区（temporo-parietal junction，TPJ）和内侧前额叶皮质（medial pre-frontal cortex，mPFC）负责大脑的心智功能，然而最近的研究发现双侧额叶皮质损害并没有导致心智阅读能力有缺[4]。一个中风患者遭遇了双侧脑动脉梗塞（bilateral anterior cerebral artery infarction）而导致广泛性的双边内侧额叶（medial frontal lobes bilaterally）受损[5]，但患者的心智阅读能力并没有任何缺陷，因此大脑中的功能区域是以整体的方式在运行，这就否定了模块论和心

---

[1] Gibbs, J. R. W., *Embodiment and Cognitive Science*, Cambridge/New York: Cambridge University Press, 2005, p. 280.

[2] Gallagher, S., Varela, F., "Redrawing the Map and Resetting the Time: Phenomenology and the Cognitive Sciences", *Canadian Journal of Philosophy*, No. 33 (sup1), 2003.

[3] Thompson, E., *Mind in Life: Biology, Phenomenology, and the Sciences of Mind*, Cambridge/London: Harvard University Press, 2007, p. 330.

[4] Frith, C. D., Frith, U., "Mechanisms of Social Cognition", *Annual Review of Psychology*, No. 63, 2012.

[5] Bird, C. M., Castelli, F., Malik, O., Frith, U., Husain, M., "The Impact of Extensive Medial Frontal Lobe Damage on 'Theory of Mind' and Cognition", *Brain A Journal of Neurology*, Vol. 127, No. 4, 2004.

智理论的基本假设。认知神经科学的进展也奇迹般地改变了我们对大脑的理解，将其既作为认知中心，也作为身体的一个器官[①]。他心直接感知的神经机制研究也从模块论转向整体论，而这种研究趋势离不开神经影像技术的发展。神经科学的研究技术和方法也出现了新发展，人们通过神经科学为他心直接感知寻找神经科学基础。

### 二 神经影像技术的新发展

神经科学的发展在很大程度上受新技术影响，只有新的实验技术和手段的更新才有可能让我们采用新的视角和方法研究大脑神经的运作机制。在这些神经科学研究的技术中，神经影像学技术弥补了以往解剖学的不足，能够从整体和局部的方式观察大脑的活动状态。经典认知科学会将人们的心智加工过程与大脑神经的激活过程对等，但是新技术改变了这种功能对等观。比较激进的神经科学家，如丘奇兰德夫妇（Patricia Churchland 和 Paul Churchland）就认为大众心理学是有问题的，完全可以使用神经科学取消大众心理学的理论。这些观点的提出与最新的具身认知研究有关，但是对这些观点的验证和新发现的获得还主要依赖神经科学技术的发展。当前与他心问题相关的主流和主要的神经影像技术包括：功能性磁共振成像（functional magnetic resonance imaging, fMRI）、正电子发射断层扫描（positron emission tomography, PET）、脑电图（electroencephalography, EEG）、脑磁图（magnetoencephalography, MEG）、事件相关定位（event-related potential, ERP）和光学成像（optical imaging）等。这些新技术的出现和使用，使研究人员能够用更加科学的方式探讨人类心智的运作过程，从而更加全面地探讨他心感知过程中的神经生理机制。当然这些技术并不能完全保证我们能够彻底地探讨他心问题，这些技术本身还有一定的发展空间。

虽然先进的技术增加了人们对于神经科学与认知科学之间的深度理解，但目前的研究方法还受经典神经科学方法论的限制。在实验过程中，仍然将大脑作为认知的内核，因此在将这一方法运用于他心感知的研究

---

[①] ［美］埃德蒙·哈钦斯：《荒野中的认知》，于小涵、严密译，浙江大学出版社2010年版，第 ix 页。

过程时，会忽视交互过程对于感知的影像，而且被试者仍然是作为一个孤立的、生理性的研究对象。另外，当前的认知神经科学仍然受颅内主义的约束，确切地说，如正电子成像术和功能磁共振成像只能在极其非生态的情况下扫描一个孤立的（不在交互中）大脑（这种限制可以在未来的技术发展中得以解决），但是在任何情况下，神经科学都被限制在对一个（或多个）个体大脑的内部进行扫描①。尽管当前的神经科学技术仍然面临着一些问题，但是神经影像技术的发展极大地促进了当前神经科学和认知科学的发展，其中镜像神经元就是在此背景下发现的。

### 三 镜像神经系统的发现

自从1991年在猴子大脑腹前运动皮层（ventral premotor cortex，F5区）中发现镜像神经元之后，研究人员就推测人类大脑内也应有相似的神经机制，而且在1996年里佐拉蒂等人确实证明了人类大脑中存在镜像神经系统。F5区有两个不同的亚区域，分别对应不同的神经元：位于弓背沟（posterior bank of arcuate sulcus）标准神经元（Canonical neurons）（主要对三维物体做出反应）和位于整个F5区皮质凸面上的镜像神经元②。通过fMRI实验发现人类大脑的颞上沟（superior temporal sulcus，STS）、顶下小叶（inferior parietal lobule，IPL）和额下回（inferior frontal gyrus，IFG），这三个部位具有与猴子的镜像神经元相似的功能，后来又加入了腹侧和背侧前运动皮质（ventral and dorsal premotor cortex）以及前顶内沟（anterior intraparietal sulcus）③。人类的镜像神经系统会在动作执行、语言表达或者经历某种情感的时候被激活，也会在看到他人执行动作、语言表达或者经历某种情感的时候被激活，甚至在我们想象这些动作、表达或者经历这些动作的时候也会被激活。抓一个物体和看别人抓

---

① Froese T., Gallagher S., "Getting Interaction Theory (IT) Together: Integrating Developmental, Phenomenological, Enactive, and Dynamical Approaches to Social Interaction", *Interaction Studies*, Vol. 13, No. 3, 2012.

② Rizzolatti, G., Fadiga, L., Fogassi, L., Gallese, V., "Resonance Behaviors and Mirror Neurons", *Archives Italiennes De Biologie*, Vol. 137, No. 2 – 3, 1999.

③ Cook, J., "From Movement Kinematics to Social Cognition: The Case of Autism", *Philosophical Transactions of the Royal Society B: Biological Sciences*, Vol. 371, No. 1693, 2015.

这个物体时都会激活运动前区皮质（premotor cortex）和后顶叶皮质（posterior parietal cortex）两个部位[1]。镜像神经系统的发现改变了过去对大脑进行功能定位的研究范式，同时"有关标准神经元和镜像神经元的研究重新定位了身体运动系统在中枢神经系统整个图式中的角色，对于超越身心分离的二元论具有极为重要的作用"[2]，一些认知神经科学家将镜像神经系统看作是"与他人交流的基础或成功理解他人的DNA"[3]。镜像神经系统就像一个中继站一样能够完整地接受来自他人的信号，并对这些信号反应和发射新的信号。镜像神经系统的发现对他心问题的直接感知研究产生了深远影响，抛弃笛卡尔的自我原初性势在必行，人们逐渐将他人与自我看作是同时给出的，也重新燃起了对模拟论的热情。

## 小 结

本章主要梳理了他心直接感知的哲学基础、认知科学基础和神经科学基础。在本章论述中指出他心直接感知并非是一个突然出现的奇怪理论，而是与哲学的发展进程、认知科学革命以及新的神经科学研究视角、方法和发现有极大关联。在哲学基础中，他心直接感知依赖哲学的身体转向以及对笛卡尔身心二元论的抛弃，人们不再信仰心灵的表征、命题判断和形式计算的特质，因此也不再沉迷于他心通达的、复杂的和高阶的心智推理和模拟解释。而这样的哲学进程与来自现象学、实用主义和后期维特根斯坦对于无身哲学的批判有关，在现象学特别是以梅洛－庞蒂为代表的身体现象学对身心分离以及经验主义和理智主义感知观的批判、实用主义对情境和实践的强调、维特根斯坦对心灵语言的分析之后，心灵哲学以及他心问题进入了有身阶段。哲学的有身化也影响了认知科学的发展，认知科学内部发起的具身认知革命既是对有身哲学的回应也

---

[1] Spaulding, S., "Mirror Neurons Are not Evidence for the Simulation Theory", *Synthese*, Vol. 189, No. 3, 2012.

[2] Spaulding, S., "Mirror Neurons Are not Evidence for the Simulation Theory", *Synthese*, Vol. 189, No. 3, 2012.

[3] Keysers, C., Gazzola, V., "Unifying Social Cognition", In: Pineda, J. A. (ed.), *Mirror Neuron Systems*, New York: Humana, 2009, pp. 1–35.

是对经典认知科学的挑战。具身认知的兴盛同时带来经典认知科学的逐渐衰落，特别是具身认知的 4E 维度发展更加全方位地否定了认知的无身性、内在性、表征性和唯我性特征。经典认知科学的发展受挫导致心智理论无法抵抗来自具身认知以及直接感知的攻势，直接感知的快捷性和直接性促使研究者放弃心智理论的复杂性和间接性解释。另外，具身认知的研究者也越来越关注身体的社会性，因此，具身认知直接将他人纳入认知构造过程中，更增加了他心直接感知的理论解释力。当然，他心直接感知的提出也离不开神经科学的介入，由于认知科学与神经科学的密切关联，使具身认知观下的他心直接感知在出现伊始就获得了神经科学的广泛关注和支持，神经科学作为对他心直接感知进行验证的重要手段促使更多的研究者接受直接感知观，但是这与神经科学从模块论向整体论的研究范式转换以及神经影像技术的空前发展直接相关，镜像神经系统就是在此背景下的重要发现，也给予他心直接感知以神经科学支持。他心直接感知进路是在以上前期基础上产生的，下一章将会详细地探讨他心直接感知的两个理论分支的基本内涵和发展现状。

# 第二章

# 他心直接感知的发展现状

前文已经论述了他心直接感知产生的哲学、具身认知和神经科学的基础，直接感知由此得以迅速发展。在这一章中，将详细讨论他心直接感知的两个理论分支的内涵以及取得的研究进展。总体来看，具身模拟论的发展速度更加迅猛，除了向纵深的情绪、行为和语言渗透之外，还被应用到病理学、文学和艺术创作中。交互理论的发展稍显落后，因此，交互理论尝试结合其他相关理论来增强其理论解释力，也逐渐被语言学和病理学的研究者所接受。总之，他心直接感知的两个理论分支已经开始进入深层研究，并逐渐得到了他心问题研究者的认可。

## 第一节 他心直接感知的具身模拟论

帕尔玛小组认为他心问题首先应该摆脱唯我论和心灵离身观。具身模拟论就是在这一目标驱使下，提出不能将先验的、孤立的和抽象的自我作为他心直接感知的理论起点。具身模拟论首先引用了胡塞尔的主体间性思想，将自我和他人放入一个主体间关系中，而不是认识论上的认知主体和客观认识对象关系；其次，引用马丁·布伯（M. Buber）的观点认为我和你（I—You）的关系是主体间性中自我和他人的主要关系，因此他人首先是第二人称的，而我应该对他人绝对负责；最后，主要参考梅洛-庞蒂的身体现象学思想，认为在心智阅读之前和之下是身体间性，它是我们能够直接地汇聚他人知识的主要来源。具身模拟论认为镜像神经元从神经科学层面证明了胡塞尔、马丁·布伯和梅洛-庞蒂等人关于自我和他人主体间性的观点,并指出镜像神经元是填充自我和他人之间空隙的材料,从而使我们能够对他人的行为进行行为模拟或者内部模拟[1]。他心问题研究由此从心智阅读转向具身模拟。

**一 具身模拟论的理论前提**

具身模拟论认为只有具身模拟并不能保证他心直接感知,还应该有保证他心直接感知成为可能的条件,因此具身模拟论有三个理论前提。

第一,最小身体自我(bodily self)。具身模拟论认为自我是身体性的,"自我作为主体的基础知识,依存于将自我经历看作身体结构的一种实体化或者将自我经验看作是一个身体主体所表现出的局限性"[2]。由于具身模拟论的理论基础是镜像神经系统,具身模拟论否定了先验自我和独立心灵的存在,同时认识到需要有一个最小的身体性自我作为理解他人的前提。最小身体自我是运动系统的运行主体,以一种比较隐蔽的、含蓄的和前反思的方式显现,并通过镜像系统以具身模拟的方式感知他人并对信息进行整合[3]。最小身体自我具有三种功能:首先,最小身体自我组成了最基本的自我并塑造了自我的感知方式;其次,以前反思的形式将他人感知为另一个具有运动能力的身体自我;最后,对自我身体和他人身体进行边界区分。最小身体自我使自我在感知他心过程中有一种拥有感的优势,扎哈维将其称为主体间不对称性,"让被试判断是自己的手还是他人的手在执行任务,发现被试判断自己手的速度更快而且对自己的手更敏感"[4]。通过运用功能性磁共振成像技术研究发现,观看别人的手完成任务所激活的部位主要是大脑双侧辅助运动区(supplementary motor area,SMA)、前辅助运动区(pre-SMA)、前脑岛(the anterior insula)和枕叶皮质区(the occipital cortex),而观看自己身体的时候激活的

---

[1] Iacoboni, M., *Mirroring People: The New Science of How We Connect with Others*, New York: Farrar, Straus and Giroux, 2009, p. 258.

[2] Ferri, F., Frassinetti, F., Ardizzi, M., Costantini, M., Gallese, V., "A Sensorimotor NetWork for the Bodily Self", *Journal of Cognitive Neuroscience*, Vol. 24, No. 7, 2012.

[3] Gallese, V., Cuccio, V., *The Paradigmatic Body: Embodied Simulation, Intersubjectivity, the Bodily Self, and Language*, Frankfurt am Main: MIND Group, 2014.

[4] Ferri, F., Frassinetti, F., Costantini, M., Gallese, V., "Motor Simulation and the Bodily Self", *Plos One*, Vol. 6, No. 3, 2011.

部位主要限制在左侧运动前区皮质（left premotor cortex）①。这些结果都支持了最小身体自我依赖并产生于感知—运动系统中，自我对他人的区分依赖自身行为的生成系统。对于最小身体自我是何时出现的，具身模拟论认为在婴儿刚出生就有，甚至在胎儿时就有所显现。雷迪（V. Reddy）发现婴儿在几个月大的时候就能表现出所谓的自我意识情绪，如尴尬、骄傲和羞怯等情感现象②。刚出生的婴儿就具有眼与手的协调合作能力，可以有目的地控制他们的手臂运动来满足外部需求，甚至在胎儿第22周的时候就会表现出身体性自我，当胎儿的手到达嘴之前，嘴巴就会提前张开③。这表明在胎儿时期已经具有了初级的社会交际能力，在出生之前已经具有了微弱的身体性自我。

第二，主体间共享杂多。最小身体性自我使人与人之间具有一个基本的区分，但是自我和他人在很多层面上又表现出一致性，加莱塞将这种一致性称为主体间共享杂多（shared manifold of intersubjectivity）或者共享主体间性空间（the shared intersubjective space），认为各种人际关系至少在基本层面上依赖主体间共享杂多作为基础。主体间共享杂多包括共同的身体、共同的世界和共同的神经运行结构。主体间共享杂多并非使我和他人的经历是一样的，而是指能够引导人们获得相似的认知功能从而达到相互理解的现象④，这样自我就可以进入他人的心灵状态，如共享他人的情感、运动经验和语言内涵等。如果两个人又共享一种文化，那么将有更多相同或相似的行为方式。这种一致性与人类的进化和群居性的特征有关，为了生存人们不得不具有一致性从而能够适应群体生活⑤，同时，一致性能让我们更加准确地预测他人将来的行为，这有助于

---

① Ferri, F., Frassinetti, F., Ardizzi, M., Costantini, M., Gallese, V., "A Sensorimotor Network for the Bodily Self", *Journal of Cognitive Neuroscience*, Vol. 24, No. 7, 2012.

② Reddy, V., *How Infants Know Minds*, Cambridge/MA: Harvard University Press, 2008, p. 41.

③ Myowa-Yamakoshi, M., Tomonaga, M., Tanaka, M., Matsuzawa, T., "Imitation in Neonatal Chimpanzees (Pan Troglodytes)", *Developmental Science*, Vol. 7, No. 4, 2004.

④ Gallese, V., "Empathy, Embodied Simulation, and the Brain: Commentary on Aragno and Zepf/Hartmann", *Journal of the American Psychoanalytic Association*, Vol. 56, No. 3, 2008.

⑤ Gallese, V., "'Being Like Me': Self-Other Identity, Mirror Neurons, and Empathy", In: Hurley, S., Chater, N. (eds.), *Perspective on Imitation: From Neuroscience to Social Science: Mechanisms of Imitation and Imitation in Animals*, Cambridge/Massachusetts: The MIT Press, 2005, pp. 101–118.

优化认知资源的使用并形成一个共同体。行为的一致性也是儿童在主体间交互中获得他心直接感知能力的基础。由于自我和他人能够共享杂多，我与他人是关联着的特殊性存在，他人跟我既有区别又有成为像我一样的社会身份认同。通过两个不同身体共享的功能状态，他人变成了另外一个自我。在主体间共享杂多基础上，社会认同、共情、我们性（we-ness）成为自我发展和存在的基础，也正因为主体间共享杂多的存在，才能保证人与人之间具有共享意义的人际空间（a shared meaningful interpersonal space）[1]，因此才能够产生具有直接通达他心的能力。经验和行为的共享性是人类生活的早期构成，而镜像神经元的具身模拟机制可以将不同的空间进行多模态表征，这些空间形成一个统一体，从而应用于对他心的多维度理解。主体间共享杂多也是意义空间的组成部分，我一旦进入他人的存在关系时，就会有多方面的共享状态，从而实现意义的共享。但是主体间共享杂多假设并非是指我一定要像经历自己一样去经历他人，而是指主体间共享杂多能够引导我们达到共同的生存状态，从而实现沟通和相互理解。由于人与人之间的共享神经网络，特别是镜像神经系统的具身模拟功能的存在，支撑了主体间共享杂多作为基础，使他心直接感知成为可能，因此，我能够通过我的人脑和身体系统与世界中的他人进行交流。

从个体发生学的角度来看，婴儿从一出生就具有模拟他人行为的能力，使婴儿与父母之间具有一致性，这也是理解他人的开始。奈瑟尔（U. Neisser）提出"人际间的自我是在出生之前就具有的，如刚出生的双胞胎儿童就会表现出相似性"[2]，我们最初建立的自我与他人的关系，即婴儿与照看人之间建立一种依附性（attachment）的共享杂多是由儿童与照看人在交际过程中的行为内化[3]。由于婴儿的完整自我意识还没有形成，因而会出现一个原初的"我们中心空间"（we-centric space），婴儿与他人共享这一混合空间，并且会一直持有，随着个人的成长而变得更加丰富多样。随着儿童年龄的增长以及语言的介入，"我们中心空间"就

---

[1] Gallese, V., "Intentional Attunement: A Neurophysiological Perspective on Social Cognition and Its Disruption in Autism", *Brain Research*, Vol. 1079, No. 1, 2006.

[2] Neisser, U., "Five Kinds of Self-Knowledge", *Philosophical Psychology*, Vol. 1, No. 1, 1988.

[3] Ammaniti, M., Gallese, V., *The Birth of Intersubjectivity: Psychodynamics, Neurobiology, and The Self*, New York/London: WW Norton & Company, 2014, p. 61.

会逐渐变得复杂并获得不同角色，但是"我们中心空间"仍然是使我与他人保持同一性的基础。在交际过程中，"我们中心空间"会逐渐向主体间共享杂多转化，也保证了杂多过程中的共享，我与他人是不同的主体，却又非常相似。这个共享的"我们中心空间"给予我们探索对方和合作的强力工具。

第三，运动认知观（motor cognition）。具身模拟论结合身体现象学、具身认知和认知神经科学，提出感知—运动和认知是一体的而非分开的运动认知观。哈瑞（S. Hurely）曾将经典认知比喻为三明治，感知和运动是分离的输入和输出系统，虚拟的认知过程被看作是认知的核心因素连接着感知和运动系统，因此运动系统仅仅是运动的控制器官。神经科学研究发现，身体的运动神经系统在执行非常基础的行为时并不会被激活，只有在完成一些特殊的行为，如抓、撕、拿或者操纵物体的时候才会被激活[1]，这就说明运动系统不是一个独立的或者仅仅是一个行动执行的系统，因此，感知与运动过程使用同一个加工系统。可以说，我们时刻都在体验身体自身的运动感，当我在感知世界的时候，我也在感知自己行动的感受以及未来运动的可能性。运动认知观很明显受格式塔心理学影响，"格式塔学派努力扩大着整体结构观点，这一观点认为自一开始就包含了感知和运动，并认为两者之间有必然的联系：感知因而必须有预先的参与，必须有运动性重建的参与"[2]。普雷斯（C. Press）等利用脑磁图技术，记录了被试在观察他人行为时大脑皮层的活动状态，展示了在运动观察过程中，人类运动系统的活动确实是动态调节[3]。神经科学研究表明感知和运动是多模态和直接相关的无法明确区分的系统，人们对外部信息的反应和信息加工是多模态的，我们与外部世界以及他人的交流也是多模态的[4]。例如，感知包括了运动成分和各种感知内容，如视觉、听

---

[1] Rizzolatti, G., Fogassi, L., Gallese, V., "Cortical Mechanisms Subserving Object Grasping and Action Recognition: A New View on the Cortical Motor Functions", In: Gazzaniga, M. S. (ed.), *The New Cognitive Neurosciences*. Cambridge, MA: MIT Press, 2000, pp. 539–552.

[2] ［瑞］让·皮亚杰：《智力心理学》，商务印书馆2015年版，第78页。

[3] Press, C., Cook, J., Blakemore, S., Kilner, J., "Dynamic Modulation of Human Motor Activity When Observing Actions", *Journal of Neuroscience*, Vol. 31, No. 8, 2011.

[4] Gallese, V., Ebisch, S. J. H., "Embodied Simulation and Touch: The Sense of Touch in Social Cognition", *Phenomenology and Mind*, No. 4, 2013.

觉、躯体感觉和空间方位感等，而运动系统也具有这种多维感觉的特征，研究表明负责运动的神经也包括对视觉、听觉和躯体感觉输入反应的神经元，也就是说负责运动的神经系统同样也负责视觉、听觉和躯体感觉的输入①。在关于情感的神经科学研究中，传统的观点认为情感表达和情感感知是两个分开的部分，情感表达在前运动区（frontal motor areas），情感感知在感知皮层和皮层下的区域（a series of perceptual cortical and subcortical regions），而脑岛（insula）只是作为负责情感加工的内感受皮层②。但是，通过对短尾猴研究发现感情表达和接受共享一套神经网络，脑岛也包括了对情感和交际的面部表达，特别是最近发现，通过对猴子脑岛的中腹侧区（mid-ventral）进行电流刺激会唤起具有亲和力的面部表情③。因此，产生和理解表情的神经基础是一致的，都包括了腹侧前运动皮层、脑岛和杏仁体（amygdala）④。这表明与感知活动相关联的心智活动机制不是一个独立的运作系统，他心感知过程并不是一个独立的大脑模块负责心智理论，而是直接与运动系统关联着的，因此，可以通过对他人的具身模拟达到对他人行为意图的感知。

## 二 具身模拟论的三个层面

具身模拟论结合了现象学、认知神经科学和心灵哲学的研究成果探讨理解他心各个层面的运行机制和过程。具身模拟论将他心直接感知划分为三个层面：现象层面或共情层面（empathic level）、功能层面和亚人层面（sub-personal level）。

第一，现象层面表现为意向协调（intentional attunement）。在他心感知过程中，交互双方通过意向协调达到对他心的理解，即在感知他人行

---

① Yap, G. S., Gross, C. G., "Coding of Visual Space by Premotor Neurons", *Science*, Vol. 266, No. 5187, 1994.

② Damasio, A. R., "Mental Self: The Person Within", *Nature*, Vol. 423, No. 6937, 2003.

③ Jezzini, A., Rozzi, S., Borra, E., Gallese, V., Caruana, F., Gerbella, M., "A Shared Neural Network for Emotional Expression and Perception: An Anatomical Study in the Macaque Monkey", *Frontiers in Behavioral Neuroscience*, Vol. 9, No. 243, 2015.

④ Gallese, V., "Mirror neurons and art", In: Bacci, F., Melcher, D. (eds.), *Art and the Senses*. Oxford: OUP, 2011, pp. 441–449.

为意向的时候会产生一个特殊的与对方行为意向一致的行为协调状态[1]，从而建立一个动态的"我"和"你"的互惠性关系。由于"主体间共享杂多"的存在，在看到对方的行为表达时会激活相似的神经区域，使我与他人出现耦合与共振，他人的行为影响我的行为意图，同样我的行为反应也会影响他人的行为表达方式，从而达到意向协调。意向协调吸收了胡塞尔、舍勒、萨特和梅洛-庞蒂的主体间性思想，认为对他人的理解是一种共情过程。通过意向协调，我能够将他人的意向折叠，从而将他人的意向转换为自己的意向，我因此能够直接感知他人的行为意图和自己的行为意图，从而通过他人的行为来影响自己的行为意图，同样也可以通过自己的行为来影响他人的行为，经过不断的意图间调适，最后达到一个意向协调的状态[2]。意向协调也被称为身体间性在意向性的、有意义的感知—运动行为过程中的共振，是我们直接理解他心的主要感知来源。身体间性是意向协调的最重要部分，并非只是由于人类身体间的表面相似性，而是人们的感知—运动系统对一些相似的基本对象有相似的反应以及相同的情绪和感觉经验，人们因此享有相同的意向对象[3]。刚出生的婴儿能通过模拟和情感协调与看护人取得联系，早期的模拟和跨模态的模拟最早证明了在婴儿早期就具有一种情感模拟能力[4]。在婴儿刚出生时，母亲和婴儿会参与一个共同协调的交互过程，如面部表情、行为模式和声调节律都会出现同步。在四个月大的时候，婴儿开始进入一种原型会话阶段，也是在此阶段，婴儿开始理解社会的变化并与母亲建立情感协调[5]，例如，在面对一个有压迫感的情境时，婴儿会注视照看者

---

[1] Gallese, V., Eagle, M. N., Migone, P., "Intentional Attunement: Mirror Neurons and the Neural Underpinnings of Interpersonal Relations", *Journal of the American Psychoanalytic Association*, Vol. 55, No. 1, 2007.

[2] Gallese, V., "Intentional Attunement: A Neurophysiological Perspective on Social Cognition and Its Disruption in Autism", *Brain Research*, Vol. 1079, No. 1, 2006.

[3] Gallese, V., "Mirror Neurons, Embodied Simulation, and the Neural Basis of Social Identification", *Psychoanalytic Dialogues*, Vol. 19, No. 5, 2009.

[4] Meltzoff, A. N., Borton, R. W., "Intermodal Matching by Human Neonates", *Nature*, Vol. 282, No. 5737, 1979.

[5] Trevarthen, C., "Communication and Cooperation in Early Infancy: A Description of Primary Intersubjectivity", In: Bullowa, M. (ed.), *Before Speech: The Beginning of Interpersonal Communication*, New York: Cambridge University Press, 1979, pp. 321-347.

的脸部，婴儿的情绪会很快地被照看人的情绪所改变并表现出与照看人相似的情绪[1]。而意向协调需要通过具身模拟实现，镜像神经元的发现为身体之间实现意向协调提供了神经基础。

第二，功能层面表现为具身模拟。心智理论认为人们为了解释隐藏在行为之下或之后的意向需要对他人的行为仔细思考和推敲，具身模拟论却认为理解他心是一个强制的、无意识的和前反思的具身模拟机制[2]。具身模拟论试图避免心智理论作为人际间理解的唯一方法。模拟这个概念被戈德曼用来支持心智理论中的模拟论，指通过采取一种假装他人的心智状态去理解他人的行为，按照这种观点，我们在理解他人的时候会将自我的心灵放入他人的情境中，从而达到对他人的理解。而具身模拟论中的模拟不同于模拟论的模拟，认为模拟是具身的，我对他心的直接感知是通过激活相似的镜像神经系统来实现的。具身模拟是功能层面的机制，对他心的理解是通过使用我所做和所感的机制理解他人的所做和所感，这是通过我的情境和大脑—身体系统与他人世界的交互而形成的，这种交互是前语言和前理论的[3]。通过具身模拟，我不仅能够感知他人的行为、情绪和语言表达，还可以在自身唤起相同的内部活动，犹如做相似的动作或经历相似的经验一样，因此，人与人之间有一种特殊的相似性和亲近感，能够将他人意向转换为我的意向，实现自我与他人的意向一致性。而这依赖具身模拟通过与他人的身体共振达到对他人行为的理解，解释他人行为背后的意图[4]。在具身模拟他人的过程中会出现一个"似乎"（as if）的状态，身体使用相同的功能机制控制自己的行为和理解他人的行为，使我能够

---

[1] Gallese, V., "Bodily selves in relation: embodied simulation as second-person perspective on intersubjectivity", *Philosophical Transactions of the Royal Society of London*, Vol. 369, No. 1644, 2014.

[2] Gallese, V., Eagle, M. N., Migone, P., "Intentional Attunement: Mirror Neurons and the Neural Underpinnings of Interpersonal Relations", *Journal of the American Psychoanalytic Association*, Vol. 55, No. 1, 2007.

[3] Gallese, V., "Embodied Simulation Theory: Imagination and Narrative", *Neuropsychoanalysis*, Vol. 13, No. 2, 2011.

[4] Gallese, V., Eagle, M. N., Migone, P., "Intentional Attunement: Mirror Neurons and the Neural Underpinnings of Interpersonal Relations", *Journal of the American Psychoanalytic Association*, Vol. 55, No. 1, 2007.

创立一个自我和他人的同一性。具身模拟是我们共享行为的意义、意向、感觉和与他人情绪调节的机制,因此,是我与他人区分与联系的基础。加莱塞提出在功能上的具身模拟,事实上是对心智理论将命题态度,如信念、欲望等理解为一种符号表征的挑战,具身模拟才是我们直接理解他人的主要知识来源。当然具身模拟机制也包括了意义的构建①,具身模拟机制受情境、认知状态和个人身份等相关因素影响,因此,在具身模拟过程中,人们以身体的共振为基础,在功能上重新使用自己的心智状态或者心智过程来理解他人。

第三,亚人层面表现为镜像神经系统激活。镜像神经系统可以通过激活与被观察者相似的运动神经来实现具身模拟从而理解他人,为直接理解他人的行为意向、情绪和语言等提供内部经验和神经机制。在当前的知识状态基础上,镜像神经系统将行为、情绪和感觉的感知表征投射到观看者自身的躯体感知表征之上,这个投射能够让观察者将观察到的他人的行为、情绪或感觉看作是像他自己在做一样②。具身模拟论认为行为的意向是在运动之前就被设定的,镜像神经系统可以对意向进行理解。也就是说当我在执行一个动作的时候,我已经具有了行为的意图,如果知道了这一行动目的,就能预测行为将会带来的结果。在理解他人的行为意向和情绪内容时,镜像神经系统会自动激活相似的神经区域,当我看到别人正经历一种情绪(如恶心、疼痛等)或者一种感觉(被触摸)时,大脑的视觉运动区和触觉运动区的神经元就会被激活③。亚科波尼(M. Iacoboni)等人让被试观看三个视频④:(1)抓握水杯但没有任何场景;(2)有场景没有抓握动作;(3)抓握的水杯和准备喝水的场景。通过功能性磁共振成像实验发现,只有最后一个视频才会激活负责手部运动

---

① Gallese, V. , "Mirror Neurons, Embodied Simulation, and the Neural Basis of Social Identification", *Psychoanalytic Dialogues*, Vol. 19, No. 5, 2009.

② Gallese, V. , Sinigaglia, C. , "What Is So Special About Embodied Simulation? ", *Trends in Cognitive Sciences*, Vol. 15, No. 11, 2011.

③ Gallese, V. , "Embodied Simulation Theory: Imagination and Narrative", *Neuropsychoanalysis*, Vol. 13, No. 2, 2011.

④ Iacoboni, M. , Molnar-Szakacs, I. , Gallese, V. , Buccino, G. , Mazziotta, J. C. , Rizzolatti G. , "Grasping the Intentions of Others with One's Own Mirror Neuron System", *PLoS Biology*, Vol. 3, No. 3, 2005.

的额下回后部和腹侧前运动皮层的相邻区域,因此,运动前区镜像区域具有识别行为意图的能力。让猴子听搓纸张的声音和剥花生的声音,发现会激活不同的脑区,而且会与执行相应行为的神经区域一致[1],因此,镜像神经系统不仅可以"理解"行为的内容而且还可以"理解"行为的意图。当然,在意图识别的时候会受到情境的影响,通过让猴子观看两个视频:将食物放入口中,将食物放入容器,两种行为激活的神经部位并不相同。因此,镜像神经系统是他心直接感知的主要亚人机制和生理基础。

另外,我对他人的理解除了需要各种各样的共享之外,还需要我与他人具有区分性,否则我将没有理解他人的必要性,因此,我们要保证即使使用与他人相似的神经资源和功能机制,也能达到对他人前反思的、经验的理解,而不会出现我—他的混淆。具身模拟论认为在理解他人的过程中,镜像神经系统显示了在观察和执行行为中自我与他人的不对称性,同时我执行活动和对他人行为观察所激活的大脑神经区域并不完全重合[2],他人的经验不管怎么被我共享和理解,都是被体验为他人的而不是我的。具身模拟保证了我对他人的理解,使我能够共享他人的行为意义、意向、感觉和情绪等,具身模拟也是我与他人区分与联系的基础。最后需要强调的是,具身模拟论的三个层面并不是分层的,也不具有先后顺序,而是对一个现象不同维度的解释。我们不能仅用一个机制解释所有的社会认知过程,虽然"像主体间性、人类自我和语言都可以使用认知神经科学来研究,但仅是大脑层面的解释还远远不够"[3],大脑神经毕竟不是知识的主体,神经仅仅"知道"离子通过它的细胞膜[4],大脑神经的研究需要与个体水平的整体功能研究结合,因此,需要从三个层面共同解释。

---

[1] Rizzolatti, G., Fogassi, L., Gallese, V., "Mirrors in the Mind", *Scientific American*, Vol. 295, No. 5, 2006.

[2] Gallese, V., "Mirror Neurons, Embodied Simulation, and the Neural Basis of Social Identification", *Psychoanalytic Dialogues*, Vol. 19, No. 5, 2009.

[3] Gallese, V., Cuccio, V., *The Paradigmatic Body: Embodied Simulation, Intersubjectivity, the Bodily Self, and Language*, Frankfurt am Main: MIND Group, 2014.

[4] Gallese, V., "Neuroscience and Phenomenology", *Phenomenology and Mind*, No. 1, 2011.

## 第二节 具身模拟论的发展与应用

模拟能力是一种基本的社会生存技能和生存方式，它能让我们很好地与他人互动和生活，因此，具身模拟论的研究除了向纵深发展以增加其理论解释力之外，也开始向其他学科领域拓展以证明其应用价值。下面将以具身模拟论对理解他人的情绪、行为和语言三个层面的研究为纵轴，以具身模拟论的跨学科应用为横轴全面论述具身模拟论的发展和研究走向。

### 一 具身模拟对情绪感知的解释

对于他人情绪是否使用心智逻辑或者理论推理间接地理解，首先要知道在日常生活中，理解他人的情绪是否需要认知努力的参与。具身模拟论认为情绪是人类最早获取知识的场域，情绪的感知是自动的不需其他更加复杂的认知努力作为中介，"大脑内部有一个镜像机制通过内部复制，可以直接感知情绪"[1]，因此对他人的情绪理解不需要有意识的心智推理就能感知到。fMRI 研究发现我们在看别人恶心和自己经历恶心时都会激活相同的神经结构，即前脑岛区[2]。因此，身体与情绪有直接的关系，身体在不同时段会有不同的情绪及影响不同的感知功能，身体的姿态能够影响人的心情，观看者的脸部肌肉会影响社会判断，脸部被打麻药的人判断他人表情的能力会明显下降。理解他人行为需要激活躯体运动系统的大脑神经，但是当理解他人情绪时，同时还会激活内脏运动中心的神经，这其实也说明在我难受和看到他人难受的时候自己都会感觉到心痛或者至少感到不舒服。具身模拟论将这种现象解释为大规模的机制重新使用，即通过具身模拟我们可以将对他人的感觉通过重新使用自己的运动系统、躯体感知和内脏运动表征来感知他人的情感，我们的直

---

[1] Gallese, V., Keysers, C., Rizzolatti, G., "A Unifying View of the Basis of Social Cognition", *Trends in Cognitive Sciences*, Vol. 8, No. 9, 2004.

[2] Wicker, B., Keysers, C., Plailly, J., Royet, J., Gallese, V., Rizzolatti, G., "Both of Us Disgusted in My Insula: The Common Neural Basis of Seeing and Feeling Disgust", *Neuron*, Vol. 40, No. 3, 2003.

接内脏—运动机制（direct viscero-motor mechanism）支撑着认知的描述，这一机制的缺失就只能提供一个苍白的、没有感情的对他人情绪的抽象描述①。

在具身模拟过程中，由于每个人的经历和身体状态都不一样，因此在情绪感知的过程中会有不同的表现，而且年龄也会影响对面部表情的认知。实验者通过面部肌电图（electromyography，EMG）和呼吸性窦性节律（respiratory sinus arrhythmia，RSA）的研究，将被试分为青年和成年两组参与这个实验，结果显示青年人在看同辈的面部表情时 EMG 反应强烈，成年人对成年人的面部表情 RSA 反应强烈②。这一结果表明年龄是一个重要的和强有力的社会特征，可以通过底层的心理反应影响人际交流。我与他人的关系也会影响具身模拟的效果。当听到与自己关系密切的人有不幸的事情发生时，自己会感到无比难受或心痛，而如果面对的是一个陌生人或者不喜欢的人，可能会产生另外的结果，例如，报复心比较强的人看到自己讨厌的人伤心会感到无比快乐，因此这些内在经历会影响我们的情绪反应。这其实已经在某种程度上表明，具身模拟已经关注到社会因素或者线索，而且会在某种程度上起到影响具身模拟的作用。

## 二　具身模拟对行为感知的解释

当孩子站在玩具店一直盯着某一玩具时，他的父亲立刻理解了他的行为意图，接着就买了这个玩具送给孩子作为生日礼物。那么这个父亲是如何知道孩子意图的呢？按照具身模拟论的观点，这既不是行为主义的刺激反应现象，也不是心智理论所说的通过行为推测意图，而是认为这个父亲可以通过激活自身看的动作的方式直接从孩子的行为中读出他的意图。具身模拟论认为在理解他人行为时，首先会将他人的行为看作是目标指向型的，这样的认知技能使个人能够理解和把握他人的行为或

---

① Rizzolatti, G., Fogassi, L., Gallese, V., "Mirrors in the Mind", *Scientific American*, Vol. 295, No. 5, 2006.

② Ardizzi M., Sestito, M., Martini, F., Umiltà, M. A., Ravera, R., Gallese, V., "When Age Matters: Differences in Facial Mimicry and Autonomic Responses to Peers' Emotions in Teenagers and Adults ", *Plos One*, Vol. 9, No. 10, 2014.

者达到更高的社会合作。当一个人朝向某个目标开始运动时,如去抓笔或者坐到椅子上,他在大脑中是有清晰意识的。行为的意向是在行为一开始就表现出来的,这也就意味着我们在执行行为时已经预设了它的结果,人们对于同一个行为在不同的情境下会有不同的反应,因此通过具身模拟和镜像神经系统可以直接识别他人的行为意图[1]。当然,具身模拟能否直接获知他人的行为意图,一些研究者持怀疑态度,认为行为意图是运动的开始,因此只能够看到他人的行为是什么而不能看到他人为什么这样行动[2]。对于这种观点,具身模拟论认为每一个行为都是在前一个行为的基础上发生的,前一个动作会影响后一个动作的发生,行为预测和意图描述使用相同的神经机制。需要注意的是,对他人行为的理解还受行为的空间和前期经验影响。他人的行为必须在近体空间内(peripersonal space)才能激活观察者与此行为对应的神经区域,否则镜像神经元不会被激活[3]。我们对自己比较熟悉的事物、情绪、经历更容易和更强烈地激活我们的镜像神经系统,如看自己的脸就比看他人的脸反应更强烈和更快,跳经典舞的观众看芭蕾舞要比看现代舞激活的大脑区域要大,程度也更强[4]。前期经验在某种程度上决定着我们对于他人行为的模拟程度,如果你经常打羽毛球,那么当你在看林丹和李宗伟比赛的时候会非常激动,即使只通过电视观看也会为你喜欢的球员加油和欢呼。他人的行为是当下的和即刻有意义的,因为相同的行为以及通过控制行为的相同神经机制来感知他人的行为意图,同时这个行为与我们情境性的生活经验紧密相连。

---

[1] Gallese, V., "Embodied Simulation: From Mirror Neuron Systems to Interpersonal Relations", in Bock, G., Goode, J. (eds.), *Empathy and Fairness*, *Novartis Foundation Symposium*, Chichester: John Wiley & Sons, 2007, pp. 3–19.

[2] Jacob, P., Jeannerod, M., "The Motor Theory of Social Cognition: A Critique", *Trends in Cognitive Sciences*, Vol. 9, No. 1, 2005.

[3] Caggiano, V., Fogassi, L., Thier P., Casile, A., "Mirror Neurons Differentially Encode the Peripersonal and Extrapersonal Space of Monkeys", *Science*, Vol. 324, No. 5925, 2009.

[4] Vinai, P., Speciale, M., Vinai, L., Vinai, P., Bruno, C., Ambrosecchia, M., Ardizzi, M., Lackey, S., Ruggiero, G. M., Gallese, V., "The Clinical Implications and Neurophysiological Background of Useing Self-Mirroring Technique to Enhance the Identification of Emotional Experiences: An Example with Rational Emotive Behavior Therapy", *Journal of Rational-Emotive & Cognitive-Behavior Therapy*, Vol. 33, No. 2, 2015.

### 三 具身模拟对语言感知的解释

为了能理解他心，语言维度的探索是不可缺少的。传统的语言观认为语言和身体的感知—运动系统，除了在发生过程中相关之外没有其他关系，语言是与身体运动无关的，是心灵或思维的表达，认为人类语言具有明显的抽象性和概念性，我们能够谈论一般的概念，如美、爱情、范畴等。但是抽象的概念语言却是与具体的身体活动密切关联的，具身模拟论认为镜像神经机制就是连接抽象概念、语言表达与身体运动的机制，认为感知—运动系统作为我们与世界联系的最重要方式是语言产生和理解的必要条件，能够摆脱传统语言研究的形式与意义、能指与所指、内涵与外延等二元论思想。因此具身模拟论可以帮助我们跨越语言和身体维度的鸿沟。

由于人类大脑的布洛卡区与F5区有重合，因此在镜像神经元发现之初就有向语言研究过渡的倾向。在1998年，里佐拉蒂和阿尔比布（M. Arbib）证明了镜像神经元和语言的关系，认为镜像神经元是打开语言密码的重要方式。镜像神经元参与到了与语言相关的各个层面，从语言产生、词和句的语义内容到句法层面，如阅读和听与手部运动相关的句子都会激活负责手部的大脑神经[1]。通过行为实验、干预实验、神经图像和神经生理学实验等发现理解单词或句子与运动任务相互匹配，在抽象和修辞语言理解中也与躯体运动系统有关[2]。语言的具身性使我们在语言理解过程中使用与此语言相关的躯体运动系统来理解相关语言。格林伯格（A. M. Glenberg）和加莱塞认为语言的产生有两个原因：一个是由于人类的超社会性，特别是有高度发展的主体间性和意图分享能力，导致语言产生；另一个是与其他动物相比，人类的手部控制能力和技能获得了极大发展，可以作为语法结构的模板[3]。而且，语言理解会激活相关

---

[1] Gallese, V., Sinigaglia, C., "What Is So Special About Embodied Simulation?", *Trends in Cognitive Sciences*, Vol. 15, No. 11, 2011.

[2] Gallese, V., Sinigaglia, C., "What Is So Special About Embodied Simulation?", *Trends in Cognitive Sciences*, Vol. 15, No. 11, 2011.

[3] Glenberg, A. M., Gallese, V., "Action-Based Language: A Theory of Language Acquisition, Comprehension, and Production", *Cortex*, Vol. 48, No. 7, 2012.

的感知—运动系统（至少是在语言指涉与行为和感知相关的时候），因此感知—运动系统是理解语言的必要条件。神经科学发现，当加工视觉和听觉层面的语言时，都会显示出运动系统的激活[1]。在具身模拟论中，最小的身体自我是意义的主要来源，身体不仅是人际间的经验结构模型，而且能够对语言进行运动表征。具身模拟论起着从身体经验向符号表达转换的功能，身体的运动系统是语言的最初源泉。语言理解的各个层面都需要以具身模拟作为理解的基础，语言与感知—运动系统之间的关系会同时显示在语音发生、语义建构和句法构造三个层面上。观看他人说话会激活负责嘴部运动的神经，在默念和聆听关于面部、胳膊或腿的行为的词汇时也会激活与嘴、手和脚相关的运动前区皮质（premotor cortex）。听与动作相关的句子，大脑被激活的区域大概与在执行这些动作和观看这些动作时激活的区域是匹配的，镜像神经系统不仅包括了对视觉展现的行为理解，还包括了所展现的视觉行为映射的声音行为，也就是语言所表达的行为。阿齐兹（L. Aziz-Zadeh）和达马西奥（A. Damasio）通过颅磁刺激（TMS）的方法，发现人们在理解"踢"（to kick）这个词的字面意思和"新年伊始"（kick off the year）这个惯用语中的"kick"时，两者使用同样的负责脚部和腿部的运动表征区域[2]。虽然对于语言的具身性仍然存在分歧，但是越来越多的经验和实验数据都表明语言是具身的，特别是与动词相关的隐喻和转喻词汇的研究。

因此，总体上来说，语言的具身性表现在七个方面[3]：（1）语言与知觉和行动使用相同的大脑结构；（2）在其他动物中也能找到语言；（3）大脑中不只是某一个区域负责语言；（4）语法依赖语音所表达的内容和概念之间的连接，语法由概念图式和语音图式连接而成，层级性的语法结构是一种概念结构，线性的语法结构是语音结构；（5）语法的意

---

[1] Gallese, V., "Mirror Neurons, Embodied Simulation, and the Neural Basis of Social Identification", *Psychoanalytic Dialogues*, Vol. 19, No. 5, 2009.

[2] Aziz-Zadeh, L., Damasio, A. R., "Embodied Semantics for Actions: Findings From Functional Brain Imaging", *Journal of Physiology-Paris*, Vol. 102, No. 1–3, 2008.

[3] Gallese, V., Lakoff, G., "The Brain's Concepts: The Role of the Sensory-Motor System in Conceptual Knowledge", *Cognitive Neuropsychology*, Vol. 22, No. 3–4, 2005.

义由认知构成的结构环路使用感知—运动系统形成；（6）语义和语法不是情态中立的；（7）语义和语法不都是符号的。语言的具身模拟研究，还创造了新的词汇，如概念隐喻、虚拟模拟、主观性运动、心智模拟等。具身模拟强调身体的基础性，但是认为句子与感知—运动系统之间的关系并不是一一对应的，感知—运动系统在句子理解的过程中严重受语境影响，具身模拟对于句子的理解受情境约束，同一个句子在不同的情境中所激活的脑区并不相同，因此句子的语境意义是非常模糊的，涉及句法的、篇章的和语用的等多个层面，语义需要在一定的情境中才会凸显。在理解句子的时候，当语境线索比较模糊时，语义线索也会模糊，这就会激活更多的大脑神经区域，一旦情境逐渐清晰，激活的神经元也会变少但是会更加集中，因此语义是语用的产物。这也证明，在早期习得语言的时候，并不是单词学习，而是情景中的句子学习，一个单词也是一个句子。例如，在对话中，父亲问一个三岁左右的儿童，你刚才说的"你"是指谁？他会说是指"宝宝"（即他自己），儿童没有脱离环境也没有对话语客观化，而是一种本真的表达。间接言语行为"这里很热"会激活不同的运动系统，在理解句子的时候，并不是先理解句子的意思，然后通过外部语境修正最初理解的意义，而是说语境与句子以及身体是一种耦合状态，在具身模拟之前已经发挥作用，身体、语境是与言语在一起的而非分离或者后天加入的。对于语言意义的理解主要是建基于具体情境中的行为和知觉系统，因此，具身模拟论对于语言的解释，直接挑战了将语言与身体及感知—运动系统进行隔离而只考虑语言与认知关系的经典认知科学下的语言研究。

### 四　具身模拟应用于病理学和文艺创作

具身模拟论除了被应用于理解他人的情绪、行为和语言之外，还被应用于病理学和文艺创作等方面。在病理学方面，具身模拟论被应用于自闭症和精神分裂症研究中。具身模拟反对巴伦—科恩（S. Baron-Cohen）提出的心智盲理论（Mindblindness），认为自闭症出现的原因是患者镜像神经系统的破碎而功能失调，从而导致不能换位思考、缺少共情和模拟能力、语言表达能力欠缺等现象①。自闭症患者不能进行意向协调从而表现出交际缺陷。精神分裂症最初被认为是自我经历的混乱,但具身模拟论认为,患者主要是不能与世界和他人共振,另外精神分裂症患者也不能区分自我和他人,精神分裂症患者的大脑功能在多知觉整合、自我与他人相关身体信息区分和自我经验调节上都表现出异常②。正常人的镜像神经系统在执行活动和对他人观察时,大脑神经激活范围并不完全重叠③,会表现出自我与他人的不对称性,精神分裂症患者不能正常理解他人、不能区分真实和幻觉,也不能与其他个体共建一个连接带④。

另外,具身模拟论还被应用于文艺创作。具身模拟论认为电影的创作者与观影者之间是一种主体间性关系,观看电影是自然感知的一种形式,电影使我们学习很多幻想世界的可能,真实与虚构的交合,日常世界与想象世界的交织,因此电影的风格、行动风格、观察者对电影中所表现出的反应是具身的⑤,观影效果不同暗示了观影者有不同的具身模拟内容,在电影制作中会持续进行第三人称和第一人称视角的转换,第一人称视角会让观众通过具身模拟达到情绪模拟,从而能够在情绪之中对电影进行直接地把握,而第三人称视角又让电影的整个线索在想象的框架中带着身体的模拟样态对电影进行深刻地感知和理解。文学作品依赖于作者与读者的身体感觉间的对话,读者需要激活贯穿于人类普遍具有的感觉—运动系统的经验,从而激活作者和读者共同的身体经历以达到共情⑥。身体感觉是大脑—身体最基本的功能机制,也是具身模拟机制的

---

① Williams, J. H., Whiten, A., Suddendorf, T., Perrett, D. I., "Imitation, Mirror Neurons and Autism", *Neuroscience & Biobehavioral Reviews*, Vol. 25, No. 4, 2001.

② Ebisch, S. J. H., Gallese, V., "A Neuroscientific Perspective on the Nature of Altered Self-Other Relationships in Schizophrenia", *Journal of Consciousness Studies*, Vol. 22, No. 1 - 2, 2015.

③ Gallese, V., "Bodily Selves in Relation: Embodied Simulation As Second-Person Perspective on Intersubjectivity", *Philosophical Transactions of the Royal Society of London*, Vol. 369, No. 1644, 2014.

④ Gallese, V., Ferri, F., "Schizophrenia, Bodily Selves, and Embodied Simulation", In: Ferrari, F., Rizzolatti, G. (eds.), *New Frontiers in Mirror Neurons Research*, Oxford: Oxford University Press, 2015, pp. 348 - 365.

⑤ Gallese V, Guerra, M., "Embodying Movies: Embodied Simulation and Film Studies", *Cinema: Journal of Philosophy and the Moving Image*, Vol. 3, No. 183 - 210, 2012.

⑥ Gallese, V., Wojciehowski, H., "How Stories Make Us Feel: Toward an Embodied Narratology", *California Italian Studies*, Vol. 2, No. 1, 2011.

基础，这一机制使我们在阅读的时候能够与作者直接对话。审美经历与身体之间的关系在实验美学中被广泛研究，通过 fMRI 研究发现感知—运动系统在对人类主体和风景主体这两类油画做判断时都会被激活并与感知一起发挥作用，因此运动判断与运动加工有特殊的关联性，对静止画面的欣赏涉及动态的自然刺激[1]。总体上说，具身模拟论在艺术欣赏中的作用主要表现在两个方面：（1）具身模拟论可以驱动共情；（2）具身模拟驱动的共情可以让我们体会创作者的创作姿势、刷子运用方式和手的灵活运用等方面，大脑通过静态的绘画就可以重建绘画的行为和绘画过程中的身体动作，这些都会影响艺术欣赏[2]。

总之，具身模拟论挑战了心智理论的解释，身体是他心直接感知的基础，同时也调整了以第三人称认识论为基础的理解他人的方式。镜像神经元的发现者里佐拉蒂说"在发现镜像神经元之初，他也没有预料到这个发现不仅对神经科学，而且对社会科学到美学能够有这么大的影响"[3]。具身模拟论的研究向我们指明要非常小心地使用心智理论，因为它只是提供了非常贫乏的他心感知的认识论策略。因此，具身模拟论会认为，我在理解他人的时候，如果心智理论缺少具身模拟论的支撑，那么将仅仅是一个苍白的、超然的解释。具身模拟论同样也认为第一和第三人称研究方法的严格区分在亚人机制层面是模糊的，交际中的双方在他心理解时都同时包括了主体和客体两个方面。镜像神经机制和具身模拟功能使他人变成另一个身体性自我，那么同样的道理，在语言交流过程中，语用和语义的区分是没有意义的。当然，也应看到，具身模拟论和镜像神经机制不能解释所有复杂的心智机能，只能说在理解他人的过程中起着关键的和无法替代的作用。同时，还应看到具身模拟论虽然强调理解他心的直接性和非认识论性，但并没否定认知努力在他心感知过

---

[1] Di Dio, C., Ardizzi, M., Massaro, D., Di Cesare, G., Gilli, G., Marchetti, A., Gallese, V., "Human, Nature, Dynamism: The Effects of Content and Movement Perception on Brain Activations During the Aesthetic Judgment of Representational Paintings", *Frontiers in Human Neuroscience*, Vol. 9, No. 79, 2015.

[2] Gallese, V., "Mirror Neurons and Art", In: Bacci, F., Melcher, D. (eds.), *Art and the Senses.* Oxford: OUP, 2011, pp. 441–449.

[3] Ramachandran, V. S., Oberman, L. M., "Broken Mirrors: A Theory of Autism", *Scientific American*, Vol. 295, No. 5, 2006.

程中的作用，二者并非相互排斥而是相互补充的，具身模拟论支撑着命题式的、复杂认知的心智机制。这也就引起了心智理论和交互理论对具身模拟论的挑战。

## 第三节　他心直接感知的交互理论

交互理论产生的哲学背景主要是现象学和实用主义。在现象学中，主体间性是交互理论的核心引用观点，个人的社交是来自共享与他人的主体间性中。但是，交互理论所强调的主体间性更多的是梅洛-庞蒂的身体间性（intercorporality），而非胡塞尔的先验主体下的主体间性。交互理论还受美国实用主义影响，在对他心感知的过程中，他人本身就属于感知的一部分，他心感知是在交互中实现的。而直接导致加拉格尔提出交互理论的前期理论背景，除了梅洛-庞蒂的身体间性和互惠性关系（reciprocity）之外，还有胡塞尔与舍勒的共情以及维特根斯坦的判据（criteria）理论[1]。加拉格尔并不认为单一学科可以解释他心问题，因此还结合了发展心理学、神经心理学、神经科学等学科的研究。

### 一　交互理论的理论前提

与具身模拟论相似，交互理论也有三个理论前提，这三个前提成为挑战具身模拟论和保证能够使用主体间性来解释他心直接感知的基础。正是自我模式理论，使自我不会陷入具身模拟论的客观主义实体观中，更强调自我和他人处于一种主体间交互的关系中；身体的社会性是将这种主体间关系内化于身体之中而成为身体的构成元素从而摆脱心智理论的孤立心灵观；强具身认知保证了在感知他心过程中是整个身体都参与其中，从而消除了传统的经验主义和理智主义的感知观。

第一，自我模式理论。对于自我有很多解释和争论，加拉格尔认为对于"自我"争论最大的观点就是通过抽象的、客观的认识论视角来寻

---

[1] 判据理论认为"心理概念的意义不是由私人感觉而是由独立于感觉的判据确定的……主要是指内心的就在外部表达中"，详细参见王华平《他心的直接感知理论》，《哲学研究》2012年第9期。

找自我，而传统的争论都是将自我概念的生活、实践、情境、经验和身体抽空，如果将自我放在一个更加具有情境的框架中就会形成更接近实际的和不那么抽象的自我①。自我概念的多样性以及自我的争议性导致自我的意义是混乱的，这也反映出从不同的学科对自我进行研究，会表现出不同的理论和经验。米德是比较早的将自我放入社会建构的哲学家，加拉格尔很显然受到米德的主我和客我思想的影响。由于强调交互的重要性，因此在交互理论中主体来源于身体间的交互并在与他人交互中发展出来，那么自我将不能被还原为孤立的个人，而是处在一个系统中。因此，自我模式理论（pattern theory of self）认为自我并不是某一个孤立的实在而是具有多面性的，自我这个词汇是用于我的社会交互、伦理投射、有意义的意向、道德责任和身体运动以及语言能力等②。自我包括了很多典型特征，如，最小具身的、最小经验的、情感的、主体间的、心理认知的、叙事的、延展的和情境等方面③。加拉格尔认为"the"和"-self"并不是直接相连的，在自我之前需要加入一个修饰词将二者联系起来，因此就有不同模式的自我：认知自我、概念自我、情境自我、人际自我、叙事自我、哲学自我、生理自我、私人自我、表征自我等。自我的概念是复多的而非单一的，自我的不同模式之间不是一种非此即彼的关系，而是相互补充和能够通约的。加拉格尔的自我模式理论主要来自威廉·詹姆斯和奈瑟尔（U. Neissen）。詹姆斯将自我划分为身体自我、社会自我和私有自我，奈瑟尔将自我划分为生态自我（ecological self）、人际间自我（interpersonal self）、概念自我（conceptual self）、短时延展自我（temporally extended self）和私有自我（private self）④。但是，对于哪种划分更合适，后来的学者对此有争论，加拉格尔更看重两人对于自我进行不同范畴划分的思想。自我模式在此基础上指出自我模式中有不同

---

① Gallagher, S., Marcel, A. J., "The Self in Contextualized Action", *Journal of ConsciouSness Studies*, Vol. 6, No. 4, 1999.

② Gallagher, S., Marcel, A. J., "The Self in Contextualized Action", *Journal of Consciousness Studies*, Vol. 6, No. 4, 1999.

③ Gallagher, S., "A Pattern Theory of Self", *Frontiers in Human Neuroscience*, Vol. 7, No. 443, 2013.

④ Neisser, U., "The Self Perceived", In: Neisser, U. (ed.), *The Perceived Self: Ecological and Interpersonal Sources of Self-Knowledge*, New York: Cambridge University Press, 1993, pp. 3–21.

变量，如自我的身体性、情感性、主体间性、叙事性、延展性和情景性等。自我模式在构成方面会相应地在权重和价值上有所变动，自我作为一个复杂的多面系统是在各个构成方面的动态交互中出现的，每个人的自我模式会随着时间的变化而改变。

自我模式理论在很大程度上消除了关于自我是否存在以及自我的内涵和指称之间的争论，从而使自我能够显现为多面相和多维度。自我模式理论是交互理论的前提，这使人们更多地从情境化和动态化的交互视角认识自我，因此在理解他心的过程中自我模式会随着交互的情境和方式自动调整，他人在交互过程中也会出现一个自我的动态变化和不同模式或面相的呈现。由于自我的"自我"和他人的"自我"都是变动的，那么就不可能使用逻辑推理或模拟的方式将他人当成固定和静止的行为状态推断出他人行为背后的意图或心智状态，因此他心感知应该是在交互过程中不断生成的。

第二，身体的社会性。交互理论赞同身体在认知过程中的重要性，同时强调身体具有社会性，身体在一开始就是主体间性的或者携带着他人在场的，这其实间接地批判了具身模拟论最小身体自我的观点，因为最小身体自我似乎是认为自我以及自我所依赖的身体是可以摆脱社会性的，这种观点也没有指出身体是处于我与他人的交互中，因此脱离主体间性的身体性自我并不真实存在。如果我们不考虑他人，那么我们怎么会有对身体的残酷的折磨作为解脱呢？身体性自我需要一个更加整体的和综合的方式，应该认识到社会功能和大脑功能一起汇集到身体中[①]。加拉格尔探讨身体的社会性是从身体图式和身体意象视角加以阐释的。传统观点在分析身体时会将身体划分为身体图式和身体意象，加拉格尔认为传统的身体意向和身体图式都忽视了主体间性或者社会因素的位置，甚至在具身的经验中也忽视了这方面，只是将主体间性看作脱离于身体之外的添加性因素而已。同样，在考察身体时，我们总是忽视身体是动态地与环境耦合的，而环境首先是社会环境的。身体意向和身体图式不仅是身体的个人主体表征，还与我们所遇见的他人相关，身体图式和身

---

① Gallagher, S., "The Body in Social Context: Some Qualifications on the 'Warmth and Intimacy' of Bodily Self-Consciousness", *Grazer Philosophische Studien*, Vol. 84, No. 1, 2012.

体意向在本质上是关涉他人的，是暗含着主体间性的。

席尔德（P. Schilder）指出"身体意象是一个社会现象，在自我的身体意象和他人的身体意象之间有一个深层的共同体"[1]，而连接自我和他人的基础就是主体间性或者如梅洛-庞蒂所说的身体间性。加拉格尔认为席尔德虽然混淆了身体意象和身体图式，但他第一个指出身体意象和身体图式有社会维度。他人会影响我的身体运动方式，在有人和没人两种情况下，我们的行动方式是不同的。当我们走向坐满了人的礼堂时，浑身感觉不自在或走路特别吃力，他人的目光会改变我的身体图式的运作。研究发现，在一个大家瞩目的场景中，人们前进的反应时间是有变化的[2]。加拉格尔认为社会交互会影响身体意象的产生和特征，在解释生理问题的时候要关涉到社会、文化、风俗等维度。一些身体失调的疾病，也不能只从生理维度上解释。在考虑身体性自我的时候，还是需要一个更加整体的、全面的、多维度的和综合的方式解释，应该认识到社会和大脑功能一起汇集到身体中，因此，身体并不是生理上的躯体而是经验性和社会性身体。交互理论的观点会将感知经验看得非常灵敏，从而让我与其他心智主体始终处于关联之中。

第三，强具身认知。强具身认知的支持者有加拉格尔、汤普森、赫扎、瓦雷拉、罗施和郄默罗等。强具身认知强调身体在认知中的作用，不将具身性还原为大脑神经而是整个身体结构、状态和姿势等。弱的具身认知认为身体或身体的（神经）表征提供了重要的解释作用，支持者有加莱塞、西尼加利亚（C. Sinigaglia）、格林伯格、戈德曼、德·维盖蒙（F. de Vignemont）、莱考夫和约翰逊等。弱具身认知的身体观强调大脑或大脑神经的重要性，认为强具身认知所持有的身体观会削弱大脑的地位。因此，在弱具身认知观中，大脑特别是大脑神经在认知加工过程中占绝对优势。戈德曼认为身体形式的表征是对一个人身体状态和活动的内部表征，但是如果要想形成身体形式的表征必须有这方面的信号与大脑的

---

[1] Schilder, P., *The Image and Appearance of the Human Body*, London/New York: Routledge, 2007, p. 215.

[2] Schilbach, L., Eickhoff, S. B., Cieslik, E., Shah, N. J., Fink, G. R., Vogeley, K., "Eyes on Me: An fMRI Study of the Effects of Social Gaze on Action Control", *Social Cognitive and Affective Neuroscience*, Vol. 6, No. 4, 2010.

躯体感知和运动皮层激活才得以可能①。强具身认知强调人类的身体在认知中起着关键作用，身体特征和结构塑造着我们的认知，正是因为我们有两只耳朵、两只眼睛和直立行走，我们才能以现在的方式感知声音和距离等。夏皮罗（L. A. Shapiro）认为："我们的感知过程不仅仅是适合身体结构，而是说我们的感知过程依赖和包括身体结构"②。强具身认知观建立于具身认知的生物模式（身体的外神经结构特征决定了我们的认知体验）③，强调感知就是为了行动，这种行为导向塑造了大部分的认知过程，并强烈要求改变传统的心灵和思维观。强具身认知还认为感知经验不一定必须与大脑皮层或神经有关，例如，我们的运动反应与肌肉和肌腱的构造、灵活程度、肌肉和关节之间的结合关系以及先前的活动历史都有关联④。但是加拉格尔认为，我们除了需要关注认知的具身性及周围的物理环境之外，还需要格外关注在社会和制度环境下的主体间交互。强具身认知总是要强烈地改变经典认知科学对心灵、思维方式和认知的传统观点，完全拒斥心智主义对心灵的基本特征的描述，摆脱任何心智都包括或者暗含了内容的观点⑤。因此，认知不是概念上的，而是整个身体、内脏参与的和分布于世界的。身体和大脑是一个整体，身体各功能部位之间是相互连接的整体，身体会给大脑传递信息。强具身认知还关注认知的社会性、情境性和主体间动态交互性。因此，认知是包括身体、世界和他人并超越皮肤的限制，认知是身体在生活中的实践。

## 二　交互理论的三层交互方式

交互理论从发展的角度指出，人们从一出生就融入第二人称的交互和对话关系中，我通过具身的交互实践活动来理解他人。交互理论主要

---

① Goldman, A. I., "A Moderate Approach to Embodied Cognitive Science", *Review of Philosophy & Psychology*, Vol. 3, No. 1, 2012.

② Shapiro, L. A., *The Mind Incarnate*, Cambridge, MA: MIT Press, 2004, p. 190.

③ Gallagher, S., *Enactivist Interventions: Rethinking the Mind*, Oxford: Oxford University Press, 2017, p. 37.

④ Zajac, F. E., "Muscle Coordination of Movement: A Perspective", *Journal of Biomechanics*, Vol. 26, No. Suppl 1, 1993.

⑤ Hutto, D. D., Myin E., *Radicalizing Enactivism: Basic Minds without Content*, Cambridge, Massachusetts/London: The MIT Press, 2013, p. 1.

关注三种能力：一是从婴儿出生就显现出来的具身主体间感知能力；二是在一岁左右开始出现的共同关注能力；三是基于语言习得和故事理解而获得的叙事能力。这三种能力分别对应儿童的三个发展阶段，因此交互理论分为初级主体间性、次级主体间性和叙事能力三个层面。这三个层面是儿童发展中逐渐获得的交互能力，但是每个层面并不会随着儿童年龄的增长而脱落，在实际交互过程中仍然会发挥作用。

第一，初级主体间性。科尔温·特热沃森（C. Trevarthen）最早在1979年将儿童最开始的交互称为初级主体间性。初级主体间性（primary intersubjectivity）是天生的或早期发展的与他人交流的感知—运动能力，这种能力保证了我们能够进入与他人交互的动态关系中。初级主体间性是指在与他人交流情境中，能够直接理解他人意向的能力，不需要依赖任何推理性或者模拟性的心智理论，因为他们的意向被很明确地表达在他们的具身行动和表达行为中[1]。初级主体间性表现在婴儿的初级感知经验中，婴儿通过看其他人的身体运动、脸部表情、眼睛方向等直接把握他人的意图和感觉[2]。婴儿通过声音和手势等对他人的声音和手势反应[3]，在日常交互过程中感知他人的行为和表达时，我已经理解了他的意图，这就是我们所具有的初级主体间性能力。婴儿从一出生，就被抛到与他人的交互中，就能够感知和理解他人的面部表情，这种理解不是自动的或者反射的，而是在双向的第二人称互动中实现的，因此婴儿的交互一定需要放在具体的情景中，"研究发现婴儿能够很好地与母亲在视频中交互，如果是录像，那么交互持续不了多久就会停止"[4]。初级主体间性会随着婴儿的发展而变得更加细致。在两个月的时候，婴儿能够跟随他人的眼神去看其他东西，然后理解他人之所看；在6个月的时候，婴儿开始注意到抓取是有目标朝向的，在10—11个月的时候，婴儿能够按照意

---

[1] Gallagher, S., Zahavi, D., *The Phenomenological Mind: An Introduction to Philosophy of Mind and Cognitive Science*, London/New York: Routledge, 2012, p. 187.

[2] Gallagher, S., *How the Body Shapes the Mind*, Oxford: Oxford University Press, 2005, p. 264.

[3] Gopnik, A., Meltzoff, A. N., *Words, Thoughts, and Theories*, Cambridge: MIT Press, 1997, p. 131.

[4] Murray, L., Trevarthen, C., "Emotional Regulations of Interactions between Two-Month-Olds and Their Mothers", In: Field, T. M., Fox, N. A. (eds.), *Social Perception in Infants*, Norwood: Alex, 1985, pp. 177–197.

向的边界分离出某种连续的行为，开始感知头、嘴、手和各种身体的运动作为有意义的、目标朝向的运动①。婴儿在 9 个月之前没有信念这样的概念，处于一种前语言的阶段，但是能够与他人进行具身性的交互②。婴儿能够感知并理解他人的眼神、面部表情和身体运动的意义，并将它们作为有意义的、目标朝向的运动。初级主体间性能力就告诉我们，在我对他人的行为、意向或者情感进行反思的时候，已经对他人有了一个感知的了解，而且这是在我和他人都没有注意的情况下发生的。在初级主体间性中，有一个共同的身体意向是能够被感知主体和被感知对象共享的③。加拉格尔认为镜像神经元其实是对初级主体间性的支持，在推理、模拟、解释或者预测他人行为之前，我已经处于与他人交互和理解的状态中，依赖他人的行为表达、姿势、意向和情绪以及他对我自己和他人的反应。事实上，我们是被卷入这样的初级主体间性的实际情景中的，在婴儿一出生就已经关涉到了他人。初级主体间性经验的原初性和起始性并不意味着简单性，这种经验会一直持续到未来发展中，也会影响后期的主体间交互状态，是获得次级主体间性和叙事能力的基础。

第二，次级主体间性。初级主体间性并不能解释主体间理解的全貌，婴儿与看护人或者他人的交互不只是面对面的交互，还有一种作为旁观者的视角。加拉格尔认为已经蹒跚学步的孩子通过与他人进行动作、手势或面部表情的交互就能够获得他人内在状态的基本知识④。大概在一岁的时候，婴儿就会超越早期初级主体间性，然后进入共享关注的情景中，他们在这个情景中学习事物的意义和它们的指称意义⑤。也就是说，婴儿通过与他人一起参与共同关注的事件进入次级主体间性，之后就会处于

---

① Gallagher, S., "Strong Interaction and Self-Agency", *Humana-Mente: Journal of Philosophical Studies*, Vol. 15, No. January 27, 2011.

② Gallagher, S., "From the Transcendental to the Enactive", *Philosophy Psychiatry & Psychology*, Vol. 19, No. 19, 2012.

③ Gallagher, S., Zahavi, D., *The Phenomenological Mind: An Introduction to Philosophy of Mind and Cognitive Science*, London/New York: Routledge, 2012, p. 188.

④ Gallagher, S., "Understanding Interpersonal Problems in Autism: Interaction Theory as an Alternative to Theory of Mind", *Philosophy Psychiatry & Psychology*, Vol. 11, No. 3, 2004.

⑤ Gallagher, S., Zahavi, D., *The Phenomenological Mind: An Introduction to Philosophy of Mind and Cognitive Science*, London/New York: Routledge, 2012, p. 189.

参与性的意义生成中，婴儿开始和他人一起构建世界的意义。在次级主体间性能力形成过程中，儿童会反复地观看他人的目光和他人所看的对象，从而确认两人是在关注同一个物体，或者观看他人与世界打交道的方式，从而进入一种联合注意的场景中。当婴儿逐渐学会理解情境中的他人行为时，就进入了次级主体间性阶段。大概在18个月的时候，儿童能够理解他人使用工具的意图，当儿童看到他人不会玩一个玩具的时候，儿童会自己拿起玩具教他人如何去玩①。行为的意向在情境的供养（affordance）下能够被婴儿直接感知，婴儿不需要将他人看作是一个需要认知的对象，婴儿一直处于与他人的互动中，并在互动中提高主体间性能力。在次级主体间交互中，婴儿能够区分人与物，他人并不是一个独立对象，婴儿将他人看作是与自己一样的行动主体。

由于受到实用主义和吉布森（J. J. Gibson）可供性理论的影响，交互理论认为婴儿对他人行为意图的理解主要是通过交互实践（意向性、目的导向）实现的，而不考虑可能的亚人的或者低水平的描述，而且也不考虑心智的解释②。我们将他人感知为一个主体，他们的行为都位于实践活动中。在次级主体间性情境下，对他人行为的理解并不是对他人行为意向的推理、判断和归因，他人的行为会在情境的供养下让意义自动涌现出来。例如，当你从袋子里掏出你的手机时我已经知道你的行为意图，而不需要通过将袋子、手机以及你的行为分别拿出来推测你的心智状态，更不可能仅仅根据我对行为的肢解、肌肉的舒张以及神经的激活推测你的意图。因此，次级主体间性强调人们对于情境的依赖，而情境依赖也表明婴儿或成人能够将他人的行为和情境连接在一起，通过感知的方式获得他人的意图。次级主体间性也强调共同的实践活动，我们会无意识地卷入到与他人互动的情境中。次级主体间性不是一种只需经历但又可以抛弃的阶段，这些具身的、情境的和交互的过程会持续地在后来的社会交互中发挥作用，并与初级主体间性一起引出叙事能力。

---

① Meltzoff, A. N., "Understanding the Intentions of Others: Re-enactment of Intended Acts by 18-Month-Old Children", *Developmental Psychology*, Vol. 31, No. 5, 1995.

② Gallagher, S., Zahavi, D., *The Phenomenological Mind: An Introduction to Philosophy of Mind and Cognitive Science*, London/New York: Routledge, 2012, p. 190.

第三，叙事能力。在初级主体间性和次级主体间性阶段中，我们可以通过具身的主体间互动直接感知他人的意向，但是这似乎仍然不能解释儿童在2—4岁时发展出来的新的交互能力，即言语交互能力。加拉格尔将这种复杂的他心直接感知能力归为叙事能力，交际的和叙事的实践在我们的主体间关系中起着扩展交互环境以及消除交互复杂性的作用。我们的日常生活弥漫着叙事，面对他人复杂的和有疑惑的行为，我们对他心直接感知的最好方式是通过会话技巧向他人咨询并获得更丰富的信息，而不是进行主观的心智推理或模拟。当别人的意向不太清晰的时候，我们通过使用叙事的方式来让这种意向在更大的背景中显现。在他人的支持下，叙事理论认为儿童逐渐通过参与到故事讲述的实践中来理解他人的行为意向和理解各种复杂的心灵[1]。大概在儿童两岁时，他们基本上获得了叙事能力，这比初级和次级主体间性更加精细，而语言能力的获得和大量地参与交际实践，不仅会帮助我们验证次级主体间性，而且还会帮助我们发展叙事能力。通过叙事将一个更加全面的背景加诸行为之上，并扩展他心感知过程中的交互历时性和动态性，从而理解他人的行为和建构一个完整的他人，对于复杂的他人行为和语言意图的归因并不是对他人心智状态的精确把握，而是在故事框架中在具体情境中对他人的态度、行为和语言的反应。通过参加各种的交互实践，儿童可以获得不同的叙事能力模式，这些不同种类的叙事能力使我们能够以不同的方式理解他人[2]。叙事不只是发生在大脑中的事件，还是在我们的共享世界中发生的事件以及他们对这个事件的理解和反应。叙事的形式可以分为明确叙事和暗含叙事：暗含叙事是当我们在解释他人行为的时候，我对于我所使用的叙事框架是无意识的；而对于一些更加复杂的行为，我们需要明确地对关于他人故事的知识进行建构，从而解释当下的行为[3]。

加拉格尔和扎哈维总结指出，叙事在他心感知过程中主要扮演两种

---

[1] Hutto, D. D., "The Narrative Practice Hypothesis: Origins and Applications of Folk Psychology", *Royal Institute of Philosophy Supplement*, Vol. 60, No. 3, 2007.

[2] Gallagher, S., Zahavi, D., *The Phenomenological Mind: An Introduction to Philosophy of Mind and Cognitive Science*, London/New York: Routledge, 2012, p. 193.

[3] Gallagher, S., Zahavi, D., *The Phenomenological Mind: An Introduction to Philosophy of Mind and Cognitive Science*, London/New York: Routledge, 2012, p. 194.

角色：首先，更大的叙事可以将当前的情境融入不同的文化规则或者个人的历时或者价值中，能够帮助我们进一步地理解他人；其次，在获得叙事能力的过程中，我们与他人处于共享状态，从而塑造对自我的理解①。我们可以说，叙事能力是初级主体间性和次级主体间性的社会性延展，而延展的工具是通过语言习得、语言故事的理解以及叙事实践的参与得到的。叙事实践假设是将人与人的理解放置在一个更大的环境中，除了当下的情境和社会背景之外，还需要进行历时性的背景知识的延伸，我和他人就在这样一个建构的故事情境中互动，从而把他人行为的逻辑和意图勾勒出一个更加清晰的理解轮廓。叙事使过去的事情和未来的事情重新显现和交融，重新地演练和参与到当下的叙事情境中，自我和他人也因此变得更加完整，对他人的理解也更全面。因此，交互是双方的互动，他人作为我的叙事的证人，保证了我的叙事的准确性和存在的可能。扎哈维曾经做过生动的比喻，他将水比作最小的经验自我，将颜色比作习得语言之后的自我，水里添加了颜色并不会导致水就不是水了②。

另外，加拉格尔还认为叙事为我们的自由意志提供了空间。通过叙事，我可以反思我的行动和互动以及行为的动机，从而让自我以一种批判的视角审视自己，这就如米德所说的主我与客我之间的辩证关系一样。叙事使我有能力将自己作为叙事故事中的角色，我们又以"主体之我"的视角与这个被叙事的"客体之我"进行对话。布鲁诺·G.巴拉将初级主体间性和次级主体间性的交互称为外部认知过程，认为"外部认知能让一个系统借助环境因素来支撑自己的认知能力，它可以减轻认知加工负担，从而优化认知加工过程"③。但是，初级主体间性和次级主体间性的交互并不是那么灵活，兹拉特夫认为正是符号的使用才促使了人类主体间性以人类社会性的方式发生变化④。而符号的使用是与叙事能力的发

---

① Gallagher, S., Zahavi, D., *The Phenomenological Mind: An Introduction to Philosophy of Mind and Cognitive Science*, London/New York: Routledge, 2012, p.194.

② Zahavi, D., *Self and Other: Exploring subjectivity, Empathy, and Shame*, Oxford: Oxford University Press, 2014, p.92.

③ [意] 布鲁诺·G.巴拉：《认知语用学：交际的心智过程》，范振强、邱辉译，浙江大学出版社2013年版，第172页。

④ Zlatev, J., Persson, T., Gärdenfors, p., "Bodily Mimesis as 'the Missing Link' in Human Cognitive Evolution", *Lund University Cognitive Studies*, No.121, 2005.

展同步进行的，符号的灵活应用也会伴随着叙事能力的提高而提高。同理，叙事实践也是一个外部认知方式，通过叙事可以将本来属于心智理论所说的推理机制转换为一个外部的叙事实践机制，因此就将这种内部认知转换为外部认知，这就优化了交互理论理解他心的加工过程，他心直接感知就不需要耗费更多的认知努力。总之，通过对交互理论的三个层面的解释以及初级主体间性的原初性，我们可以看到他心感知是浸入在交互系统中自动涌现出来的。

## 第四节 交互理论的发展与应用

交互理论对于解决他心问题给予了新的选项，使人们摆脱了从心智理论的理论论或者模拟论二者选其一的束缚。虽然具身模拟论也尝试摆脱心智理论，而且具身模拟论很好地解释了对于他心的前反思的直接通达现象，特别是对儿童早期的他心感知能力逐渐形成的过程给予了详细描述，但是这并不能很好地将高阶的复杂的社会认知解释清楚，交互理论认为具身模拟论并没有摆脱心智理论，而交互理论为了从根本上抛弃心智理论的束缚同时增加其理论的解释力，开始与其他理论结合并将其应用于实践。

### 一 交互理论与生成主义的结合

交互理论与生成主义的结合其实在梅洛-庞蒂的哲学中已经有所论述，梅洛-庞蒂早就指出我和他人的共在关系是一种交互式的生存关系。意义隐约地显露在我的各种经验的交汇处，早在《行为的结构》中，梅洛-庞蒂就已经开始关注人与他人在文化世界中的共在[1]。交互理论将对于他心的理解看作是意义的生成，意义是被可供性所提供。对于他心的感知也是在身体和环境的动态性生成中完成的，或者说是在社会参与、社会实践以及与他人的交互中完成的。赫托认为生成主义给予了有机体和周围的环境动态的交互（interaction）以完满的解释[2]。加拉格尔在解

---

[1] 杨大春：《身体的秘密——20世纪法国哲学论丛》，人民出版社2013年版，第71页。
[2] Hutto, D. D., Myin, E., *Radicalizing Enactivism: Basic Minds without Content*, Cambridge/London: The MIT Press, 2013, p. XI.

释交互理论时会避免使用推理这个词，在他看来，这个词仍然表示他心是在大脑内部被认知的。在生成主义哲学家和认知科学家看来，感知是一种生成，对于他心的感知也不需要进入心智状态，如命题态度、信念、欲望等，而只是一种行动、行为和环境中的操作意向，因此不需要总是将他人的意向归因到心智状态中。对于生成主义来说，身体是所有意义的最终源泉。生成主义需要我们对大脑的角色进行重新思考，与过去标准的计算表征模式将认知的基础放置于大脑内部的心灵或者神经激活不同，更强调身体—环境—他人都在场的整体性实践。"大脑在生成系统中当然起作用，但是不能将大脑还原为纯粹神经的或者心智的状态，大脑是一个整体性的功能"[1]，对于身体、环境或者主体间各种条件的任何改变都会导致整个系统发生改变。生成主义认为他心感知是一个交互过程，在这个过程中自我和他人相互协调；感知他心也是一种区分自我和他人的耦合过程，在这个过程中意义得以产生，他心得以通达。但是，交互理论与生成主义的结合并不能完全代替高阶认知在他心感知过程中的作用，特别是对于陌生人或者在跨文化的交际过程中，并不能完全直接感知他心，因此生成主义也引起了很大争论。有的说我们完全依赖交互和生成，有的将这种高阶认知归为一种叙事，还有的将这种认知能力甩给经典认知去解释，有的说是依赖叙事理论或者需要计算表征模型等。总体上来说，交互理论与生成认知的结合在某种程度上是找到了两种理论的内在契合点，都将他心感知过程看作是一个交互的意义涌现过程。

## 二 交互理论与延展认知的结合

交互理论结合延展认知提出了社会延展认知（socially extended minds）观。社会延展认知认为我们的认知过程不仅被各种工具和技术延展，而且还被我们的主体间的交互过程所延展，像工具和技术一样，交互实践会帮助我们构建认知过程[2]。在理解他心的过程中，我们是在主体

---

[1] Gallagher, S., Hutto, D. D., Slaby, J., Cole, J., "The Brain as Part of an Enactive System", *Behavioral & Brain Sciences*, Vol. 36, No. 4, 2013.

[2] Slaby, J., Gallagher, S., "Critical Neuroscience and Socially Extended Minds", *Theory Culture & Society*, Vol. 32, No. 1, 2015.

间性的社会和语言交互实践基础上不断形成有规则和条理的交互方式。语言就是一个很好的例子，语言不仅是人类的交流工具，更重要的还是延展认知的工具。语言的产生并不是认知的结果而是认知的补充部分，因此人类的认知具有语言的特质，使人类能够在不需要改变自身的情况下运用人类的简单认知模式解决复杂问题。同时让人类的知识能够以非常便捷的方法储存在世界之中，而且可以随时提取，也就是在语言使用的过程中，人类的认知才能够扩展到最深和最远处。其他的认知体系，还包括政策、军事，经济的、宗教的和文化的机制，同时还包括科学本身都能够起到认知延展的作用[1]。社会延展认知表明社会机制、政策特征、社会实践和劳动方式都会塑造我们的心智，从而使在同一社会延展机制下的他心感知表现出优越性。他心感知在主体间的延展会逐渐影响我们参与认知活动的方式，他心感知活动发生在主体间的实践活动中。外部事物通过这样的实践能够塑造我们的大脑，使用工具可以让我们的自我中心的躯体感知脑区出现重新塑造的现象[2]，出租车司机的海马回（海马区）会逐渐变大[3]，这说明出租车司机在工作中需要更多的空间记忆参与，导致负责该区域的大脑会发生变化。总体上来说，交互理论与延展认知的结合是延展认知的社会性补充，并且是对心智特征以及个人心智独特性的交互性证明。认知的社会延展性也表明了他心的多面性以及交互理论与延展认知之间的相互补充和相互构造的心智特征，也是使他心直接感知成为可能的社会性延伸。

### 三　交互理论与动力系统的结合

加拉格尔认为交互理论除了与儿童发展心理学、现象学和生成认知有直接关系之外，动力系统理论与交互理论最具有融合性。动力系统的引入其实是加拉格尔为了克服交互理论的亚人层面的解释力不足而专门

---

[1] Slaby, J., Gallagher, S., "Critical Neuroscience and Socially Extended Minds", *Theory Culture & Society*, Vol. 32, No. 1, 2015.

[2] Bassolino, M., Serino, A., Ubaldi, S., Làdavas, E., "Everyday Use of the Computer Mouse Extends Peripersonal Space Representation", *Neuropsychologia*, Vol. 48, No. 3, 2010.

[3] Bassolino, M., Serino, A., Ubaldi, S., Làdavas, E., "Everyday Use of the Computer Mouse Extends Peripersonal Space Representation", *Neuropsychologia*, Vol. 48, No. 3, 2010.

引入的机制，是作为对传统现象学方法的技术补充，例如，在社会交互的情况下，一个亚人过程的动力系统模型可以帮助解释主体间性的现象，以取代心智理论框架的解释作用[1]。动力系统理论是一种数学工具，被范·盖尔德（T. Van Gelder）和波特（R. F. Port）应用于认知科学研究中，另外，从现象学的角度来看，这个数学框架被认为是现象学和认知科学之间的一个很有前途的桥梁[2]，连接着经验和实验现象，从而避免传统的身心二分问题。认知动力系统与延展认知、生成认知有极大的连续性，并且是对它们研究的继续深化。动力系统理论应用于进化机器人中，而且已经被证明是一种可行的方法，可以合成一种被称为"最低认知行为"的模型，即最简单的行为，这也证明了某些认知机制和心理表征的必要性，证明了更小的、非表征性的过程对于认知来说是足够的[3]。然而，由于动力系统这种整体的和最大包容性的观点，整个大脑—身体—环境系统的复杂性必须保持在最低限度，以使对主体行为的理解成为可能。动力系统作为认知的极简的建模方式表明，一个扩展的大脑—环境系统的非线性动力学，通常会出乎意料地比传统上由经典认知科学假设的那种心智架构更简洁[4]。加拉格尔就尝试使用动力系统理论代替心智理论，并使交互理论更加关注大脑、身体和环境构成的复杂系统的发展。交互过程就是协调、失去协调和重新建立协调，从而保持既不同又相连的动力系统关系。按照加拉格尔的观点，动力系统模型可以替代符号化或逻辑性的认知加工方式，这些模型有助于以具体和实践的方式整合发展、行为、现象学和生成的方法。内部活动之所以成为可能，是因为其

---

[1] Froese, T., Fuchs, T., "The Extended Body: A Case Study in the Neurophenomenology of Social Interaction", *Phenomenology & the Cognitive Sciences*, Vol. 11, No. 2, 2012.

[2] Roy, J. M., Petitot, J., Pachoud, B., Varela, F. J., "Beyond the Gap: An Introduction to Naturalizing Phenomenology", *Biochemical & Biophysical Research Communications*, Vol. 105, No. 4, 1999.

[3] Froese T., Gallagher S., "Getting Interaction Theory (IT) Together: Integrating Developmental, Phenomenological, Enactive, and Dynamical Approaches to Social Interaction", *Interaction Studies*, Vol. 13, No. 3, 2012.

[4] Froese T., Gallagher S., "Getting Interaction Theory (IT) Together: Integrating Developmental, Phenomenological, Enactive, and Dynamical Approaches to Social Interaction", *Interaction Studies*, Vol. 13, No. 3, 2012.

他主体的行为调节了单个吸引子的位置，从而调节了主体的行为，反之亦然，这样主体就可以以分布式的方式共同管理他们的行为。此外，整个动力系统的每一个构成部分都是不可替代的，每一个部分都有其独立的存在意义。例如，在孩子与父亲的视频过程中，如果父亲的视频不动而声音持续，孩子可能会对视频不感兴趣，那么这个交互过程会很快中断，从而导致整个交流的系统组织发生改变，也改变了其他组件的活动。正是在这个包罗万象的系统环境中，主体行为的相应变化可以被理解[①]，对另一个主体的存在的认识不需要依赖复杂的个体认知机制整合过去的信息，而在于交互过程本身的位置、动态特性以及它对噪音的鲁棒性（robustness）[②]。动力系统的解释也消除了方法论的个人主义和内部主义。行为理解是通过互动表现出的主体间属性实现的，为了解释自我对他人的理解能力，并不总是需要假定专门的、亚人的认知机制，按照动力系统理论来说，交互过程可以自我组织，形成一个自主的动力学过程。两个主体在相互作用的过程中，双方行为相互共同构成，很好地补充了一种关于主体间性的直觉关系，这在梅洛－庞蒂的身体间性概念中被明确表达出来。该模型质疑了心智理论在理论论或模拟论的大众心理学概念中对个人主义解释的关注，也质疑将这种个人层面的概念引入亚人层面解释的合理性。动力系统让他心问题放弃了认知研究中的计算机隐喻，而转向生成的趋向，也表明动力系统和交互理论是兼容的。交互理论与动力系统的结合促使人们认识到人类的交互保证了身体的延展，自我维持的系统是在持续性的社会交互中产生，人与人之间的身体共振超越了个人的独立认知能力所能够解释的范围。将动力系统与认知结合的研究并非加拉格尔首创，瓦雷拉的神经现象学尝试将动力学连接神经活动和生活经验并取得了一系列的成功。然而，加拉格尔认为动力系统理论以及瓦雷拉的神经现象学对动力系统的引入有很大的问题，两者都将认知的研究限制在对大脑的研究，还应该涉及社会互动的作用。

---

[①] Froese, T., Fuchs, T., "The Extended Body: A Case Study in the Neurophenomenology of Social Interaction", *Phenomenology & the Cognitive Sciences*, Vol. 11, No. 2, 2012.

[②] Iizuka, H., Paolo E., "Minimal Agency Detection of Embodied Agents", in *European Conference on Advances in Artificial Life Springer-Verlag*, 2007.

### 四 交互理论对语言的解释

在交互理论中，语言是来自人类身体运动的一个模态，梅洛－庞蒂也指出"身体会将运动的性质转换为声音形式"[1]。正是基于交互理论的观点以及交互理论对于语言研究的映射，兹拉特夫（J. Zlatev）从进化论和个体发生学的视角发展出了语言的"模因图式"（mimetic schema）概念，因此模因图式主要结合了具身认知与主体间性思想，这不同于建立在具身模拟论基础上的认知语言学对于语言的解释。交互理论认为建立在具身模拟论基础上的认知语言学（以莱考夫和约翰逊为代表）并没有考虑到语言的社会性和规约性，"莱考夫从来没有考虑到交际的作用和认知的交流，即他人的意义"[2]。模因图式是一个动态的、具体的和前语言的经验结构表征，包括了身体意象、对意识的通达以及与他人处于主体间的前反思的意义共享，模拟图式分为两种：显性的（身体性的）和隐性的（想象的）。兹拉特夫认为"模因图式"是连接个人身体和集体性语言的中介。由于语言产生于具身性和社会性的经验综合，而模因图式是整合人类心灵的具身性和社会性并成为一个连贯结构的关键因素[3]，因此，模因图式的解释更符合语言的特征。

以莱考夫和约翰逊等人为代表的认知语言学派认为语言受非命题的行为结构、身体运动模式和身体经验所塑造。意象图式（image schema）成为由身体经验向抽象语言过渡的关键，意象图式作为连接经验和语言的内在基础通过隐喻投射形成抽象的语言。意象图式是一个循环的、动态的感知交互和运动程序的模式，它会给予我们的经历以连贯性和结构性。我们理解垂直的结构是通过数以千次的感知和运动经验获得，如观察树木、我们对站立的感觉、爬楼梯、形成一个旗杆的心智图像、对儿

---

[1] Merleau-Ponty, M., *Phenomenology of Perception*, New York/London: Routledge and Kegan Paul, 1962, p. 181.

[2] Zlatev, J., "Embodiment, Language and Mimesis", In: Ziemke, T., Zlatev, J., Franck, R. (eds.), *Body, Language, Mind Vol 1: Embodiment*, Berlin: Mouton de Gruyter, 2007, pp. 297–337.

[3] Zlatev, J., "Embodiment, Language and Mimesis", In: Ziemke, T., Zlatev, J., Franck, R. (eds.), *Body, Language, Mind Vol 1: Embodiment*, Berlin: Mouton de Gruyter, 2007, pp. 297–337.

童身高的测量等①。这样的语言观,有一个很明显的问题是意象图式并没有考虑到他人在语言形成过程中的作用,意象图式是在个体的孤立状态下形成的。模因图式不同于意象图式,它具有明显的主体间性和文化实践的痕迹,因此,使用"模因图式"突出语言形成的互动性解释可能更有说服力。对于手势语的不同观点就标明了具身模拟论支持下的意象图式和交互理论支持下的模因图式对于语言的不同观点。手势语在认知语言学的观点中仅仅是语言交流的补充,而在交互理论看来,手势语在言语交流中起着更加基础性的作用。例如,中风患者可能会出现符号语言消失的症状,但是运动性的手势仍然能够在交互的过程中交流;我们刚进入到一个陌生的文化中,在与他人交流的时候,会更加频繁地使用手势语增加语言的解释力,而这些手势语并不是语言的增加,而是陌生的文化环境会激发我们使用最原初的交际方法增加交际成功的可能性,因此手势语或者交互性的身体运动是语言的底色。加拉格尔指出动物的交际是一种姿势的交互,负责这些姿势的运动区域是灵长类动物的运动皮质,而这些区域是与人的运动皮质和布洛卡区重合的——包括镜像神经元和共享表征的神经元②。这表明负责运动的区域、人际间的交互与理解区域和负责语言的区域是同一个区域,因此语言是身体间的表达,而对于他心的理解(语言方面的理解)是与身体的交互能力联系在一起的,我们依赖身体的运动和身体间交互理解他人。

兹拉特夫认为语言作为一种社会文化现象是基于前语言的具身交互,同时依赖于语法和语义的惯例,我们不能将语言简化为个体的思想或者思维能力,更不能仅仅将语言划归为大脑神经激活。语言是社会的和表征的,仅依赖人的感知—运动经验是不能够解释语言的特征的,语言不可能直接建基于感知和运动之上,也不可能直接来源于支撑运动控制和社会共鸣的机制之上,所以仅仅用身体来解释语言是不能成功的,还需要借助模因图式将身体间的交互过渡到语言的交互。因此,模因图式携带有具身性和社会性等特征,同时联结着感知—运动系统、他人心灵和

---

① Johnson, M., *The Body in the Mind: The Bodily Basis of Meaning, Imagination, and Reason*, Chicago/London: The University of Chicago Press, 1987, p. xiv.

② Gallagher, S., *How the Body Shapes the Mind*, Oxford: Oxford University Press, 2005, p. 127.

语言内容，同时也能解决莱考夫和约翰逊的具身认知的个人主义以及仅仅依赖具身模拟来解释语言的认知神经科学研究的不足。因此，交互理论更关注前语言的主观经验和语言经验之间的历史性和普遍性的关系，包括了主体间性维度的存在。动物的符号系统和人的符号系统的最大区别是动物的高情境性，而人的符号是可以脱离情境甚至可以创造情境的。语言是三阶的，动物符号是二阶的，因此，话语理解既是具有个人经验的灵活性，也是具有集体制度的规约性，可以说语言和文化具有更广泛的普遍性，这也得到了来自对不同文化的儿童语言能力研究的证明。例如，儿童的发展有一个集体的过渡阶段，但是在不同文化中，儿童的符号能力发展既有相同性又有区别性，不同文化的相同性大于区别性，而且在儿童的发展过程中有一个逐渐发展和改变的过程，这会表现出更多的离散性[1]。

**五 交互理论对精神疾病的解释**

对于与他心问题相关的精神疾病，心智理论主要采用一种自上而下的心智控制视角去解释，具身模拟论更强调自下而上由具身模拟功能失调导致自我失调的解释，而交互理论不同意这两种解释。首先，即使是最典型的自上而下的解释也不应忽视神经过程的贡献，因为归属性的自我反思或元表征的可能性很大程度上依赖它们；其次，即使是最典型的自下而上的解释也不能忽视像自省这样的个人层次过程所带来的复杂性[2]。加拉格尔为了摆脱这种自上而下的第一人称研究方法和自下而上的第三人称研究方法，提出了自我模式理论来解释这些精神疾病。自我模式理论强调自我的多样性和多方面性，各种自我模式之间并不是孤立存在的实体，患有一种疾病只是某种自我模式出现了问题，并不能够否定一个真实自我的存在，因为自我的其他方面依然存在，如，交互理论认为阿尔茨海默症、精神分裂症和自闭症等都是自我的某一方面被消除或者损坏。自我模式理论是一种自上而下和自下而上结合的研究方法，我

---

[1] Zlatev, J., Andrén, M., "Stages and Transitions in Children's Semiotic Development", *Studies in Language and Cognition*, 2009.

[2] Kristin, A., "Understanding Norms without a Theory of Mind", *Inquiry*, Vol. 52, No. 5, 2009.

们在考虑自我意识时,还需要一个更加整体和综合的视角,即我们的身体是综合了大脑和社会功能的整体。交互理论将心理疾病患者的问题归结为工作记忆、情景性记忆、自传性记忆以及叙事结构的损伤[1],除此之外患者在运动控制方面也会毁坏。交互理论在解释这些心理疾病的时候强调身体运动以及身体实践上的缺陷,认为这些精神性疾病患者除了有身体方面的问题之外,还与人类主体间的社会交互相关联,社会交互的毁坏才是导致这些疾病的最主要原因。

精神分裂症会错误地将并非属于自己的行为归为自己,认为是他人和外部的因素导致他这样说话的。对于精神分裂症,心智理论的支持者认为精神分裂症是由基本自我在监控过程中的断裂引起的[2],精神分裂症患者无法通过心灵实现自我监控。对于这样的解释,加拉格尔认为这是一种副本传输观,正常交际并不需要一个额外的信息传入和思考的自主感,因此,这是一种信息冗余现象[3]。交互理论将精神分裂症解释为在交互过程中患者不能够区分世界、自我和他人而在这三个维度产生交互毁坏,从而使患者不能够处于正常的交互状态而导致自我失调,患者在交互过程中自主感的缺失以及对他人的行为和思想的错误归因等因素是造成精神分裂症的原因。按照交互理论的观点,现实世界、自我和他人是连接在一起的系统,而真正的交互是在区分的基础上发生的,否则自我和他人就不是交互的主体,因此也不能够形成真正的交互系统。在论证厌食症产生机理的时候,加拉格尔并不同意将厌食现象最终归结为身体的因素或者进行完全心理性的解释。交互理论认为社会交互(文化的、规则的和情感的方面)会影响身体意象的产生和维持[4],导致厌食症患者饮食和身体的失调是多因素的,厌食症并非先天性疾病,在很大程度上是受文化和社会的维度影响而导致的身心问题。由于我们都是与他人共

---

[1] Gallagher, S., "Self-Narrative in Schizophrenia", In: David, A. S., Kircher, T. (eds.), *The Self in Neuroscience and Psychiatry*, Cambridge: Cambridge University Press, 2003, pp. 336 – 357.

[2] Gallagher, S., "Neurocognitive Models of Schizophrenia: A Neurophenomenological Critique", *Psychopathology*, Vol. 37, No. 1, 2004.

[3] Gallagher, S., "Neurocognitive Models of Schizophrenia: A Neurophenomenological Critique", *Psychopathology*, Vol. 37, No. 1, 2004.

[4] Gallagher, S., "The Body in Social Context: Some Qualifications on the 'Warmth and Intimacy' of Bodily Self-Consciousness", *Grazer Philosophische Studien*, Vol. 84, No. 1, 2012.

在的，因此一个正常人对身体的自我意识不只是私人的事情，人们通常会通过身体和心理来调节与他人的关系，而厌食产生的主要原因是由身体间性出现了紊乱导致①，患者过分看重他人的眼光而导致身体也会出现对应的反应，因此厌食症是一个关涉他人以及身体间性的症状。同样的道理，加拉格尔认为人格解体、虚无妄想综合征（cotard delusion）等几种精神疾病也都与情感和主体间动态性交互破坏以及身体被当作自我的对象性客体有关，甚至有将身体意象毁坏这样更极端的例子。加拉格尔曾经讲述过这样一个病例："一名中风患者声称她瘫痪的左臂属于她的孙女，但当她在镜子里展示自己完整的形象并看到她的左臂时，她正确地把它当成了自己的手臂。当被问及她孙女的手臂时，她低头看了看自己的左臂，每当她直视自己的手臂时就会将其视为她孙女的手臂，但当她在镜子里看到自己的手臂时，又会认为是自己的。"② 在这个例子中，镜像和实际的身体之间有一个共同机制，这其实暗示了他人的存在。而且，对于中风患者的恢复很大程度上依赖社会情景，不同程度的恢复与在语言或者交际的社会情景中的意向相关。对于自闭症，交互理论将初级主体间性的感知—运动实践作为解释自闭症产生的一个必要条件，自闭症的问题包括了社会交互的各个方面。总体上来说，交互理论都将与他心相关的精神疾病解释为自我的不同模式的失调，而这与自我与他人形成的各种具身的主体间性有关，这样的解释消除了心智理论和具身模拟论片面强调自上而下的心灵或者自下而上的身体作为解释精神疾病的弊端，因此交互理论解释与自我相关的精神疾病会更有说服力。

## 小 结

从总体上来说，具身模拟论和交互理论的提出来源于对心智理论的反对，两个理论都同时结合现象学、具身认知和神经科学的最新研究成

---

① Legrand, D., "Subjective and Physical Dimensions of Bodily Self-Consciousness, and Their Disintegration in Anorexia Nervosa", *Neuropsychologia*, Vol. 48, No. 3, 2010.

② Gallagher, S., "The Body in Social Context: Some Qualifications on the 'Warmth and Intimacy' of Bodily Self-Consciousness", *Grazer Philosophische Studien*, Vol. 84, No. 1, 2012.

果，探讨后得出，人与人之间相互理解的本质是一种身体参与的直接感知，而且能够很好地应用于情绪、行为、语言和病理学的解释中。具身模拟论和交互理论取得了极大发展，但是他们的主张还仍然充满着无法解释的部分，另外，到底是具身模拟论还是交互理论是解释他心直接感知的机制，成为两个研究理论派别争论的焦点。虽然两个理论都强调身体性和主体间性，但是两个理论的侧重点并不一致，具身模拟论强调镜像神经系统在理解他心过程中的模拟功能，因此更侧重身体在感知他心过程中的重要性；交互理论认为人类自从出生就处于主体间性中，他人也会对他心理解起到形塑（shape）作用，因此，更侧重身体交互的作用。具身模拟论声称已经排除了模拟论的研究范式，但是无法肯定我在理解他人时到底是一种模拟还是人自身的行动，而且这种理论没有将历时性的因素作为考虑对象。虽然交互理论能很好地解决具身模拟论所不能解决的问题，但是交互理论仍然有自身无法解决的问题。交互理论虽然从发展心理学的角度对婴儿的主体间性到儿童的叙事理论假设进行了详细分析，这种分析可能是正确的，但是用在成年人之间的正常交流中并不是这种一步一步的，而更应该是同时发生的，因此，这种解释并不能完全对日常的交流过程进行解释。而且仅仅用交互解释他心直接感知似乎太过粗糙和泛泛而谈，并无法应用于实际的操作中，更没有提出具体的操作步骤。只是通过使用叙事理论扩大语境的方式增加对他心理解的可能性似乎并不完善。

另外，当前的研究还不清楚镜像机制什么时候以及如何出现，也不知道镜像神经系统是否是天生的。阿曼尼缇（M. Ammaniti）和加莱塞其实只是间接地证明了镜像神经系统的来源，并无法证明儿童是否天生就具有镜像神经系统。这其实会影响镜像神经元的归属问题，如果镜像神经系统是天生的，那么镜像神经系统更倾向于具身模拟论，反之则更倾向于交互理论。而且对于镜像神经系统的归属问题，心智理论的支持者也加入了追逐的行列。斯波尔丁（S. Spaulding）就认为镜像神经系统既不属于具身模拟论也不属于交互理论，而应属于心智理论[1]。而且，在心智理论的支持者

---

[1] Spaulding, S., *In Defense of Mindreading: A Philosophical Perspective on the Psychology and Neuroscience of Social Cognition*, Ph. D. dissertation, University of Wisconsin-Madison, 2011.

看来，他心直接感知很有可能会发展成为一种新的行为主义[①]。面对心智理论的反扑，他心直接感知的两条进路还需要进一步统一阵营以及进一步地完善，这就需要我们对他心直接感知的两条进路进行详细对比和分析，找出产生这些问题的具体原因，才能解决他心直接感知所遇到的挑战。因此，具身模拟论和交互理论虽然对他心直接感知的提出和发展具有无可估量的作用和影响，但是我们也应看到两个理论在推进他心直接感知的后续发展中面临着瓶颈以及无法解决的问题。下一章，我们将对两条理论所面对的问题以及发展瓶颈进行详细解析，并尝试找出导致这些问题的原因，从而能够为他心直接感知的补充和完善提供方法和视角。

---

[①] Jacob, P., "The Direct-Perception Model of Empathy: A Critique", *Review of Philosophy & Psychology*, Vol. 2, No. 3, 2011.

# 第三章

# 他心直接感知的挑战与应对

他心直接感知作为他心问题的另一选项成为他心问题研究中不可绕开的部分。他心直接感知研究的一个重要维度是反对心智理论在感知他心过程中的主导地位，反对心智理论作为感知他心的基础和普遍的方式，但是他心直接感知对于摆脱心智理论束缚的努力尝试并不如我们想象的那么容易。面对他心直接感知的挑战，心智理论并没有完全溃败，而是进行了强烈回应。而与此同时，他心直接感知也做出了相应反击。本章主要通过综述和逻辑推理的方法分析当前他心直接感知所遇到的来自直接感知内部以及心智理论的各种挑战，陈述他心直接感知所提出的应对策略和心智理论对自身的完善，最后指出他心直接感知应加固其哲学基础和增加对亚人机制的研究，并对他心分歧给予非心智理论的解释以及歧义与直接感知综合的研究设想。

## 第一节 具身模拟论所遇到的挑战

具身模拟论横跨心智理论和直接感知理论，吸收了心智理论中模拟论对于通达他心的功能性解释，同时也体现了他心可以被直接感知的思想。具身模拟论获得了心智理论的改革派和他心直接感知的保守主义者的支持，因此具身模拟论具有先天的理论优势。但是，具身模拟论的这种调和思想也因此遭受到了大量批判，既有来自心智理论的保守派也有他心直接感知的激进主义者。具身模拟论首先遭到交互理论的批判，交互理论反对将他心直接感知过程解释为实现我和你的完全同一性，因此，并不需要我去模拟他人的情感、行为和语言等，而是一种动态的交互系统。交互理论的支持者认为具身模拟论主要有两个方面的问题：坚持个人主义的方法论和神经还原论①。个人主义会将他心感知过程脱离于社会互动的情景，将他心感知能力还原为个人能力来解释，因此，具身模拟论更注重通过亚人机制来解释他心感知的过程。而在我们实际交互过程中我看到你在疼痛的时候，并不意味着我必须像你一样感受到相同的痛苦，而是说我能直接感知你的痛苦经验。另外，交互过程中的人际关系以及当下的情境也会影响我是否能够感知你的疼痛。心智理论的支持者对具身模拟论的挑战主要在于镜像神经系统的归属问题及其在他心感知过程中所扮演的角色，认为镜像神经系统并不一定归属于模拟论，而且镜像神经系统的功能性解释比较单薄。下面就通过分析具身模拟论、心智理论和现象学的关系探讨具身模拟论所面临的挑战。

### 一 具身模拟的高阶认知参与

具身模拟论中的功能模拟并不能消除高阶认知的参与。传统的观点认为模拟需要两方面认知努力：一方面将视觉或听觉转换为运动语言；另一方面必须理解驱使他人产生这些行为和话语的意图，在此之后再去进行有意识的模拟，以此达到对他人意图的通达。事实上，这种双重翻译并不存在，人们不可能回到产生他人行为意图之前的原初状态，然后再按照他人的行为意图重复这样的行为。另一个最典型的问题是模拟是否存在，这里面存在一个悖论，即只有你知道他人的行为意图的结果之后才能够模拟，但是你知道结果了就不需要模拟。因此，模拟在理解他心的过程中到底起到一个什么样的作用有很大争论。虽然说镜像具有复制和模拟的意思，但是镜像与真实之间是不同的，两者之间还有一定的距离，不具有本质属性的相似性。希科克（G. Hickok）认为我们并不一定需要通过模拟来理解，狗虽然不能抛和掷，但是仍然能参与飞盘游戏②。因此，在希科克的观念中，具身模拟论并没有摆脱心智理论的桎

---

① Froese T., Gallagher S., "Getting Interaction Theory (IT) Together: Integrating Developmental, Phenomenological, Enactive, and Dynamical Approaches to Social Interaction", *Interaction Studies*, Vol. 13, No. 3, 2012.

② Hickok, G., *The Myth of Mirror Neurons: The Real Neuroscience of Communication and Cognition*, New York: Norton, 2014.

桔，镜像神经元与模拟论的结合是一个不成熟的想法，仍然囿于心智理论中两个理论流派的二选一。另外，镜像神经系统这个词似乎意味着我在观看他人行为时会像镜子一样激活相同的神经而达到对他人行为意图的理解，这也意味着我们在理解他人时会有一个模拟过程，但这与具身模拟论的基础假设是背离的，具身模拟论认为感知和行动是一体的，并没有一个连接感知和行动的中间缓冲环节。如果模拟存在，就会暗含着模拟论，要么回到笛卡尔的身心二元论的难题上，要么将模拟看作是一个身体活动，但是这将会使模拟变成一个实际存在的过程，从而增加认知消耗。而且，镜像神经系统的支持者内部也对模拟这个词略有微词，如亚科波尼就认为模拟其实是暗含着认知努力的，但是镜像神经系统在很多时候是一个以经验为基础、前反思和自动地理解他人的过程[1]。他更赞同使用耦合这个词汇，认为这个词的意义虽然有点强烈，意味着两个人能够相互嵌入成为一个整体，但是这样也排除了在感知他心过程中心智理论的参与。

针对这样的批评，具身模拟论承认"镜像"和"模拟"是有误导作用的，但是认为具身模拟并非如模拟论中的模拟，镜像并非复制而是一种协调和补充性反应。具身模拟论没有放弃模拟这个概念，而是极力澄清模拟（simulation）这个词的内涵。具身模拟论从词源学角度指出，simulation 这个词在英语里有三层意思，其中前两层都有假装的意思，但是最后一层却通过类比的方式学习和训练，加莱塞认为具身模拟论与第三层意思更接近，是指在与对象和事件进行交互的过程中，塑造对象和事件的一个隐含机制[2]。镜像神经系统中的镜像是直接理解而非模拟，模拟也并非一定导致模拟性的行为，模拟中伴随着抑制机制，因此，观察者仅仅是观看而非具体地复制和执行他人的行为。另外，B 对 A 的模拟并非代表完全地复制，因为这里面牵涉两个不同的主体，因此会有不同的脑区参与，B 对 A 的反应将会通过前者的过去经验、能力和心智态度

---

[1] Iacoboni, M., *Mirroring People: The New Science of How We Connect with Others*, New York: Farrar, Straus and Giroux, 2009, p. 278.

[2] Gallese, V., "The Manifold Nature of Interpersonal Relations: The Quest for A Common Mechanism", *Philos. Trans. R. Soc. Lond. B Biol. Sci.*, Vol. 358, No. 1431, 2003.

得以过滤①。具身模拟并不包括主观意愿和有意识的认知努力参与,而是大脑能够解释他人行为背后的意向的一个最根本的功能机制。对于具身模拟论的回应,加拉格尔和扎哈维认为在他心感知过程中并不需要额外增加一个"犹如"(as if)的过程②,虽然情绪的体验需要激活躯体运动脑区,特别是脑岛区,但这并不意味着有一个"犹如"的过程③。只能说大脑的神经机制参与了他心的感知过程,而镜像神经系统只是主体间感知的一部分,是对他人意向直接感知的神经机制,是即时的、激活的和运动系统参与的,但并不需要对他人进行具身模拟。梅洛-庞蒂从哲学的视角指出,并没有一个感知他心的内部机制存在,我在他人的行为中、在他人的脸上、在他人的手里直接感知他的悲伤或愤怒,不必援引痛苦或愤怒的"内部体验"④。

虽然说具身模拟论既反对理论论也反对模拟论,并尝试结合胡塞尔现象学中的主体间性思想解释他心直接感知。但是按照胡塞尔的理解,主体间性是分层的,虽然说在原初层面上我和他人是一种被动的和非自愿的关联,但这种关联的基础是身体的相似性,扎哈维认为胡塞尔并不同意原初层面的经验能解决人际间的所有问题⑤。因此,具身模拟论的这种身体模拟并不能够完全解决他心问题的全貌。面对这些挑战,具身模拟论也逐渐采取了相对温和的姿态,认为具身模拟并不否定高阶认知而是与高阶认知互为补充,镜像神经系统是人际理解的身体基础也是高阶认知产生的基础⑥。但是这种解释会不自觉地将他心感知划分为两个独立

---

① Gallese, V., Eagle, M. N., Migone, P., "Intentional Attunement: Mirror Neurons and the Neural Underpinnings of Interpersonal Relations", *Journal of the American Psychoanalytic Association*, Vol. 55, No. 1, 2007.

② Gallagher, S., Zahavi, D., *The Phenomenological Mind: An Introduction to Philosophy of Mind and Cognitive Science*, London/New York: Routledge, 2012, p. 180.

③ Damasio, A. R., *Looking for Spinoza: Joy, Sorrow, and the Feeling Brain*, New York: Houghton Mifflin Harcourt, 2003, p. 209.

④ Merleau-Ponty, M., *Phenomenology of Perception*, New York/London: Routledge and Kegan Paul, 1962, p. 413.

⑤ Zahavi, D., *Self and Other: Exploring Subjectivity, Empathy, and Shame*, Oxford: Oxford University Press, 2014, p. 158.

⑥ Eagle, M. N., Gallese, V., Migone, P., "Mirror Neurons and Mind: Commentary on Vivona", *Journal of the American Psychoanalytic Association*, Vol. 57, No. 3, 2009.

的系统：一个系统是直接和自动感知的，另一个系统是间接和需要认知努力参与的。可以看到具身模拟论一方面在努力摆脱模拟论的影响，将镜像神经系统和具身模拟机制作为他心直接感知的主要机制；另一方面又与心智理论中的模拟论结盟解释复杂的认知过程，同时又认为镜像神经系统的发现使感知他心从心智阅读转向具身模拟，具身模拟先于心智理论是他心直接感知的基础。因此，可以看出具身模拟论在理论一致性上出现了问题，对具身模拟和认知努力的作用摇摆不定，另外也没有提出一个将具身模拟和认知努力结合的方案。

具身模拟论摇摆不定的态度给予心智理论，特别是理论论的支持者以攻击的机会。因此，理论论者首先对镜像神经元的归属问题进行了发难，一些理论论者认为镜像神经元应与理论论相匹配，如斯波尔丁就认为镜像神经元不是模拟论的证明，而只是证明了镜像神经元能够对信息进行阅读加工。斯波尔丁将镜像神经元与理论论结合的观点是一种激进的心智主义观，虽然此种观点确实引起了人们对镜像神经元是否与模拟论完全匹配的关注，但此种观点并没有被广泛认可。一方面是由于具身模拟论在心智理解的研究中已经非常成熟；另一方面具身模拟论比理论论有更多优势，模拟论更加简洁而且不需要复杂的心理模型和逻辑推理的涉入[1]。但是，心智理论的挑战确实会让一些镜像神经元的支持者对具身模拟论下的他心直接感知持有更加谨慎的态度，认为在感知他心的过程中，镜像神经系统能否被激活还要看人际间的关系状况，如果关系比较近那么激活就容易，相反就不容易，如果想完全把握他心，除了要能够自动理解之外，还需要非自动和思考性的能力[2]。

那么，具身模拟论是否完全摆脱了心智理论了呢？具身模拟论对这样的质疑无法回应，因为具身模拟论的提出确实是嫁接在模拟论之上，而模拟论是以心智理论作为其哲学基础，因此有典型的二元论痕迹，但是具身模拟论似乎又不想重蹈模拟论的覆辙，极力将具身模拟论与现象

---

[1] Froese, T., Fuchs, T., "The Extended Body: A Case Study in the Neurophenomenology of Social Interaction", *Phenomenology & the Cognitive Sciences*, Vol. 11, No. 2, 2012.

[2] Eagle, M. N., Gallese, V., Migone, P., "Mirror Neurons and Mind: Commentary on Vivona", *Journal of the American Psychoanalytic Association*, Vol. 57, No. 3, 2009.

学靠拢，最后导致具身模拟论在应用过程中出现不同的理解范式，而且前后解释不一致。具身模拟论并没有摆脱心智理论所表现出的心灵的内部主义神话、隐藏神话和个人主义方法论神话等，因此，如果具身模拟论要想摆脱当前的困境，就需要从理论的哲学基础上消除模拟论思想范式的影响。而且，尽管具身模拟论强调对他心感知与主体间性有关，但还是将对他心的感知归结为自我拥有，而自我拥有观的概念只能在自我认知方面被解释，因此，最终对他心的认识再次被简化为认知自我[1]。

**二 具身模拟的现象学隔阂**

具身模拟论陷入心智理论旋涡的另一个重要原因是对于现象学的不合理使用[2]，具身模拟论与现象学特别是身体现象学的观点并不完全一致，因此，具身模拟论遇到了现象学家的巨大挑战。另外，具身模拟论并没有将交互或者主体间性看作是他心直接感知的一个必要因素，而是认为它是外在于具身模拟过程的可有可无的条件。因此，具身模拟论的本体论前提是身体性自我的先验性和自我的优越性，这使自我在感知他心的过程中仍然是以自我经验作为感知的基础，自我和他人仍然是一个外在的后天关系，并没有一个原初的根基上联系。一些标榜自己为模拟论的支持者并没有完全接受模拟论，而只是因为他们反对理论论而又提不出与此两者完全不同的理论，镜像神经系统选择与模拟论联姻也与此相似。随着研究的深入，一些具身模拟论的支持者发现镜像神经系统与模拟论并不完全匹配，因此，具身模拟论招来了更多批评。为了能从各种批评中突围，具身模拟论除了在其理论内涵上极力避开模拟论的观点之外，还从方法论上借鉴现象学方法。具身模拟论借用马丁·布伯关于他人的思想指出人一出生就处在你和我的关系中，对他人的理解不仅需要第三人称视角，更需要第二人称视角，"第二与第三人称的不同在于知识状态，在处于第二人称时，我与他人之间就会形成一个小的知识状态，

---

[1] Froese, T., Fuchs, T., "The Extended Body: A Case Study in the Neurophenomenology of Social Interaction", *Phenomenology & the Cognitive Sciences*, Vol. 11, No. 2, 2012.

[2] Froese, T., Fuchs, T., "The Extended Body: A Case Study in the Neurophenomenology of Social Interaction", *Phenomenology & the Cognitive Sciences*, Vol. 11, No. 2, 2012.

我们应该随时在第二与第三人称之间进行切换"①。具身模拟论还借鉴了胡塞尔的共情思想，认为婴儿和照料者之间的相互认同是社会认知的起点②，正是由于这个最初的认知起点，人类才具有最初的主体间性关系和意向协调能力。与此同时，具身模拟论更多地参照梅洛-庞蒂的互惠性思想，认为具身模拟论是对具身主体间性的完美诠释。具身模拟论吸收了现象学思想之后，尝试使用第二人称视角解释他心问题，将感知他心分为部分感知和直接感知，部分感知需要相互协商从而能够对同样的事件有相同的理解，而直接理解不需要协商就可以直接通达他心。

虽然说具身模拟论通过吸收现象学的观点逐渐摆脱了戈德曼模拟论的影响，但是具身模拟论与现象学并不完全匹配，两者之间存在张力，因此，具身模拟论应该更加全面地吸收现象学的他心感知思想。首先，具身模拟论并不与现象学中的共情思想相匹配，在现象学中共情是一个连续的和最基本的感觉能力，共情是一种情绪的感知，在情绪感知过程中能够直接获得和理解他人的心智状态，共情也是一种经验，共情者以第一人称视角经历一些事情③。而具身模拟论对于他心的感知更强调情绪复制，共情是因为我们看到他人的痛苦而痛苦，具身模拟是我们看到他人的表情而激活相似的表情，共情更多的是情绪上的感染，而具身模拟却是自动的身体模拟。因此，情绪模拟只能根据他人的表情去模拟，并不一定产生相同的结果，而共情是能够直接体会他人的情绪。其次，现象学中对他心的直接感知并不是说我们完全和无误地理解他人，我们对他人的把握是有限的，如我们知道他生气，但并不知道他为什么生气。具身模拟论的感知观是指我无意识地镜像或复制他人的情感、行为和语言而达到与他人有相似的经验，从而实现对他人行为意图的理解。但是，如果要想知道他为什么这样做，就需要考虑更大的社会、文化和历史情

---

① Gallese, V., "Mirror Neurons, Embodied Simulation and a Second-Person Approach to Mindreading", *Cortex*, Vol. 49, No. 10, 2013.

② Gallese, V., "Mirror Neurons, Embodied Simulation, and the Neural Basis of Social Identification", *Psychoanalytic Dialogues*, Vol. 19, No. 5, 2009.

③ Dermot, M., Cohen, J., *The Husserl Dictionary*, London/New York: Continuum International Publishing Group Ltd., 2012, p. 97.

境而不仅仅只是共情，需要多维度地理解他人①。在现象学传统中，胡塞尔、海德格尔、梅洛－庞蒂、列维纳斯和古尔维奇（A. Gurwitsch）等人都强调理解他人的社会和文化的嵌入性。共情是通过直接感知获得的，但是共情也是受情境影响的，并不否认情境在他心感知过程中的作用。胡塞尔更加关注自我与他人之间不同的方面，即他异性（alterity），因此，并不赞同我与他人的镜像和模拟。胡塞尔认为对他人的感知总是部分和并非完全正确的，事实上是指总是有一个不确定的层面，即未表达出来的不可见的部分。即使后来胡塞尔承认了主体间性的重要性，但是他的主体间性的提出是建立在"双还原"（double reduction）基础之上的，即先还原到先验自我，然后再将先验自我延展到他人主体②。梅洛－庞蒂在证明儿童对他人理解时，强调理解有一个模拟过程，其实他更多的是强调我与他人是一个系统的两个方面，我与他人是一个系统的互为补充的两面，犹如舞蹈中的舞者。梅洛－庞蒂表明我对他人思想或自我的认识，是根植于这种通过我的行为而存在的肉体对肉体的体验耦合③。当我去经验他人时，并不是完全排斥使用推理模拟或投射的方法，当然也不是说经验他人犹如经验自己一样，如果直接感知失败了，我们会采取类比和推理的方式来理解他人，但是后者并没有告诉我们他人的存在。在镜像神经元的发现过程中，仍然是采用猴子的行为作为刺激，另一只猴子作为观察者接受刺激，因此，镜像神经元被探测的猴子只是一种被动的接受者，镜像神经元并没有告诉我们在连续的交互过程中，大脑神经的发生机制，而这与现象学强调将生活世界或者活生生的生存经验作为基础的观点相左。梅洛－庞蒂认为除了人们有共同的世界之外，人们还需要与他人建立良好的人际关系，但是良好关系的建立必须以让他人不受拘束地认识我，我才能收回被夺取的一部分存在，我的自由需要他人有同样的自由④。

---

① Kristin, A., "Understanding Norms without a Theory of Mind", *Inquiry*, Vol. 52, No. 5, 2009.
② Kern, I., "Husserl's phenomenology of intersubjectivity", In: Kjosavik, F., Beyer, C., Fricke, C. (eds.), *Husserl's Phenomenology of Intersubjectivity: Historical Interpretations and Contemporary Applications*, New York/London: Routledge, 2019, pp. 11–90.
③ Hass, L., *Merleau-Ponty's Philosophy*, Bloomington: Indiana University Press, 2008, p. 107.
④ Merleau-Ponty, M., *Phenomenology of Perception*, London: Routledge, 2002, p. 415.

虽然具身模拟论的支持者对现象学越来越感兴趣,但是他们对于现象学的理解仍然不太全面;虽然他们也注重活生生的经验,但是具身模拟论更加强调纯粹的亚人机制是能够解释他心直接感知的。在现象学中,意识的主体间性不能够被还原为任何不确定的或者事实上的自我和他人的关系,而属于两个主体间相遇的结构①。但是,具身模拟论的解释仍然是脱离活生生的生活经验,仍然是一种二元论的表征观。因此,具身模拟论与模拟论以及理论论一样仍然携带有表征主义的读心观。具身模拟论主要是从神经科学的视角来研究他心感知,用现象学的观点解释神经科学的发现,同时认为神经科学作为生理基础解释了现象学的一些观点,因此,在具身模拟论的观点中神经科学的解释更加基本。具身模拟论的最终目的还是通过将他心感知还原为个人的内部经验,仍然将大脑作为通达他心的基础,而没有关注整个的交互过程以及所在的具体情境。另外,具身模拟论将我对他心感知的整个过程进行了切分,将感知和模拟作为分离的两个过程,镜像神经系统只是作为联结这两个过程的中介或者阀门,这就违背了具身模拟论将感知—运动系统看作是无法分离的初衷。

### 三 镜像神经元的归属未定

对于镜像神经元是否支持模拟论以及是否是解释他心问题的万能钥匙,目前有很多的怀疑论者。其中希科克在其专著《神秘的镜像神经元》(*The Myth of Mirror Neurons*) 中论述了镜像神经元不能作为他心直接感知的八个原因[②]:(1) 话语感知并不包括话语运动系统(布洛卡失语症者仍然能够理解,但不能表达);(2) 我们仍然能够理解我们做不出来的动作(理解鸟飞、蛇爬),因此镜像神经元不是理解的唯一根源;(3) 肢体运动不能症(控制行为的不能)并非都导致行为理解的不足,理解能力并不依赖行为能力;(4) 镜像神经元无法解释默比乌斯综合征(没有表

---

① Thompson, E., *Mind in Life: Biology, Phenomenology, and the Sciences of Mind*, Cambridge, Massachusetts/London, England: Harvard University Press, 2007, p.385.

② Hickok, G., *The Myth of Mirror Neurons: The Real Neuroscience of Communication and Cognition*, New York: Norton, 2014, pp.42 – 76.

情,但可以理解表情);(5)镜像神经元并非是一种镜像,在行为运动中并没有一个模拟中介;(6)镜像神经元是易变的(通过训练可以改变镜像神经元的活动状态),对于同一行为,并非总是激活相同部分,工具使用也会改变镜像神经元的反应模式;(7)镜像神经元只是大脑皮层组织的功能性表层(一个行为并不仅是一个脑区负责,而是与其他脑区相配合才能完成,大脑的功能也是一样的),语言逻辑并非完全由左脑负责,右脑也负责;(8)模拟并非作为"意向归属"的唯一方式。按照希科克的观点,镜像神经元并没有镜像活动,这犹如我们使用相同的电脑,但是软件不一样,那么我们通过镜像神经元获取的关于他心的内容就不一致。另外希科克还认为帕尔玛小组在证明语言理解与具身模拟的关系的实验有问题,如实验者让被试听 R 的音,研究发现被试的控制舌头的神经就会激活,因此,按照具身模拟论的观点,当我们理解声音的时候,是以自己舌部肌肉为基础的[1]。希科克认为在实验中,单词是被刻意注意的,才会出现 R 音与舌头之间的关系,因此并非发生在真实的环境中[2]。而且我们在听的时候,并非听单一语音,而是听整个词或词组的意义。

作为理论论的支持者,斯波尔丁也对镜像神经元的归属进行了质疑。斯波尔丁将理论论看作是信息丰富的心智阅读,而模拟论是信息贫乏的心智阅读。将镜像神经元理解为信息丰富的心智阅读过程的一个元素可能更合适,镜像神经元只是低水平的社会认知而已。理论论和模拟论的不同主要在于它们是否使用大量的民间心理学知识理解他心,或者说我是否仅仅重复他人的心智状态,使用我自己的认知机制加工这些心智状态和将这些结果归于他[3]。斯波尔丁认为镜像神经元是心智阅读的附带原因(contributory cause),也就是说镜像神经元的激活既不是低层心智阅读的必要条件也不是充分条件,只不过是有助于心智阅读而已,因此,没有镜像神经元对他心的感知也是可能的。这就能够解释为什么镜像神经

---

[1] Hickok, G., *The Myth of Mirror Neurons: The Real Neuroscience of Communication and Cognition*, New York: Norton, 2014, p.92.

[2] Hickok, G., *The Myth of Mirror Neurons: The Real Neuroscience of Communication and Cognition*, New York: Norton, 2014, p.101.

[3] Froese, T., Fuchs, T., "The Extended Body: A Case Study in the Neurophenomenology of Social Interaction", *Phenomenology & the Cognitive Sciences*, Vol.11, No.2, 2012.

元损害之后，虽然对情绪的识别有困难，但是仍然保持着在一些情境中具有这些情绪表达的能力。另外，虽然加莱塞（V. Gallese）和戈德曼都认为镜像神经元的发现为他心直接感知提供了神经基础，但是镜像神经元仍然是占少数的[1]。如果完全通过镜像神经元以及由此引出的具身模拟论来解释所有的他心感知活动，那么这种解释就会表现得不太全面，也面临着他心分歧，特别是由语言、文化、经验等引出的一系列的他心直接通达的困难，因此，斯波尔丁更愿意将镜像神经元作为能够导致他心理解的一个附带原因。

从具身模拟论在论述镜像神经元与他心直接感知的关系中，我们可以看到具身模拟论中的身体是有明显的生理或者纯神经特征的，并非是一个完整和具体的处于交际中的活生生的身体。这与具身认知以及与现象学中的具身性的内涵并不一致，因此具身模拟论不仅表现出取消主义的倾向，同时还可能有走向行为主义的危险。交互理论的支持者认为具身模拟论仍然在经典认知科学框架中，而且认为具身模拟论的这种观点容易被心智理论所利用作为支持心智理论的基础，同时还有将具身模拟论纳入心智理论的风险，因为镜像神经元和具身模拟论会像比较流行的镜子比喻所暗示的那样，这些神经元的激活似乎是在重新呈现他人的大脑内部状态一样，那么这样的观点就有可能将具身模拟论所建基的行动认知基础划归到表征的范畴中[2]。加拉格尔反对具身模拟论亚人机制的解释，认为模拟只能是个人水平的概念，不能用于亚人水平，而个人水平上的模拟是非常少的。加拉格尔认为解释身体的机制应该是一种暗含的机制，这有助于对他人意向的理解，因此，具身模拟论首先和最主要的挑战并不是来自心智理论，而是直接感知的交互理论的反对。

另外，按照具身模拟论的观点，儿童天生具有镜像神经系统，因此，儿童生下来就具有区分自我和他人的能力。目前还没有任何证据直接证明婴儿（猴子或猿类）是自一出生就具有镜像机制，虽然说一些证据表

---

[1] Iacoboni, M., *Mirroring People: The New Science of How We Connect with Others*, New York: Farrar, Straus and Giroux, 2009, p. 33.

[2] Froese, T., Fuchs, T., "The Extended Body: A Case Study in the Neurophenomenology of Social Interaction", *Phenomenology & the Cognitive Sciences*, Vol. 11, No. 2, 2012.

明人类一出生就具有模拟能力，但是模拟能力只是部分地依赖镜像神经元的直接匹配机制[1]。由于加莱塞是一位认知神经科学家，因此会认为大脑神经特别是镜像神经元是解释他心直接感知的依据。但是按照交互理论的观点，镜像神经元并不是解释他心问题的核心，而是身体作为一个整体参与到他心理解过程中。具身模拟论认为镜像神经系统的模拟过程是与人脑中存在的一个抑制机制一起发挥作用将运动感染转换为运动模拟。也就是说原初的交互是未区分的，抑制机制的发展才导致了原初明显的强制性具身模拟转换为暗含的抑制性模拟。因此，可以说镜像神经机制经历了两个阶段：即没有抑制的镜像神经元和有抑制的镜像神经元阶段，这其实是与梅洛-庞蒂的观点相吻合的，第一阶段与融合社交类似，第二阶段与互惠性社交类似。在第五章我们将会详细论证融合社交在他心直接感知中的作用，而具身模拟论和交互理论只是对他心直接感知的第二阶段的描述。

## 第二节 具身模拟的出路

面对众多研究者对"模拟"这一概念的批评，具身模拟论似乎对"模拟"和"镜像"这两个概念也不是太满意。在后来的研究中，一些研究者指出镜像神经元的概念以及相关的具身模拟机制并不是说我们能够在人的大脑中观察到模拟，镜像隐喻也许是有误导作用的，研究逐渐表明镜像机制依赖个人的经验历史和"镜像主体"的具体情况[2]。因此，具身模拟论一方面肯定了镜像神经元这个专有名词所带来的误导作用；另一方面也证明了确实不存在完全镜像，镜像有一种复制的意味，但是个人经验以及生活形式会影响对他人的镜像模拟。虽然具身模拟论反对心智理论，但并没有完全放弃心智理论在他心感知过程中的作用，具身模拟论认为完整的他心感知过程仍然需要心智理论的参与。由此可见，具

---

[1] Lepage, J., Théoret, H., "The Mirror Neuron System: Grasping Others' Actions from Birth?", *Developmental Science*, Vol. 10, No. 5, 2007.

[2] Gallese, V., "Mirror Neurons, Embodied Simulation, and the Neural Basis of Social Identification", *Psychoanalytic Dialogues*, Vol. 19, No. 5, 2009.

身模拟论并没有解决心智理论的难题，只是将他心问题的研究下探到了身体层面，将过去认为需要心智参与的推理或模拟转换为无意识的或者下意识的身体之间的模拟。总之，如果具身模拟论想从这些挑战和批判中突围，基础理论的补充也许是具身模拟完善的重要策略。

### 一 具身模拟的强具身延伸

具身认知至今没有形成一个统一的概念，在具身认知内部对于经典认知科学的心灵观有不同的态度，有保守模式、温和模式和激进模式（认为我们需要重新思考大脑和心理的运作方式），不同模式对于具身性的内涵有很大不同。经典认知科学的守卫者虽然认识到了认知的具身性，但也只是将具身认知看作认知系统的一小部分。与此相反，强具身认知的支持者认为具身认知完全可以替代传统的认知观。温和模式的具身认知观认为身体或身体的（神经）表征提供了重要的解释作用，虽然也强调身体的重要性，但是更多地强调大脑在认知过程中的重要性，坚持认为激进模式支持者所强调的身体是把大脑看作身体的一部分，因此会削弱大脑的重要性。具身模拟论并没有清晰地界定所持有的具身认知的内涵，但是从加莱塞对具身模拟论的解释以及对于镜像神经元的强调，可以看出具身模拟论对经典认知科学仍持有温和的具身观。具身模拟论虽然强调身体的重要性，但还是更多地强调大脑或大脑神经的重要性，将大脑看作是不同于身体的认知基底，因此会削弱身体的重要性。温和的具身观对我们如何理解具身化有严格的限制，戈德曼和德·维盖蒙甚至将身体和身体性活动都排除在认知之外[1]，并没有将身体看作认知的重要影响因素或者组成部分，仅仅认可身体格式表征（B-formats）的概念[2]。保守模式对于身体的限制如此之多，以至于大多数激进模式的支持者不承认他们属于具身认知阵营。

具身模拟论将对他心的感知分为两个层面且分别受两种认知能力的

---

[1] Goldman, A., De Vignemont F., "Is Social Cognition Embodied?", *Trends in Cognitive Sciences*, Vol. 13, No. 4, 2009.

[2] Gallagher, S., *Enactivist Interventions: Rethinking the Mind*, Oxford: Oxford University Press, 2017, p. 29.

支配：高阶认知和低阶感知，但是高阶认知是需要在激活低阶感知的基础上发生作用，同时根据信息被接受的层级不同将信息分为内感受信息和外感受信息，内感受信息包括躯体和运动信息以及对身体的感受等身体本身的表征，外感受信息是通过视觉、触觉、味觉等获得信息，这是非身体表征的。因此，弱的具身认知观将认知划分为两个隔离的系统，高阶和低阶、外部和内部，低阶和内部的身体表征更原初和原始，高阶和外部的非身体格式表征的信息理解需要激活或重新使用低阶的和内部的身体格式表征。具身模拟论认为对他心的感知是通过重新使用与心智状态相关的身体形式的表征过程，如镜像神经元本来是用在运动控制的，但是也可以用在他心感知中，因此，我们在使用与动作相关的词汇的时候会激活与此动作相关的脑区神经。具身模拟论的支持者莱考夫和约翰逊提出通过隐喻的投射将身体经验转换为抽象的概念等，人类的高阶认知能力包括了运动控制环路的激活[①]，语言的理解建基于具身模拟之上。具身模拟论所坚持的"大规模重新使用"假设认为我们的神经系统不会只用作一种功能，而是在多个任务中都会使用的系统。

强具身认知观认为弱具身认知观在两个方面的解释是不充分的：一方面，弱具身认知没有认识到身体的重要性，但是从种系发生学和个体发生学上来看，这是不全面的，因为在人类进化的过程中，大脑和身体是同时进化的，大脑容量变大之外，人类的身体也发生了变化，直立、使用工具、发展语言等，因此，大脑的发展也与身体的发展有直接关联。另一方面，弱的具身认知观没有充分考虑语言和文化环境的因素，文化学习会导致神经的连接发生变化[②]。弱具身认知观虽然强调身体在认知中的作用，但仍然是一种表征式的认知观，与经典认知没有太大的区别。弱具身认知将认知限制在大脑中，犹如将行走限制在脚上，离开地面和地面的摩擦以及整个身体的参与我们将无法行走。另外，弱具身认知观将身体形式的表征作为认知的基础，那么就会忽视情感和主体间性的作

---

[①] Casasanto, D., Dijkstra, K., "Motor Action and Emotional Memory", *Cognition*, Vol. 115, No. 1, 2010.

[②] Overmann, K. A., "Beyond Writing: The Development of Literacy in the Ancient Near East", *Cambridge Archaeological Journal*, Vol. 26, No. 2, 2016.

用，因此弱的具身认知观仍然将身体看作是以大脑或脑神经为中心的客观性身体，而非现象学中活生生的身体。活生生的身体不仅仅是神经活动、身体图式或感知—运动等生理性的解释，还应该包括情感、经验等身体主体的不同状态，例如，我们会无意识地发现，在我们饥饿的时候会感觉到面前的饭特别可口。认知的具身性并不等于身体性，而是包括身体在内的整个动态交互系统，当我们疲惫的情况下会过分估量上坡的高度[1]。因此，具身模拟论坚持认为认知是一个由低阶到高阶的发展过程。而具身模拟论只是解释了低阶的身体运动、情感以及与身体相关的语言，但是并没有解释更加复杂的高阶认知，这就涉及对低阶认知和高阶认知的关系的考虑，具身模拟并没有摆脱高阶认知的参与。与此相反，强具身认知观是完全具身的和生活实践的，而不只是脑化神经的机制。人类的心灵涌现于大脑、身体和环境等多层面的紧密联系的自我组织的过程[2]。强具身认知并没有否定大脑的重要性，只是将大脑理解为人与环境以及他人交互而形成的一个大的动态系统的一部分，这个系统包括了身体和环境（物理、社会和文化）。我们在世界中行动是一个全景意向的，这需要整个机体而非仅仅是大脑的应对[3]。

加拉格尔认为具身模拟论仍然是以镜像神经元的模拟或者表征来解释的，因此并没有摆脱经典认知观。交互理论认为具身的主体间实践是他心直接感知的基础，婴儿自一出生就参与这种活动。因此，镜像神经元并不是激活一种模拟或者简单的镜像的心智状态，而是作为一个生成的他心感知的一部分从而发展出一种初级的主体间性[4]。镜像神经元似乎为他心的直接感知提供了生理基础，但是具身模拟论仍然是站在第三人称视角来探讨他心直接感知的。而且镜像神经元的发现也只是从观察者的角度来探讨大脑的运行机制，并没有研究交互过程中动作执行者的大

---

[1] Proffitt, D. R., Bhalla, M., Gossweiler, R., Midgett, J., "Perceiving Geographical Slant", *Psychonomic Bulletin & Review*, Vol. 2, No. 4, 1995.

[2] Thompson, E., *Mind in Life: Biology, Phenomenology, and the Sciences of Mind*, Cambridge, Massachusetts/London, England: Harvard University Press, 2007, p. 37.

[3] Thompson, E., *Mind in Life: Biology, Phenomenology, and the Sciences of Mind*, Cambridge, Massachusetts/London, England: Harvard University Press, 2007, p. 373.

[4] Gallagher, S., *Enactivist Interventions: Rethinking the Mind*, Oxford: Oxford University Press, 2017, p. 42.

脑运作机制，因此，具身模拟论在潜意识中就将对他心的感知看作是一种单向的，从动作执行者到动作接受者的路线。而在我们的日常交互中，一个完整的交互过程是包括双方互动过程的。具身模拟论的解释仍然是建立在胡塞尔的先验自我的基础之上，只不过将自我作为一种身体性自我，虽然也大量吸收了梅洛-庞蒂关于身体间性以及互惠性关系的思想，但是具身模拟论并没有深刻考察梅洛-庞蒂关于自我和他人关系的论述、对于儿童早期经验的融合社交以及后期的可逆性思想。具身模拟论仍然将儿童早期的经验看作是两个独立主体之间的交互，因此，具身模拟论对于他心直接感知仍然陷入传统认知科学所设定的羁绊之中。

具身模拟论的强具身延伸其实是结合了交互理论的观点，也是对具身认知基础的改造。具身模拟论的强具身认知观的引入也与感知的通感性有关，这与感知—运动的一体性有直接关联，也与镜像神经元的特点有关，因此，具身模拟论与交互理论以及梅洛-庞蒂的通感感知思想是有相通性的，详细的论述我们在第五章讨论。这就表明具身模拟论可以与交互理论进行结合，同时在梅洛-庞蒂的通感感知思想的基础上进行补充。

## 二 具身模拟的现象学融合

神经现象学的发轫表明现象学和科学是相互依存的，现象学能够给科学提供解释，科学也能够给现象学以解释，因此二者在解释生活和心灵的关系时是相互解释的关系[1]。镜像神经元的支持者一般会认可和引用两个人的观点：一个是梅洛-庞蒂，另一个就是维特根斯坦[2]。而具身模拟论也引用了胡塞尔关于主体间性论述中的"结对"思想。但是胡塞尔在陈述主体间性的"结对"现象的同时预设了先验自我，他人是建立在先验自我的基础上的给出，主体间性依赖联想作为其原始形式，自我被放入一个孤独的内在语境中理解的，自我状态被认为是原初的和先验的，

---

[1] Thompson, E., *Mind in Life: Biology, Phenomenology, and the Sciences of Mind*, Cambridge, Massachusetts/London, England: Harvard University Press, 2007, p. x.

[2] Iacoboni, M., *Mirroring People: The New Science of How We Connect with Others*, New York: Farrar, Straus and Giroux, 2009, p. 262.

因此胡塞尔没有摆脱唯我论思想。同理，具身模拟论之所以引用胡塞尔的思想也表明两者有一定的理论一致性，这也是加拉格尔一致批评具身模拟论没有摆脱唯我论的原因所在。对于胡塞尔这样的解释，一些研究者认为胡塞尔在《笛卡尔的沉思》中对主体间性的研究是一个失败，通过使用悬置的方法和个人的内在反思使先验自我达到对他心的认识是不可能的，因此需要对胡塞尔的"结对"思想从本体论上进行修改才可能达到真正的他心理解，而梅洛－庞蒂在《儿童心理学和教育学》中关于"儿童与他人的关系"的论述就是对胡塞尔的主体间性在本体论上的改造①。梅洛－庞蒂将儿童时期自我与他人的原初经验和身体间性作为处理他心问题的解决方案，这其实是对胡塞尔主体间性思想的延伸和具身化，因此，梅洛－庞蒂中期和后期的思想已经意识到了这一观点的不足，所以才会探讨儿童心理学以及对主体间性在本体论上的构建。

　　具身模拟论之所以会与主体间性或身体间性思想联合，一个很重要的原因是认为镜像神经系统证明了身体间性的基础性作用，并为身体间性观念提供了新的经验和生理基础，而且镜像神经元也能够被身体间性所诠释，因此，身体间性与镜像神经元之间是相互诠释的关系。但具身模拟论只是抓住了梅洛－庞蒂思想的一半，梅洛－庞蒂认为"他人的意向在我的身体中，同时我的意向也在他人的身体中（mine his）"②，因此，对于他心的感知是一个相互确证的过程。也就是说，我不仅经历了他人的身体与我的身体的行为意向性和情绪实现共振，而且我还能感觉自己的身体与他人的意向共振，我在经验我的意向被理解时，我的意向和他人的动作、我的动作和他人的意向之间是相互作用的。而具身模拟论主要参考了梅洛－庞蒂早期，特别是《知觉现象学》中关于心灵的具身性、主体间性和互惠性等观点，并没有特别关注梅洛－庞蒂中期对儿童心理学的主体间性描述。梅洛－庞蒂认为在身体间性之前还有一个更加原初的经验状态，即融合社交，因此，具身模拟论如果尝试考察这个原初经

---

① Dillon, M. C., *Merleau-Ponty's Ontology*, Bloomington, Indiana: Indiana University Press, 1988, p. 113.

② Merleau-Ponty, M., *Phenomenology of Perception*, New York/London: Routledge and Kegan Paul, 1962, p. 185.

验与具身模拟的关系也许会有更强的解释力。按照融合社交的观点，具身模拟论之所以可能，身体之所以会出现模拟，是因为有一个前反思的、融合性的经验基础，使人们认识到了人与人之间的本质关系作为主体间性的基础。而融合社交能力的基础是通感，因此，如果将具身模拟论中的功能层面进行通感式的解释，也许能够让具身模拟论应对当前对于模拟的定义以及心智的参与而导致理论不一致性的挑战。

### 三　具身模拟的交互嵌入

具身模拟论过分看重神经层面的镜像神经元和功能层面的具身模拟，而对于个人层面的交互状态，如意向协调或者共情关注相对较少，因此，具身模拟论的解释是在神经现象学层面展开的。但是在实际感知过程中，大脑神经只是活生生的身体的一个部分，需要通过我们的整个身体包括各个感知器官和运动器官一起实现对他心的整体把握，因此对于他心的感知不只是使用躯体感觉的大脑皮质实现的，否则我们就会将心理过程以及人的本质还原为一大堆神经元活动，那么这将消除他心的存在意义。对于具身模拟论的解释思路，交互理论的支持者，如加拉格尔和扎哈维是极力反对镜像神经元与模拟论结合的，他心感知并不是建立于镜像神经元对他人行为的模拟达到对他人心智状态描述的过程，而是建基于更加基本和非心智的具身实践。在日常生活中，我可以对他人的意向有一个直接的和以感知为基础的理解，因为他人的意向会非常明显地表达在行为中。他心感知的问题不是如何跨越可见的但是没有思想的行为与不可见的但离身的精神之间的鸿沟，而是去理解感知—运动这样的初级形式与更加复杂的人际交往之间的联系。按照镜像神经元的解释，当我看到你痛苦时，我通过自己的感觉系统在模拟你的痛，用我的心智通过模拟的形式来获得你的心智状态，这样的解释使人成为只有大脑的一个模拟器而非具有主动性的感知主体，最后人类的大脑成为放入具有营养液的"缸中之脑"。因此，如果我通过镜像神经系统的模拟去理解行为将会让人与生存意义彻底分离，那么将无法实现对他心的感知。

交互理论强调身体在解决他心问题时的重要性，从而反对他心感知的唯我论倾向。交互理论将对他心的感知放入主体间性中讨论，而主体间交互过程主要是以感知的方式来实现的，而感知导向的交互成为社会认知的准则，在交互过程中所产生的意义是远远超越任何个人大脑的①，梅洛－庞蒂也认为理解他心首先应将他人看作是世界中意向的一部分而非一个极端陌生的对象。因此，交互并不否定他人有一个心智状态，但这并不影响对他心的直接感知。理解他心需要承认表达的经历，就像任何其他的经历一样都不能脱离情境和个人视角，不可能跳过第一人称视角而采取他人视角，生活经验不能覆盖第一人称和第二人称的交互。我的经验视角是位于他人情境性的视角中的，因此说话的我与听者的你是不能够分离的，这个我—你关系以及在交互中的"我"和"你"的互称意味着相互地参与、交互双方的互相融合，同时也意味着个人的时空视角具有不可消除的非对称性。我与他人的对话并不是指一个人能够占有他人经历的内容，而是指一个人的经历在本质上是与他人的经历交互的，即是指在他心感知过程中，第一人称的我和第二人称的你之间与生俱来是相互关联的并持续影响着双方的相互理解。但这并不是取消第一人称视角，也不是从原初的人际关系到过去的、现在的和潜在的交际中消除第一人称视角，而是我和你的关系表达了在他心直接感知过程中采取的最基本姿态。这不只是因为这种关系是首先发展的，还因为它提供了与他人处在一种关系方式中所具有的意义。采取我—你的姿态表示了我对他人的开放，以一种完全的存在和以他的个人方式解释他人，不是将他人看作在生理和心理上的一个独立的机体，而是作为一个不变的和独特的交互中的存在。我—你状态需要与客观的、静止的和工具性的我或者你区分开来，这里不需要我—你的关系参与，而是从一种未分离的、参与的视角中获得的经验。在我—你关系中，他人是在活生生的现在被遇见的存在，而心智理论的第三人称视角是将他人冷冻在过去和远方。我和你的关系不是一种外在于他心感知的独立情景，而是融入心智理解的整个过程，具身模拟论需要人际间的交互建构来实现他心直接感知，对于他心感知是一种新关系的生成。

具身模拟论在本质上是独立于社会互动过程的，只能从个人能力的角度（例如信念—欲望推理或假装）解释，而且社会认知在本质上是独

---

① Gallagher, S., *Enactivist Interventions: Rethinking the Mind*, Oxford: Oxford University Press, 2017, p. 42.

立于第一人称体验的,因此,只能用亚人机制解释(例如心智理论、镜像神经元)[①]。实际上,第一个假设是将研究的焦点从社会互动领域转移到个人的认知能力上,第二个假设将个人的认知能力还原到个体的神经机制上。但是,具身模拟论还是需要强调社会交互作为他心感知的基础,具身模拟论与交互理论的结合能够在一定程度上消除具身模拟论的个人视角和亚人的还原论方法所带来的争论。加拉格尔一直批评心智理论和具身模拟论的个人主义倾向,认为它们共享两个相似的假设:方法论的个人主义和神经学还原。虽然,心智理论的支持者也逐渐强调交互的重要性,似乎将他人放入他心感知过程中,如提出了他心理解的"我们"模式[②],这样的改进与之前的心智理论相比有其进步性,但似乎还不够进步,因为心智理论将"我的空间"放在一个联合的目标导向的行为中,但是并没有放入真实的交互环境中。因此,心智理论和具身模拟论都只是将他人作为一个对象性的个体,并没有放到真正的交互情境中,他人并不在具身模拟的现场。

加拉格尔认为具身模拟论是以镜像神经元的模拟或者表征解释的,因此这种观点仍然没有摆脱传统的心智理论。交互理论认为具身的主体间实践是他心直接感知的基础,婴儿自一出生就参与这种活动。具身模拟论站在认知神经科学的基础上,尝试使用镜像神经元与模拟论的结合解释他心感知。虽然镜像神经元似乎为他心的直接感知提供了物理基础,但是具身模拟论仍然是站在第三人称视角探讨他心直接感知的功能机制。而且镜像神经元的发现也只是从观察者的角度探讨大脑的运行机制,并没有研究动作执行者的大脑运作机制,因此,具身模拟论在潜意识中就将他心感知看作一种单向的、从动作执行者到动作接受者的路线。与此相反,在我们的日常交互中,一个完整的交互过程或者言语交流是包括双方的反应过程的。具身模拟论在论述婴儿早期模拟的时候,由于坚持最小身体自我的前提,具身模拟论仍然是将儿童早期的经验看作是两个

---

[①] Froese T., Gallagher S., "Getting Interaction Theory (IT) Together: Integrating Developmental, Phenomenological, Enactive, and Dynamical Approaches to Social Interaction", *Interaction Studies*, Vol. 13, No. 3, 2012.

[②] Gallotti, M., Frith, C. D., "Social Cognition in the We-Mode", *Trends in Cognitive Sciences*, Vol. 17, No. 4, 2013.

独立主体之间的交互。具身模拟论仍然是建立在胡塞尔的先验自我的基础之上，只不过将自我作为一种身体性自我，虽然也大量吸收了梅洛-庞蒂关于身体间性以及互惠性关系的思想，但是具身模拟论并没有深刻考察梅洛-庞蒂关于自我和他人的关系、对于儿童早期经验的融合社交以及后期的可逆性思想，因此，具身模拟论对于他心直接感知仍然陷入传统认知科学所设定的羁绊之中。其实，具身模拟论与交互理论是可以互为补充的，而且一旦将交互作为具身模拟的一个不可分割的因素，那么他人就不再是一个认知对象而是交互中的主体，这与梅洛-庞蒂将他心感知看作是双主体的交互反应一致，也与融合社交的哲学基础相匹配。

## 第三节 心智理论对交互理论的挑战

### 一 交互理论未完全否定心智理论

交互理论尝试通过否定心智的不可见性否定心智理论，但交互理论并没有提供强有力的证据，也没有对心智理论提出实质性的批判：一方面交互理论也承认心智理论是存在的，只不过比较少见[1]；另一方面交互理论的研究还无法完全解释他心的状态，仅限于对强版本的心智理论的反对[2]。交互理论并没有完全理解心智理论，如交互理论认为"我们是直接对运动意向感知的，但是一些心智理论的支持者认为感知过程是一种推理，而且发生在亚人层面的"[3]，可以看出交互理论将心智理论理解为在所有情况下情绪和意向都需要认知推理的参与。其实，加拉格尔对心智理论的理解还是有一定片面性的，心智理论的支持者也反对交互理论所提到的强版本的心智理论而更偏向于支持一种弱心智理论观，心智理论认为他人的运动意向和基本情绪是可以被直接感知的，而其他的心智

---

[1] Gallagher, S., "In Defense of Phenomenological Approaches to Social Cognition: Interacting with the Critics", *Review of Philosophy & Psychology*, Vol. 3, No. 2, 2012.

[2] Bohl, V., Gangopadhyay, N., "Theory of Mind and the Unobservability of Other Minds", *Philosophical Explorations*, Vol. 17, No. 2, 2014.

[3] Gallagher, S., "The New Hybrids: Continuing Debates on Social Perception", *Consciousness & Cognition*, Vol. 36, No. 452–465, 2015.

状态是不可以被直接感知①。虽然心智理论存在整体性的问题,但他心直接感知却面临着更加棘手的心智的"类别"层面的问题,即什么样的心智状态是可以被直接感知的。交互理论认为我们可以直接感知意向和情绪,并没有指出什么样的情绪和意向,因此,与心智理论相比交互理论的作用范围是非常小的。

交互理论忽略了理解他心的个人独特性,即能够抽象地推理他人心智状态的能力②。激进的交互理论也是激进的反个人的,虽然说对他人的感知不能被还原为个人的大脑神经或认知过程,但是个人的认知过程仍然是社会认知的组成部分,因此,交互理论只是注重交际过程中的合作,而没有关注交际过程中的误解和分歧问题。研究表明高阶的认知会影响我们的感知,例如,我们如何感知工具是受我们使用它的意向影响③,心智状态影响视觉感知和自动的感知方式④,男性对于在游戏中不公平的竞争者会缺少共情,如果被试发现他人忍受疼痛是为了治疗,那么他就不会有太大的共情反应⑤。在现实的交际中,存在着太多的误解和冲突,对于他人的意图、意向、信念、情绪等观点的解释有时是完全不同的,因此高阶认知能力也参与了他心理解中。斯波尔丁认为冲突和分歧在很大程度上是由社会范畴化、交际目标和个人兴趣造成的⑥。总之,这些研究表明交互理论是受制约的,感知模式是受自上而下的影响的,高级认知会直接影响自我对他心的感知。

---

① Spaulding, S., "On Direct Social Perception", *Consciousness & Cognition*, Vol. 36, 2015.

② Bohl, V., Van Den Bos, W., "Toward an Integrative Account of Social Cognition: Marrying Theory of Mind and Interactionism to Study the Interplay of Type 1 and Type 2 Processes", *Frontiers in Human Neuroscience*, Vol. 6, No. 6, 2012.

③ Witt, J. K., Proffitt, D. R., Epstein, W., "Tool Use Affects Perceived Distance, but only when You Intend to Use It", *Journal of Experimental Psychology Human Perception & Performance*, Vol. 31, No. 5, 2005.

④ Teufel, C., "Seeing Other Minds: Attributed Mental States Influence Perception", *Trends in Cognitive Sciences*, Vol. 14, No. 8, 2010.

⑤ Singer, T., Seymour, B., O'doherty, J. P., Stephan, K. E., Dolan, R. J., Frith, C. D., "Empathic Neural Responses Are Modulated by the Perceived Fairness of Others", *Nature*, Vol. 439, No. 7075, 2006.

⑥ Spaulding, S., "Do You See What I See? How Social Differences Influence Mindreading", *Synthese*, No. 3, 2017.

## 二 交互理论亚人层面的缺失

交互理论并没有提供支持其理论的亚人机制。由于交互理论深受生态心理学家吉布森的影响,交互理论与生态心理学也面临着相同的问题,从整体上说生态心理学最大的缺陷就是忽视对有机体本身的研究[1],因此交互理论也需要对交互中的主体本身,即一种亚人机制层面进行研究。交互理论认为心智理论需要超越所给出的经验,我们想去区分亚人层面和个人层面的感知。如在个人层面我不一定必须感知桌子的颜色和形状来理解什么是桌子,即使在亚人层面有一个非常复杂的机制,但我对桌子的感知仍然是直接的——我知道它就在我的前面,我不需要将这些东西混合到一起,然后再增加一个解释或者一个推理[2]。按照这样的解释,他人的心智状态是我的意识感知经验的一部分,我不需要在意识的经验上增加额外的过程,而心智理论认为我必须增加一个理论或者模拟的步骤才能理解他人的心智状态。虽然感知包括在亚人层面复杂的动态的过程,但是这些过程是整个机体生成的、动态的参与和反应的部分,而不是额外的、感知之外的推理或者模拟过程[3]。交互理论并没有提供亚人的和感知—运动层面的动态系统,因此,只能说交互理论只是在现象或个人层面否定心智理论,并没有在亚人层面否定心智理论。虽然说,交互理论也尝试求助镜像神经元作为其理论的支撑,但是对于镜像神经元是否是交互理论的主要证据,还是受到了很多质疑:一方面,心智理论会直接影响镜像系统[4];另一方面,镜像神经元的激活并不能直接导致对行为的理解,镜像神经元的共振是一个进化和通过联想学习形成的结

---

[1] 叶浩生:《心理学通史》,北京师范大学出版社2006年版,第530页。

[2] Gallagher, S., "Direct Perception in the Intersubjective Context", *Consciousness & Cognition*, Vol. 17, No. 2, 2008.

[3] Gallagher, S., "The New Hybrids: Continuing Debates on Social Perception", *Consciousness & Cognition*, Vol. 36, No. 452–465, 2015.

[4] Ondobaka, S., De Lange, F. P., Newman-Norlund, R. D., Wiemers, M., Bekkering, H., "Interplay Between Action and Movement Intentions During Social Interaction", *Psychological Science*, Vol. 23, No. 1, 2012.

果[1]，因此，镜像神经元并不支持交互理论的神经机制，这就为心智理论中的理论论和模拟论提供了机会[2]，使当前心智理论的研究重心转移到了亚人层面的功能性解释。

### 三 交互理论叙事解释力不足

交互理论也承认第二人称交互对于他心的理解非常有限，一方面是因为他人的意向行为并不一定能完全展现出他人的信念；另一方面是因为在儿童两岁的时候，出现了"语言"这个比较棘手的问题[3]。为了扩展交互理论的解释力，在初级和次级主体间性的基础上使用叙事理论解释儿童对复杂行为和语言的理解。赫托声称儿童在他人的支持下通过参与故事的叙述能力获得民众心理[4]。这种叙事能力不是依赖于心智理论或者民间心理学，相反，叙事能力是民众心理概念（信念、欲望和推理）的基础[5]。交互理论将叙事理论作为摆脱心智理论的最后一步，即高阶的社会认知不包括和依赖心智理论。然而，叙事理论却遇到了强烈的质疑，杰克布认为儿童在 15 个月时能够完成错误信念任务，恰恰证明了叙事能力不是完成错误信念任务的基础，将叙事能力看作是完成错误信念任务的基础是本末倒置[6]。这表明前语言的婴儿具有识别他人心智状态的能力，这挑战了交互理论的叙事理论的不足。其实，叙事理论预设了心智阅读能力的存在，儿童只有具有了心智理论才能够参与叙事实践[7]。叙事理论的另一缺陷是仍然依赖传统的错误信念任务测试的实验结果，这种

---

[1] Heyes, C., "Where Do Mirror Neurons Come From?", *Neuroscience & Biobehavioral Reviews*, Vol. 34, No. 4, 2010.

[2] Herschbach, M., "Folk Psychological and Phenomenological Accounts of Social Perception", *Philosophical Explorations*, Vol. 11, No. 3, 2008.

[3] Gallagher, S., Zahavi, D., *The Phenomenological Mind: An Introduction to Philosophy of Mind and Cognitive Science*, London/New York: Routledge, 2012, p. 193.

[4] Hutto, D. D., *Folk Psychological Narratives: The Sociocultural Basis Of Understanding Reasons*, Cambridge, Mass: MIT Press, 2008, p. 53.

[5] Gallagher, S., "Simulation Trouble", *Social Neuroscience*, Vol. 2, No. 3-4, 2007.

[6] Jacob, P., "The Direct-Perception Model of Empathy: A Critique", *Review of Philosophy & Psychology*, Vol. 2, No. 3, 2011.

[7] Thompson, J. R., "Implicit Mindreading and Embodied Cognition", *Phenomenology & the Cognitive Sciences*, Vol. 11, No. 4, 2012.

测试方式严重地依赖语言、执行功能、记忆和反应抑制等。叙事理论认为语言的发展有利于心智阅读能力的提高，因此先天的聋儿在没有习得手语之前在错误信念任务的测试中表现较差[1]。但是，杰克布认为对聋儿测试的实验设计有问题，聋儿本身就对语言加工有问题[2]，因此这样的实验结果不能将心智阅读能力归结为对语言的掌握。不是具有了语言才有心智阅读能力，而是有了心智阅读能力之后才能够习得语言、理解词语的意义、掌握词语的各种概念，并把握住说话者的指称意向，因此叙事理论的解释力非常有限。交互理论的初级和次级主体间性论述与叙事理论并不完全匹配：一方面是因为两者的结合并不紧密，主体间性和叙事能力之间有一个认知能力和方式的鸿沟；另一方面是叙事理论自身的问题比较多，它将完成错误信念任务的能力更多地建立在语言使用的基础上，而当前的研究否定了这种观点。

## 第四节　交互理论的应对

### 一　心灵的代表性解释

我们的心灵到底是由高阶表征、形式句法规则的信息符号还是现象意识的解释构成的，存在很大的争论。在各种场合中，德雷福斯认为具身性是心智主义神话的应对，心智性是无心应对（mindless coping）的天敌[3]。事实上，在全神贯注过程中，人们不再是一个表征主体，我们浸入性的具身生活是完全参与世界的，而且不需要表征或者高阶认知的注意，只有这种具身的生活实践被中断之后，自我意识及高阶的表征才会涌现出来，因此，心灵的表征性只是后来反思过程中出现的。德雷福斯没有否定自我意识的存在，但他确实认为自我意识只能在某种特殊的场合才出现。交互理论始终坚持身体和心灵的统一，认为心灵和身体之间不是

---

[1] Hutto, D. D., *Folk Psychological Narratives: The Sociocultural Basis Of Understanding Reasons*, Cambridge, Mass: MIT Press, 2008, p131.

[2] Jacob, P., "The Direct-Perception Model of Empathy: A Critique", *Review of Philosophy & Psychology*, Vol. 2, No. 3, 2011.

[3] Zahavi, D., *Self and Other: Exploring Subjectivity, Empathy, and Shame*, Oxford: Oxford University Press, 2014, p. 25.

一种因果性关系，也不是一种构成性关系，而是统一于生活实践中的整体。但是，交互理论所坚持的身心一体性面临着心智理论所谓的整体与部分的挑战，对他心的感知是部分和不完整的，犹如树木和森林或者个体与集合的关系，因此会一叶障目而不能看清心智的全貌。即使可以在可见的行为中部分地理解他人的心智状态，这仍然是不充分的，因为我看到的他人的心智状态只是心灵的一部分。一些树并不代表整个森林，如我们远远地看到海上有几条船，但并不能说我们看到了整个舰队，也许能够从约翰的皱眉中看到部分的愤怒，但这不是愤怒的全貌[1]。因此，心智理论虽然赞同他人心智状态的可见性，但是仍然认为应该采取一种构成性的心灵观。

对于这种批判，奥弗高并不认为这是我们直接感知他人的真实情况。部分与整体的关系有不同的种类，每种关系都有自身的逻辑结构，心智理论忽视了一种特殊的整体和部分关系：成分和整体关系[2]。这种成分和整体关系是完全不同于心智理论所说的整体和部分以及成员和集合的关系。我们通过一滴水就可以知道整个大海的成分，我们看到飞机的外形，即使我们没有进入飞机或者说并不了解飞机的构成，我们仍然说我们知道什么是飞机。但是，如果我只是让别人进入宿舍，这当然不能说是参观了学校，因此交互理论更愿意强调这种代表作用，而不是构成作用，在我们看到他人行为的时候是可以知道他人整个的心智状态的。

## 二 交互理论的生成性研究

为了应对心智理论的挑战，交互理论提出了更加激进的版本，即他心的生成认知解释。生成认知认为交互包括了对他心的感知，这既是方法论上的改变，也是研究视角的改变。交互理论的生成性研究不再只关注他心感知本身而是应该研究促使他心感知能够持续发生的社

---

[1] Mcneill, W. E. S., "On Seeing That Someone is Angry", *European Journal of Philosophy*, Vol. 20, No. 4, 2012.

[2] Overgaard, S., "McNeill on Embodied Perception Theory", *Philosophical Quarterly*, Vol. 64, No. 254, 2014.

会交互实践，以及在交互情景中人们是如何一起参与活动、执行行动和相互理解的[1]。社会交互已经成为交互理论研究的中心，这涉及两个自治主体有规则的耦合，是关系性动力构成的一个涌现的自动组织，包括了不需要交流中的独立个体的自主性参与[2]。因此，生成主义视角下的社会交互是不能被还原为独立的个人认知或者内部神经机制。交互过程不能作为一个与他心感知分开的独立因素，两者是互补的甚至可以代替个人机制，交互在他心感知中扮演三种角色：诱发条件（enabling condition）、背景因素（contextual factor）和构成元素（constitutive element）[3]。社会交互的一个最重要特征是主体的参与，因此他心感知不仅仅是理解他人，而且还包括了与他人一起共同理解，理解在这样的情景下是一种实践能力。在正常的交际中，两个主体都将自己放在一个动态的在线活动中，这就使交际能够持续，这种自我维持的协调是非常强健的，可以抵御很多噪音[4]。社会交互不是一种背景性的作用，而是他心感知的构成成分，这就暗示生成性的交互理论对个人主义进行了重新评估。而且在社会交互的过程中，镜像神经元的功能可能就不同于具身模拟论所认为的那样，如不同的交际情景到底是冲突还是合作，镜像神经元的激活方式会有不同[5]。从交互的视角来看，自我和他人意识的发展可以解决个人主义的问题，在婴儿时期，自我经验和他人意识之间的鸿沟可以通过交互的因素将其弥补。两个月大的婴儿在情绪交流中已经能够作为他人关注的对象进行回应，社会交互使婴儿知道他人也是有意识的主体[6]。非常小的婴儿就能参与到社会交互中，通过眼睛接触、面部表情和姿态进行

---

[1] Mcgann, M., De Jaegher, H., Di Paolo, E., "Enaction and Psychology", *Review of General Psychology*, Vol. 17, No. 2, 2013.

[2] De Jaegher, H., "Social Understanding Through Direct Perception? Yes, by Interacting", *Consciousness & Cognition*, Vol. 18, No. 2, 2009.

[3] De Jaegher, H., Di Paolo, E. A., Gallagher, S., "Can Social Interaction Constitute Social Cognition?", *Trends in Cognitive Sciences*, Vol. 14, No. 10, 2010.

[4] De Jaegher, H., Di Paolo, E. A., Gallagher, S., "Can Social Interaction Constitute Social Cognition?", *Trends in Cognitive Sciences*, Vol. 14, No. 10, 2010.

[5] Fujii, N., Hihara, S., Iriki, A., "Dynamic Social Adaptation of Motion-Related Neurons in Primate Parietal Cortex", *Plos One*, Vol. 2, No. 4, 2007.

[6] Reddy, V., "On Being the Object of Attention: Implications for Self-Other Consciousness", *Trends in Cognitive Sciences*, Vol. 7, No. 9, 2003.

交流，同时逐渐习得看护人交流的节律①，儿童还会积极地通过吸引看护人的注意，参与与成人会话非常相似的"原型会话"（proto-conversation）的言语交流结构中。人们以这种最初的交互方式作为后期理解他心的基础，交互使他心直接感知变得更加简单。

社会交互包括了话语的和非话语的交互、交互情境、交互双方和交互中介等各种维度。交互理论生成认知的解释为了证明叙事理论的正确性，特意论述了语言的性质。语言被解释为一种参与性的意义生成和建构的结果，语言的意义建构者总是被语言所调节并在语言中实践，被理解为具身的解释性交互，因此认为语言有三个核心特征：语言的敏感性、语言的身体性、误解是继续进行协商的动机②。我们的身体不是起着前期固定的作用，而是在语言实践过程中的合作基础，通过这种合作，我们会在语言上变得非常敏感，但由于个人的经历和社会情景不同，不同的人会表现出不同的敏感度。语言的社会性和意义在一开始就被展现和操作，这与其他具身和情境的语言观不同，之前的观点认为意义的出现是一个后期的未被解释的发展，而社会性是次要和明确的，是被个人的前社会趋向所支持的。在交互理论的生成认知观中，社会性展现为一个前模态的张力，不同形式的社会介质以辩证的方法发展自己。意义被理解为参与性的意义建构，是在经验者和感知者共同参与的社会交互实践中达到的结果。通过语言的交互建构使语言在身体和感知以及生活世界的交互中帮助我们跨越所谓高级和低级认知的鸿沟，也会溶解和绕开所谓的在线/离线、个人/普遍、语言/非语言等认知的区分③。

### 三 人称视角的整合

面对心智理论的巨大挑战，交互理论也出现了理论整合的趋势。交互理论吸收了心智理论的优势，通过人称整合的方式论述交互理论和心

---

① Legerstee, M., "The Role of Dyadic Communication in Social Cognitive Development", *Advances in Child Development and Behavior*, Vol. 37, No. 37, 2009.

② Cuffari, E. C., Di Paolo, E., De Jaegher, H., "From Participatory Sense-Making to Language: There and Back Again", *Phenomenology & the Cognitive Sciences*, Vol. 14, No. 4, 2015.

③ Cuffari, E. C., Di Paolo, E., De Jaegher, H., "From Participatory Sense-Making to Language: There and Back Again", *Phenomenology & the Cognitive Sciences*, Vol. 14, No. 4, 2015.

智理论的关系。交互理论认为心智理论中的模拟论是第一人称视角，理论论是第三人称视角，第二人称视角则对应着交互理论[1]。在理论论的概念中，他心理解是通过以第三人称或者旁观者的角度对他人的行为进行客观性的观察和推理。模拟论则是通过第一人称视角设身处地地将自己的心智放到他人的情景中去模拟和推理他人的心智状态，从而形成关于他人的经验，对他人心智状态的理解，意味着通过对他人行为的内部模拟，创立一个"犹如"的心智状态[2]。交互理论则意味着使用第二人称方法，他人与自我在双向交互中感知他人的情绪和意向的最初经验，这主要关注表达性的身体行为、身体间的共振、意向在行为中的可见和共享的情景[3]。加拉格尔和扎哈维从现象学的视角，特热沃森[4]和雷迪（V. Reddy）[5]从发展的视角，指出一种原初的前反思的主体间性和第二人称的交互，强调交互在社会认知中的基础性角色。因此，如何摆脱心智理论并能够保证第一和第三人称视角的结合是交互理论的重心。加拉格尔以现象学和具身认知科学为主要理论基础提出新的人称视角观，认为感知不仅仅是对物的感知，也是主体间的感知现象，因此感知既是与周围环境的交互方式，也是与他人相处的方式，而且对于他心的感知是"自我—他人"的即时通达[6]。交互理论将这种现象称为开放的主体间性，也就是说对他心的把握是公共的和可通达的，同时自我是与他人联系在一起的，而非只属于个人的唯我论主体。例如，儿童虽然没有形成完整的心智能力，但是通过与他人的互动和观察他人的动作、手势或面部表情，就能够直接获得关于他心的内部知识。

---

[1] Fuchs, T., "The Phenomenology and Development of Social Perspectives", *Phenomenology & the Cognitive Sciences*, Vol. 12, No. 4, 2013.

[2] Gallese, V., Goldman, A. I., "Mirror Neurons and the Simulation Theory of Mind-Reading", *Trends in Cognitive Sciences*, Vol. 2, No. 12, 1998.

[3] Fuchs, T., De Jaegher, H., "Enactive Intersubjectivity: Participatory Sense-Making and Mutual Incorporation", *Phenomenology & the Cognitive Sciences*, Vol. 8, No. 4, 2009.

[4] Trevarthen, C., "The Self Born in Intersubjectivity: The Psychology of an Infant Communicating", In: Neisser, U. (ed.), *The Perceived Self: Ecological and Interpersonal Sources of Self-knowledge*, New York: Cambridge University Press, 1993: pp. 121 - 173.

[5] Reddy, V., *How Infants Know Minds*, Cambridge, MA: Harvard University Press, 2008.

[6] Bower, M., Gallagher, S., "Bodily Affects as Prenoetic Elements in Enactive Perception", *Phenomenology and Mind*, No. 4, 2013.

人称视角的发展经历了三个步骤①：（1）共享视角是第一个层面，在儿童大概一岁时，可以通过跟随和联合注意去理解他人的目光，共享其他人的视角；（2）取得视角是第二层，大概在两岁半的时候，儿童能够决定哪些物体是其他人在自己的空间能够看到或者不能看到的，例如，当给小孩看一张卡片，一面是一只狗，另一面是一只猫，这个年龄的儿童能够知道其他人可以看见哪个动物；（3）理解视角，大概在四至五岁的时候，儿童获得关于视角的知识和信念。在儿童发展过程中，所有的视角最初都是在暗含的水平上给出的，后期发展出来的不同视角依赖第二人称或主体间的交流。视角的出现开始于儿童早期的联合注意（joint attention），在交互的情景中逐渐朝向他人的视角，最后达到以第一人称视角和第三人称视角结合的方式理解他人，即将最初与物体、与他人二分的交互转化为三分的交互。婴儿有一个主体间性的原初模式，刚出生就具有一种互惠的朝向和吸引，这种主体间的原初模式受人类朝向面部和颜色接触的能力刺激的影响，同时激活儿童的特殊的神经机制②，之后，在这种具身交互中，儿童获得了明确的第一人称和第三人称。第二人称视角改变了过去心智理论内部争论的样态，摆脱了第一和第三人称的身—心隔阂。第一人称和第三人称视角从第二人称视角抽离出来并统合于第二人称视角，这是我们与他人进行交流的基础。在最开始，所有的视角性经验都是以一种暗含的方式潜存并具有相同的模式，通过这三种人称视角的整合，一方面，我们的第一人称视角的经验被延展到了人际间共同经历的感情和意向状态，如情绪感染等；另一方面，当从第三人称视角观察另一个人时，我们仍然会将他人看作是一个有生命和心灵的存在，感情和意向都展现在他们的行为中③。因此，交互理论认为应该采取综合各人称视角的方式理解他人，从而解释主体间复杂的交互模式。

---

① Moll, H., Meltzoff, A. N., "Perspective-Taking and Its Foundation in Joint Attention", In: Roessler, J., Lerman, H., Eilan, N. (eds.), *Perception, Causation, and Objectivity*, 2011, pp. 262–285.

② Ammaniti, M., Gallese, V., *The Birth of Intersubjectivity: Psychodynamics, Neurobiology, and The Self*, New York/London: WW Norton & Company, 2014, p. xviii.

③ Fuchs, T., "The Phenomenology and Development of Social Perspectives", *Phenomenology & the Cognitive Sciences*, Vol. 12, No. 4, 2013.

## 第五节　心智理论的自身修正

在对他心直接感知的批判过程中，心智理论也认识到了其自身的不足，因此重新审视过去的心智理论，并对其加以补充，而这表现在两个方面：一方面是通过完善自身来增强理论的解释力，另一方面是从心智理论层面解释直接感知理论的误解。

### 一　限制心智理论的解释范围

当前的心智理论也反对传统的心智理论观，认为心智理论应该限制在亚人水平范围。心智理论和他心直接感知都认为我们不需要超越经验，也不需要在他心的感知经验上增加任何过程[①]。心智理论认为对他人的意识经验和他人心智状态的信息，需要心智理论加工这些信息，从而成为我们意识经验的一部分。他心直接感知并没有排除心智理论在亚人层面上的解释。他心直接感知与生态心理学有着极大关联，人类是直接地感知行动或者物体，并不需要推理或者计算。但是，这并没有否定感知包括复杂的过程，特别是大脑的加工过程，个人水平上的直接感知仍然需要复杂的亚人层面上的解释。我们并不能将吉布森的观点解读为非信息加工的或者亚人层面的表征，然而对于认知科学中的社会认知研究，心理现象的亚人水平却是一个重要方面，如感知和推理等。他心直接感知除了在个人水平上的解释非常充分之外，在亚人层面还是非常有限的，反对个人水平上的理论论和模拟论并没有否定理论论和模拟论在亚人层面上的作用，因此，心智理论是可以作为他心直接感知的亚人机制出现的[②]。

### 二　非直接与不可见并不等同

按照加拉格尔的观点，心灵并没有隐藏在行为中，所有的心灵就

---

① Lavelle, J. S., "Theory-Theory and the Direct Perception of Mental States", *Review of Philosophy & Psychology*, Vol. 3, No. 2, 2012.

② Herschbach, M., "Folk Psychological and Phenomenological Accounts of Social Perception", *Philosophical Explorations*, Vol. 11, No. 3, 2008.

在那里非常明显，因此一旦将心灵看作是具身的，我们就不需要心智理论①。心智理论认为直接社会感知理论的一个错误假设是认为只要对他人的理解不是直接的就是不可见的，即将非直接等同于不可见②。造成这种误解的原因主要是传统的心智理论假设他心是不可见的，同时早期的心智理论并没有认识到他心不一定是不可见的，只是认为心智是有复杂的逻辑特征的③。即使是很小的儿童也都能够理解他人的心智状态，因此，传统的心智理论并不能对此给予充分解释。其实，心智理论与可见的心灵并不矛盾，心灵是否可见要依据个人是否具有相应的经验和理论，对于那些不具有他心经验和理论的人来说他心是不可见的。例如，在实验室中，研究细胞营养的科学家可以清晰地理解当前细胞的营养状态，而对于一个学哲学的人来说，在用显微镜看这些细胞的时候，并不会产生太多的意义。同样，对于他人的话语，有的人听出了话语的言外之意，而有些人只能理解话语的表层意思，因此，心灵是否可见要依据每个人的经验和心智理论。医生通过大量的理论学习和实验实践，获得了关于影响癌细胞生长的营养元素，我们也需要通过大量的实践获得心智理论，从而能够使他心显现，因此，在心智理论的视域中非直接并不等于不可见。

## 三 感知的知识性和非知识性

他心直接感知强调感知在交际中的作用，感知是与运动一体的行动方式，因此，不需要有内部表征作为中介。他心直接感知反对感知的知识性和非知识性区分，认为他心直接感知包括了知识性的感知④。但是心智理论认为感知在日常使用中是一个非常模糊的概念，它包括了所有的

---

① Gallagher, S., Zahavi, D., *The Phenomenological Mind: An Introduction to Philosophy of Mind and Cognitive Science*, London/New York: Routledge, 2012, p. 165.

② Johnson, S. C., "The Recognition of Mentalistic Agents in Infancy", *Trends in Cognitive Sciences*, Vol. 4, No. 1, 2000.

③ Baron-Cohen, S., Swettenham, J., "The Relationship between SAM and ToMM: Two Hypotheses", In: Carruthers, P., Smith, P. (eds.), *Theories of Theories of Mind*. Cambridge: Cambridge University Press, 1996, pp. 158–168.

④ Gallagher, S., "Direct Perception in the Intersubjective Context", *Consciousness & Cognition*, Vol. 17, No. 2, 2008.

感知现象和感知经验,因此,我们有必要对感知进行区分。心智理论引用德雷特斯科(F. I. Dretske)关于两种类型的"看",论证他心直接感知对于"感知"这个概念的误解[①]。"看"可以分为知识性的(初级的)和非知识性的(次级的),非知识性的看不一定需要看的"对象"的信息。例如,在夜晚,当我们抬头看天空时看到一个光点,这是一种非知识性的看,与此相对,如果我们看到了天空中发光的北极星,那么这就属于知识性的看。两种看在本质上是有区别的,看到北极星的视觉经历需要有关于这个星星的概念,即北极星指示北方。知识性的看表示了我们的理论性主张在决定我们的感知经验的内容上扮演着重要的角色。简单的非知识性的看是任何生物都具有的,但是对于复杂的理解还是需要知识和概念性的资源实现。我们不清楚他心直接感知到底是否理解了他心,还是理解他人有一个心智状态,例如,到底是理解了约翰的生气,还是理解约翰生气了[②]。即使我们知道约翰生气了,我们仍然不知道他为什么生气,因此,心智理论使知识性的看成为可能。他心直接感知理论还使用吉布森关于"人们不需要任何理论去看"解释我们对于他人的心智状态是如何成为"灵敏的"视觉经验的一部分。但是吉布森遇到了福多和派利夏恩(Z. Pylyshyn)的挑战,他们认为知识性的看如果没有推理是不可能实现的。当我们在看车的时候,如果只是看到一辆车这是不充分的,为了拥有相关的感知经验,我们需要其他的知识附加在我们视觉系统所观察到的信息上,这就是一个推理过程[③]。

### 四 心智理解的综合进路

他心直接感知不属于行为主义,不会赞同将所有人的心智状态都看作是无差别的,因此,不能将心智状态完全还原为行为。心智理论也反对行为主义完全否定心灵存在的观点,与他心直接感知有共同的目标,因此,心智理论支持一种温和的他心直接感知观。在接受他心

---

① Dretske, F. I. , "Perception and Other Minds", *Noûs*, Vol. 7, No. 1, 1973.

② Spaulding, S. , "On Direct Social Perception", *Consciousness & Cognition*, Vol. 36, 2015.

③ Lavelle, J. S. , "Theory-Theory and the Direct Perception of Mental States", *Review of Philosophy & Psychology*, Vol. 3, No. 2, 2012.

直接感知之后，心智理论的支持者一般会持有一种综合的心智阅读观，直接感知可见的心灵部分，心智理论推理或模拟心灵的不可见部分。具身模拟论就是综合进路的成功实践，认为在理解他心的过程中，具身模拟理解基本和简单的心智状态，心智模拟理解高阶和复杂的心智状态。在此趋势下，人们认识到综合的优势，认为心智阅读包括两个不同的系统。还可以将人类的社会认知系统分为类型Ⅰ和类型Ⅱ，类型Ⅰ是快的、高效的、刺激驱动的和相对不灵活的；类型Ⅱ是相对慢的、需要认知努力的、灵活的和包括意识控制的。直接感知理论更多地与类型Ⅰ相关，心智理论则更多地与类型Ⅱ有关，两个系统同时进行[1]。心智理论认为在亚人层面上镜像神经系统和心智理论是平行操作的，两者的功能都能够预测他人的行为，因此，有利于对他心的理解。这种综合也得到了来自他心直接感知的回应，虽然反对将心智理论作为理解他人的基础，但是仍然支持理论的复数性，也就是说社会认知的各种理论都会有某些价值，只要各个理论能够解释它所解释的范围[2]。研究发现镜像神经元的激活并不是随意的或看到任何动作都会被激活的，只有在自己的行为库中有相应的行为才会被激活，例如，在功能磁共振成像实验中，正常志愿者观察到的视频片段显示了人类、猴子和狗的口腔运动行为，在一种情况下，观察到的运动行为是咬，这是所有三种动物的运动系统中都存在的一种运动行为，而在另一种情况下，刺激是每种动物特有的交流手势，如默读文本、咂嘴和吠叫，数据显示，只要动作是人类动作的一部分（如咬），对人类和非人类表演者的动作都有反应，相比之下，当这种行为不属于人类行为时，则没有激活或几乎没有激活[3]。

---

[1] Bohl, V., Van Den Bos, W., "Toward an Integrative Account of Social Cognition: Marrying Theory of Mind and Interactionism to Study the Interplay of Type 1 and Type 2 Processes", *Frontiers in Human Neuroscience*, Vol. 6, No. 6, 2012.

[2] Gallagher, S., "The New hybrids: Continuing Debates on Social Perception", *Consciousness & Cognition*, Vol. 36, 2015.

[3] Rizzolatti, G., Fabbri-Destro, M., "Mirror Neurons: From Discovery to Autism", *Experimental Brain Research*, Vol. 200, No. 3-4, 2010.

## 小　结

在食堂吃饭，一个学生忘记了刷卡，这时食堂的工作人员大声地吆喝这个学生刷卡，这时我们看到他红着脸低着头，你感觉到他的尴尬、害怕、恐慌等。你是怎么知道他的情绪的呢？对于这种情况，具身模拟论会认为由于有共享的主体间性、身体结构、神经机制、生活世界等前期保障，镜像神经系统通过激活控制相应情绪的神经来理解学生在行为和表情中所表达的情绪。交互理论则认为人们天生是主体间性（包括初级主体间性和次级主体间性）的，我们通过情境交互能够直接看到这个学生的情绪，但并不需要激活相似的身体机制，因为当我看到你的愤怒时我并不一定会愤怒。对于这样的解释，我们是不满意的。例如，我们不具有狗的身体结构和共享的经历，我们仍然能从它龇着牙的行为中感觉到愤怒，从它摇晃的尾巴可以感觉到它的快乐，也不需要我们自己去模拟。虽然我们与狼孩或者一个来自完全不同文化的人具有相同的身体结构和神经机制，但是我们几乎不能理解他的心智状态。具身模拟论和交互理论无法给予这些特殊情况以完满的解释，最后就会求助于心智理论的解释，这也导致了心智理论仍然能够复活并对他心直接感知发起挑战，而产生这种情况的最重要原因是他心直接感知理论还不够完善，因此对他心直接感知理论的完善势在必行。从具身模拟论、交互理论和心智理论的相互挑战及应对的分析中，我们认为他心直接感知可以从以下三个方面进行补充。

第一，对他心直接感知依赖的哲学基础进行更加深入地研究是必要的。虽然他心直接感知理论大量引用了梅洛-庞蒂关于他人和主体间性的观点，但更多关注的是梅洛-庞蒂前期思想中的互惠性关系，因此，忽视了梅洛-庞蒂中期关于原初经验、融合社交和通感等方面的思想以及梅洛-庞蒂后期关于交织、肉身和可逆性思想。而且梅洛-庞蒂后期对前期在《知觉现象学》中仍然存在的感知主体和感知客体、意识和意识对象的二分法给予了修正[1]。在梅洛-庞蒂的哲学框架中，他心问题可

---

[1] Merleau-Ponty, M., *The Visible and the Invisible*, Evanston: Northwestern University Press, 1968, p. 200.

以分为融合社交、互惠性社交和肉身交织（chiasm）三个层面，而当前的他心直接感知还主要是探讨互惠性社交的通达方式，并没有指出互惠性社交形成的前期基础以及最终的走向。交互理论虽然指出他心直接感知可能是依赖儿童时期的初级主体间性、次级主体间性和叙事理论这样的具身实践，但是交互理论只是指出了早期经验对于理解他心的基础性作用，并没有认识到在交际过程中的冲突和误解，而这些冲突和误解也应该是早期经验影响的结果。

另外，梅洛-庞蒂的身体现象学作为他心直接感知的思想基础，也指出早期经验对后期发展的重要性，梅洛-庞蒂非常推崇弗洛伊德（S. Freud）的精神分析，认为弗洛伊德是第一个注重儿童的心理学家，儿童的早期经验对后期发展的身体功能和心理动态都有影响。因此，早期经验不仅使我们能够直接感知他心，而且也使误解和冲突产生，早期经验是如何影响以及多大程度影响我们对他心的感知也是他心直接感知亟待解决的问题。加拉格尔认为身体图式是一个先天就具有的独立系统，身体图式并不是一个"抽象的表征"，可以将身体图式理解为具身于发展的神经系统的实践能力之上，身体图式是一个感知—运动过程，在持续地控制着身体的姿态和运动[①]。那么这样的观点，其实已经将婴儿看作一个独立的个体，这会直接导致自我和他人成为分离的实在，需要依靠后天的实践达到自我对他心的直接感知，因此，交互成为解决他心问题的关键。那么这种观点会将自我对他人的理解看作是一种协商或者互惠性关系，而这样的直接感知也是一种不稳定的交互涌现，但是并没有解释出我们为什么能够直接感知以及为什么能够正确地理解他人，所以受到了心智理论中理论论的极大挑战，以及在很大程度上无法否定心智理论在亚人层面的解释。因此，我们认为导致这种情况的一个很大原因是交互理论的哲学根基不稳。交互理论对他心直接感知理论的支持在很大程度上是受梅洛-庞蒂的互惠性关系影响的，但是这一理论并没有看到梅洛-庞蒂为了解释这种互惠性关系而对早期婴儿的融合社交关系以及后期提出交织的概念在他心感知过程中的作用，因此，当前他心直接感知理论应该在哲学基础上进行深入解释，以及对交互过程做进一步地挖掘。

---

[①] Gallagher, S., *How the Body Shapes the Mind*, Oxford: Oxford University Press, 2005, p. 37.

加拉格尔认为在梅洛-庞蒂的观点中，身体图式是后天的和碎片化的，但是按照梅洛-庞蒂的观点，身体图式受后天经验塑造，刚出生的婴儿也有基本的身体图式，只是没有那么稳固，在后天的感知—运动和生活实践中，身体图式才能成为目前的形式。而且，在梅洛-庞蒂思想的后期发展中，他也意识到了前期思想的局限性以及过分跟随胡塞尔思想的弊端。因此，梅洛-庞蒂的中期和后期思想更加成熟、完备和原创性，将其中期和后期思想纳入他心直接感知的哲学基础的探讨将更加有利于提高他心直接感知的稳固性和解释性。

第二，需要一个更加完善的亚人机制。功能层面上的论述其实是一种亚人机制描述，交互理论并没有给予一个充分的他心感知机制，但是神经现象学的出现使这种结合成为可能。面对斯波尔丁对于交互理论无法给予亚人机制的挑战，加拉格尔引用加莱塞对于现象学与神经科学的关系予以回击。当然，加拉格尔对于镜像神经元的引用并不表示他赞同具身模拟论的观点，但是这样的回应不管加拉格尔是否承认加莱塞的观点，都表明交互理论并没有否定亚人机制的存在。而且，交互理论在对初级和次级主体间性解释的时候并没有太多地涉及神经科学层面的解释，因此交互理论在具体解释他心直接感知的时候会显得比较单薄，在解释力上显得不如具身模拟论那么强劲，一个很重要的原因就是没有找到合适的功能性词汇连接神经层面和现象层面的亚人机制，我们需要一个新的词汇解释这个亚人水平。同时也显示出有必要对新的哲学基础下的他心直接感知进行功能层面上的解释，这将有利于直接感知理论的完善。他心直接感知理论并没有完全抵挡住心智理论的进攻，无法完全排除心智理论的作用。交互理论认为镜像神经系统不是模拟机制而是感知机制，同样也不能驱赶经典认知科学的阴霾，因为他心直接感知仍然可能发生在个人的大脑中。交互理论通过引用现象学的思想证明具身模拟论和心智理论所坚持的亚人机制并没有太多的意义。但是，交互理论的这种观点只是从现象学的角度支持自身的观点，并没有提供强有力的证据证明亚人机制不存在，相反心智理论却能够提供相关的亚人机制。而对于交互理论来说，仅仅否定亚人机制的意义而不去进行亚人机制的研究，这种观点是不具有强的说服力的。与交互理论相反，具身模拟论则从神经层面、亚人层面和现象层面解释社会认知，而且取得了很大的进展。当然，具身模拟论也面临着很多的问题。具身模拟论受到了来自交互理论、心智理论甚至帕尔玛小组内成员的挑战，因此对于亚人机制的急切需求要求我们重建和完善直接感知的亚人机制。我们认为提供一种与他心直接感知相匹配的亚人机制是他心直接感知理论的当务之急，这样才能够与心智理论在同一个层面进行争论并超越当前具身模拟论所提出的亚人机制，而不能对亚人机制避而不谈或者躲躲闪闪。另外，具身模拟论和交互理论更多的是对他心问题的"直接性"着手，通过具身模拟或者交互的方式达到对他心的直接感知，试图从"身心"关系的根基上挣脱二元论和心智理论，但是两者并没有深度关注感知的层面，因此对他心的感知方式的探讨将有利于完善他心直接感知的亚人层面研究。

第三，解释他心分歧的基础。他心直接感知的可行性和地位遭受到心智理论的极大怀疑。斯波尔丁就指出具身模拟论将行为阅读与心智阅读完全严格地对立起来是不正确的，婴儿是可以进行推理的，即使再简单的行为理解都需要心智推理的参与[1]。甚至直接感知内部也相互批评，交互理论就认为具身模拟论对他心直接感知的解释并没有摆脱自我与非我、主观与客观、主体与对象二分的认知模式，仍然将他人看作是孤立的、静止的客观对象。卡萨姆（Q. Cassam）认为"我看到他人，就是看到一个事件而非看到一个事物，我从他人的行为改变中只能够得到他心的初级认识，但是在高级的认识中仍需心智理论作为补充"[2]，甚至我们在感知的过程中就需要心智理论的参与，就如眼睛直接地看并不能否定视觉算法的存在[3]，当然还有行为主义、行为空缺（the absent behavior）、整体与部分、非对称性方面的反对[4]。对直接感知理论破坏力更大的是一些研究者认为虽然我们通过感知可以获得初级知识，但是并不能排斥心智理论的作用，这样就会使人们认为心灵的具身性是不全面的，仍然会

---

[1] Spaulding, S. A., "Critique of Embodied Simulation", *Review of Philosophy & Psychology*, Vol. 2, No. 3, 2011.

[2] Cassam, Q., *The Possibility of Knowledge*, Oxford, London: Oxford University Press, 2009, pp. 162 – 163.

[3] Lavelle, J. S., "Theory-Theory and the Direct Perception of Mental States", *Review of Philosophy & Psychology*, Vol. 3, No. 2, 2012.

[4] Krueger, J., "Direct Social perception", In: De Bruin, L., Newen, A., Gallagher, S. (eds.), *Oxford Handbook of 4E Cognition*, Oxford: Oxford University Press, 2016.

有隐藏的心灵躲藏在身体之后,这样就会破坏他心直接感知的哲学和认知基础。应该认识到具身认知所强调的身体性不能够直接应用到"他心问题"上,因为具身认知还主要处理的是个人对世界的认知,因此,更多的是在独立的身体个体中对认知进行探讨。而当前他心直接感知的两条进路,特别是具身模拟论,似乎都将主体间性看作是两个独立身体间的互相阅读,从读心过渡到读身虽然是一个进步,但是这里面还有一个主体间的关联结构是非常重要的部分。对于身体的阅读就会出现有不可阅读的部分,那么我们在理解他人的时候就有产生分歧的可能。而当前的他心直接感知,具身模拟论和交互理论都没有详细解释为什么会产生分歧,具身模拟论和交互理论将这一现象抛给了心智理论和非本真的存在,也正因如此,才给心智理论留下了被攻击的可能。生成主义的支持者汤普森就对此提出了自己的观点,认为"对他心的直接感知并不仅仅是对独立的他人身体的直接感知,一个人对他人的身体主体的感知是依赖于首先对他人开放的前提,因此主体间的开放性是不能够还原为个体的独立相遇,而是应该以主体间经验作为优先性和前提"[①]。当面对他心分歧的时候,如果我们有意回避这一问题,那么这样的直接感知仍然是缺乏解释力的,也永远都会成为心智理论批判的焦点,如何既能够解释他心分歧,又保证他心直接感知将是他心直接感知的难点和重点。下一章我们将尝试对这一问题给予正面回应,从而完善他心直接感知的研究。

---

[①] Thompson, E., *Mind in Life: Biology, Phenomenology, and the Sciences of Mind*, Cambridge/London: Harvard University Press, 2007, p. 386.

# 第四章

# 他心直接感知的身体现象学补充

从他心直接感知和心智理论之间的相互质疑和论证中，我们看到心智理论和直接感知理论都认识到双方的重要性。但是可以感觉到，直接感知理论并不愿接受心智理论，而心智理论的支持者更愿意接受温和的他心直接感知观，更愿意将他心直接感知作为与心智理论共同起作用的一个部分而追求一种综合的读心观。从这一现象中，可以看到他心直接感知的强大解释力，而心智理论的解释力和解释范围都在逐渐撤退，但是在面对心智理论的进攻以及心智理论对直接感知的逐渐接受的情况下，具身模拟论和交互理论对于心智理论的态度是截然不同的。从具身模拟论所面对的挑战以及回应中，可以看到出于具身模拟论脱胎于模拟论，因此并不能完全排除心智理论在他心直接感知过程中的作用，而且具身模拟论也并不想完全排除心智理论的作用。与此相反，交互理论为了反对心智理论，试图完全排除心智理论的作用，因此将叙事理论作为主体间性理论的补充。叙事理论本身也面对着诸多问题，这种补充并没有解决心智理论所提出的问题反而带来了更多问题。当前的他心直接感知研究并没有排除在解释高阶和复杂或特殊情况下理解他心过程中心智理论的作用，因此综合式的读心观看起来似乎能够解决当前他心直接感知的困境。但是，目前的综合性研究有两方面的问题：一方面，将理解他心的过程看作直接感知和间接推理之间的结合，并没有表现出认知的统一性以及哲学基础的连贯性，这就造成他心能否被直接感知以及多大程度能够被直接感知成为争论的焦点；另一方面，如果仅仅只是将心智理论和他心直接感知简单地相加未免太过于简单，还有就是这种嫁接会导致具身认知本身的危机。我们需要找出一个更合适的方法消解心智理论对他心分歧的解释，保持他心直接感知的解释力以及理论的连贯性。因此，当前急切需要对他心直接感知进行哲学基础、功能层面和他心分歧等方面的解释进行补充。

## 第一节 他心直接感知的哲学基础补充——融合社交

具身模拟论和交互理论都将其哲学基础归为现象学中的主体间性，特别是梅洛-庞蒂的具身主体间性或者身体间性。梅洛-庞蒂曾引用舍勒在《同情的本质与诸形式》中的观点认为"我们不能把愤怒或威胁感看作是隐藏在动作后面的一个新事实，而是我们在动作中看到愤怒，动作并没有使我们想到愤怒，动作就是愤怒本身"[1]，因此我们可以直接感知他人的心智状态。我与他人的相遇是一种相互地不断引起的状态，他心直接感知有一个循环的相互确证和相互感知的动态交互。具身模拟论是直接进入互惠性阶段的以自我为中心的主体间性，交互理论虽然看到了主体间性的两个阶段，但是在这一理论观点中，交互中的主体之间是一个平等关系，即使看到了初级主体间性向次级主体间性的发展，也涉及了世界和他人参与其中的次级主体间性阶段，但是并没有看到主体间性是如何生成的。对于这种情况，我们认为不管是具身模拟论还是交互理论都没有完全考察中期梅洛-庞蒂对于儿童与他人的关系论述，显然这样的人为限制是不完善的，因此对梅洛-庞蒂关于他人问题的深度探讨，将有利于更加整体和全面地认识他心直接感知为什么是可能的，以及他心直接感知的深层哲学基础。

### 一 他心问题本质是他人问题

他人问题作为梅洛-庞蒂思想的中心问题，在他看来不管是胡塞尔还是舍勒，其实都是通过类比的方式从自我推出他人，于是就会陷入

---

[1] Merleau-Ponty, M., *Phenomenology of Perception*, New York/London: Routledge and Kegan Paul, 1962, p.185.

"自我中心论"和"唯我论"的怪圈①。由于认识到胡塞尔在论述主体间性时所提出的先验自我理论的不足以及由此带来的诸多问题,梅洛-庞蒂开始意识到在理解主体间性的同时需要解释与我分开的另外一个有意识的身体自我,因此解决他心问题的关键是解决我和他人之间的共在关系。他人不是作为一个客观对象或者认识对象而存在,也不是作为一种文化或社会存在的样式而显现,他人是作为与我共同在世的此在显现,他人或者他心问题本身就不是一个问题,我们一出生就处在与他人共在的世界中,自我、他人和世界共同作用形成了一个完整的生活世界,即梅洛-庞蒂所说的庞大的"世界之肉"。

另一个自我或者说另一个具身的知觉主体确实是存在的,但是他的存在对于先验的自我来说却是矛盾的,梅洛-庞蒂指出"当我呈现给他人的时候,我必须是外部的,他人的身体必须是另外一个他自身"②,如果主体经验只属于自身,心灵就会排除一个外部的观察者而只能被内部自我感知,那么自我将会没有外部身体,而他人因此也不会有关于我的内部主体经验。通过意识的肉身化和身体的精神化,梅洛-庞蒂淡化了胡塞尔的类比论证,并因此避免了由外在身体向内在意识过渡这一难题③。梅洛-庞蒂还批评了萨特关于人与人之间是一种面对面的"地狱式"的冲突关系,指出如果我跟他人是面对面的注视关系,那么他人将会成为我所注视的一个物体,相应的我也成为他人眼中的物体。相反,梅洛-庞蒂认为在原初经验和存在论上,我与他人的关系是和谐和不透明的,他人是我的双胞胎兄弟和与我共存的合伙人。因此,按照梅洛-庞蒂的观点,现象学的首要问题在于认出自我和他人的共在关系,因为只有通过自我与他人共同存在,我才能认识到他人拥有自己的历史,我也拥有他人的历史,对于他人的重新认识表明我们共享一个在文化世界中的身体现象。梅洛-庞蒂在胡塞尔的主体间性和萨特的"他人是地狱"的思想基础上,将他心问题转换为身体问题和他人存在的问题,同时将

---

① 杨大春:《语言·身体·他者——当代法国哲学的三大主题》,生活·读书·新知三联书店2007年版,第267页。

② Merleau-Ponty, M., *Phenomenology of Perception*, New York/London: Routledge and Kegan Paul, 1962, p. xii.

③ 杨大春:《身体的秘密——20世纪法国哲学论丛》,人民出版社2013年版,第67页。

他心问题推进到经验论问题。

胡塞尔对具有陌生经验的他人的共显与结对现象的解释为梅洛-庞蒂前期的主体间性思想提供了思想模版。梅洛-庞蒂对于主体间性的分析与胡塞尔非常相似，但也有少许不同，梅洛-庞蒂改变了谈论的重点，从胡塞尔强调他人的主体意识到强调对主体间性关系来源于一个互惠关系的共享的身体存在（reciprocity of a shared corporeal existence）。对于梅洛-庞蒂来说，他人意味着与我的共存和身体间性，是时刻在我身边的共同存在者。我对他人的理解是没有困难的，我和他人不是一个现象的不同部分而是作为有效性存在的[1]，人的存在除了是共享的世界、身体和文化之外，还表现出一种身体图式的互惠和感觉经验的互通现象，因此我们应该摆脱客观性思维的束缚，不能够用看物体的方式来感知他心。人类的主体性首先和首要的是身体主体性，他人在主体间性背景的反衬下会更加显目，从而形成了我的身体知觉的界限，这个背景里我不能完全通达的部分需要他人一起让这个背景显现出来，正如梅洛-庞蒂所写"他人是我的证明，因为我对于我自己来说是不透明的……我的主体性在身体清醒的时候拖拽着他"[2]。由于自我与他人的相互伴随性以及独特性，自我和他人是一对完美的合作者，我的身体需要他人的视角，同时我也在他人的身体行为和观念中看到了不同于我的身体和世界，在他人的眼中看到了属于我的视角，在这种共同的互惠关系中，我形成了对世界的"客观性"认识，他人的存在保证了我的存在和世界的存在，以这样的方式梅洛-庞蒂给予主体间性一个身体的、现象学的、动态的和相互的意义。梅洛-庞蒂认为在我的现象的身体和他人的现象的身体之间，存在着一个内部关系，从而导致他人成为一个完整系统的一部分[3]。而且梅洛-庞蒂将其思想延展到身体间性的概念上，他人的存在一直制约着我的行为方式，当我们走在舞台中心或者大家所关注的地方

---

[1] Merleau-Ponty, M., *Phenomenology of Perception*, New York/London: Routledge and Kegan Paul, 1962, p. xiii.

[2] Merleau-Ponty, M., *Phenomenology of Perception*, New York/London: Routledge and Kegan Paul, 1962, p. 352.

[3] Merleau-Ponty, M., *Phenomenology of Perception*, New York/London: Routledge and Kegan Paul, 1962, p. 352.

时，我们的行为方式都会出现改变，舞台中的自己与平时走路都不一样。

对于梅洛-庞蒂将他心问题转换为他人问题，也有很多反对意见。列维纳斯就认为梅洛-庞蒂的身体现象学在根本上是不能解释主体间性关系的，因为梅洛-庞蒂仍然没有摆脱主体经验的层面，将对主体间性的解释依赖于自我与他人之间的知识关系，而且没有认识到自我与他人关系的非对称性[①]。但是，梅洛-庞蒂对于他人问题的论述是能够摆脱列维纳斯的批评的，人与人之间的互惠关系不会使主体达到孤立的状态，肉身的交织将让我们认识到所谓孤立的状态并不是真实的存在状态，虽然主体间性有一个非对称性的存在，但是这种非对称性是建立在早期融合社交的整体性以及在儿童发展过程中镜像阶段导致偏向他人的非对称现象基础上的。镜像是将儿童拉出原初和融合阶段的重要手段，经历了此阶段之后，儿童会进入一个自我主体的质的飞跃。镜中意象会将儿童送入感知世界，因此身体图式并不完全是一个内在的结构，而是一个可以从镜子里或别人那里看到的结构[②]。镜像阶段的经历将让儿童的身体图式和身体意象逐渐稳定和形成，与他人隔离又关联的自我主体也逐渐独立。但是，镜像阶段也导致后来出现的互惠关系不能还原为原初的融合社交，也是导致自我和他人之间出现裂缝的根源。因此，婴儿与他人关系的发展经历了前期的无对称性到后来的非对称性的发展，而非对称性经历了两次偏离，从他人中心到自我中心的方向，但是最后还是走向一种本真的存在及一种世界之肉的交织态，为了达到这种状态，梅洛-庞蒂认为需要在表达、绘画、散文和艺术中寻求统一。具身模拟论和交互理论都认识到了我与他人的主体间性关系，但是并没有注意到产生主体间性的偏离过程，都认为主体间性并不是一个抽象性的概念关系，而是具体的现象关系，主体间性是原初的与他人共同参与的实践经验而非个人经验的属性或者次生现象，因此，婴儿早期经验应该是一种自治主体

---

[①] Sanders, M., "Intersubjectivity and Alterity", In: Diprose, R., Reynolds, J. (eds.), *Merleau-Ponty: Key Concepts*, London: Routledge, 2014, pp. 142–151.

[②] Vasseleu, C., *Textures of Light: Vision and Touch in Irigaray, Levinas and Merleau-Ponty*, London/New York: Routledge, 1998, pp. 51–52.

间的经验。对于梅洛-庞蒂来说他心问题并不需要列维纳斯所谓的道德的介入，因此我们认为融合社交、互惠关系和肉身交织是梅洛-庞蒂关于他心问题的核心概念，而这三个概念也是对他心经验问题的回答，即人与人之间是一种共在关系。融合社交提供了原初的经验基础，互惠关系提供了他心感知的方法，即通过交互达到他心直接感知，而肉身的交织和可逆性是人与人交际的本真状态和目标。梅洛-庞蒂认为如果能够在我的主体化之前或之下找到一个前个人的、无名的和无定形的存在，通过这种构成性的能力，世界得以在存在中维持，之后我能够将这种能力用来与他人交流，形成一种共同的基础，那么我们理解他人和交流的时候就成为可能[1]。

## 二　融合社交是实现互惠关系的经验基础

梅洛-庞蒂尝试从多个视角探讨他心问题。他对胡塞尔的共呈（appresentation）和结对思想进行了延伸，并在《知觉现象学》中提出了互惠关系，即"有一种合二为一的存在，有一种完全的相互关系，我们互为合作者和互通看法，通过同一个世界共存"[2]。在后期，他认为应将身体、世界和他人看作一个巨大的、交织在一起的肉身（flesh），"交织不仅仅是我和他人之间的交换（即他收到的信息传给我，我收到的信息也传给他），交织也是我与世界之间的交换，是现象的身体和'客观'的身体之间的交换，是知觉者与被知觉者之间的交换"[3]。但是，不管是前期思想还是后期思想，在论述他心问题的时候，梅洛-庞蒂都会引用儿童心理学的例子作为论证依据，因此为了继续深入探讨他心的经验问题，梅洛-庞蒂运用格式塔心理学、精神分析等学派的观点并结合当时最新的儿童心理学思想，如皮亚杰（J. Piaget）、纪尧姆（C. E. Guillaume）、瓦龙（H. Wallon）等人的思想，从而将他心问题带入经验和存在的最原

---

[1] Macann, C., *Four Phenomenological Philosophers: Husserl, Heidegger, Sartre, Merleau-Ponty*, London/New York: Routledge, 1993, p. 191.

[2] Merleau-Ponty, M., *Phenomenology of Perception*, New York/London: Routledge and Kegan Paul, 1962, p. 413.

[3] ［法］莫里斯·梅洛-庞蒂:《可见的与不可见的》，罗国祥译，商务印书馆2008年版，第272页。

初阶段。儿童能够给予我们更真实的世界，相反越客观越不真实①。在发展过程中，儿童会经历两个阶段：融合社交阶段和镜像阶段。对儿童早期的原初经验有不同的名称，梅洛-庞蒂的著作《儿童心理学和教育学》这本书的译者威尔士（T. Welsh）将其翻译为融合社交，但克鲁格将其称为共有主体（joint ownership thesis），狄龙（M. C. Dillon）将其定义为前交际阶段。本书更强调儿童最初经验的未区分性状态而非拥有性，因此采用融合社交这一概念。

在融合社交过程中，个人在他人中生活如同自己生活一样，如哭声感染现象。刚出生的儿童不能区分他人的身体和自己的身体，他人的不适与儿童躯体状态的不适是混合在一起的，尽管儿童身体没有任何不适，但当一个儿童哭的时候，其他的儿童也会跟着哭。哭声感染现象表明在婴儿生活的最初阶段是一种前交际的、无名的和未区分的组群和集体生活②。梅洛-庞蒂通过心灵的具身性将他心问题中的认识论问题和概念问题进行化解，认为他心直接感知可以通过前反思的身体图式与他人的身体进行匹配。在此基础上提出了他人问题是一个经验论问题并分别使用互惠关系、融合社交和肉身交织三个概念来回答这个问题。梅洛-庞蒂对这三种关系的论述是连续的，都将自我和他人放在共在的基础上，自我与他人的关系首先是和谐的而非冲突的，自我是向他人开放和坦诚的，而非紧缩和怀疑的。因此，三者是对他人问题不同视角的解读，三者相辅相成共同构成了他人的经验论问题的解决方案。当然，除了代表梅洛-庞蒂对于他心问题的思考之外，这三种关系还代表了在儿童发展过程中所表现出的自我与他人关系的不同维度。从梅洛-庞蒂对他人问题的整体思想上来看，融合社交是对互惠关系和原初经验的进一步探索，同时也是肉身交织思想的基点，因此，梅洛-庞蒂是从哲学本体论、认识论和认知发展这三个维度来解释主体间性、自我和他人的关系。

---

① Merleau-Ponty, M., *Child Psychology and Pedagogy*: *The Sorbonne Lectures* 1949 – 1952, Evanston: Northwestern University Press, 2010, p. 418.

② Merleau-Ponty, M., *The Child's Relations with Others*, *The Primacy of Perception*. Evanston: Northwestern University Press, 1964, p. 119.

按照互惠关系的内容，自我与他人是共存于世界中表现出自我与他人的相互关系并相互作用，这种相互关系最初表现为一种初级的身体间性和身体图式的相互转换。因此，互惠关系是以自我和他人成为一个独立的主体并具有完整的身体图式为前提的。而按照融合社交的观点，个人独立的意识和身体图式是后来才出现的，"顺着个人身体的客观化，建立了个人和自我分离的墙壁，从而组成了我与他人直接的互惠关系"[1]。因此，可以说融合社交是互惠关系的前逻辑和前客观的思维状态，它所表现出来的感觉间的融合、与世界的融合、与他人的融合都会用一种不露痕迹的方式表现在后来的互惠关系中。同时，互惠关系的产生不是对融合社交的摆脱和遗忘，而是对融合社交的发挥、提升和升华，因而就会表现在人类的其他行为中，如性、表达、绘画、自由之中，正是在这些形式中人类达到了犹如融合社交阶段的融合状态，此时他人就会表现为自我性，我也会表现出一种他异性。"虽然儿童逐渐获得一种个性感，而且这种个性感会在整个生命中不断发展，但这种感觉永远不会完全完成。同时共存和不确定性在成人生活中仍然存在，因此他人是共同世界的一部分。"[2] 所以，融合社交与互惠关系，就像儿童和成人一样，儿童其实是成人的老师，儿童教会了成人如何看世界，融合社交也同样指导着互惠关系而达到真正地与他人共存。融合社交是后期互惠关系的基础，互惠关系是对融合社交在时间顺序上的发展和补充。但是，我们也应该看到互惠关系和融合社交的不同。

首先，出现时间点不同。融合社交出现在儿童时期，较多地表现为一种基础性，而互惠关系主要是一种成人交互方式。互惠关系更能解释现实生活中的实践样式和存在方式，而融合社交更强调解释现实生活中实践样式和存在方式出现的原因。互惠关系还打开了两个维度的主体间性，打开了历时中的他人与我的主体间性，同时又在共时层面打开了与他人的集体的共在，"因此，理解的总是不完全的，这样就造成我的不统

---

[1] Merleau-Ponty, M., *Child Psychology and Pedagogy: The Sorbonne Lectures 1949–1952*, Evanston: Northwestern University Press, 2010, p. 48.

[2] Vasseleu, C., *Textures of Light: Vision and Touch in Irigaray, Levinas and Merleau-Ponty*, London/New York: Routledge, 1998, p. 52.

一"①。而由于时间性的出现，人们在时间中所表现出的自由并非绝对的自由，他人是我的自由的表现，也是对我的约束。他人不必然，也不完全是为我的对象，例如，在共情中，我能把他人感知为和我一样多或者一样少的赤裸裸的存在和自由②。而融合社交并没有显现为时间性和自由性，因为在融合社交阶段的儿童还没有明显感知到时间性和自由性作为一种存在方式，此时的儿童是绝对时间的和绝对自由的，但是又无时间的和无自由的。融合社交展现了我和他人之间的最初打开方式是融合在一起的。

其次，根本内涵不同。由于融合社交需经过一个镜像阶段（即在三至十二个月的时候我们能从镜子里认出自己）才会发展到互惠关系，这是一种发展上的量变与质变的形成，融合社交过程中出现的融合与互惠关系中出现的互惠，是在不同的身体基础上表现出来的。镜像阶段是身体的客观化、自我的隔离和个性形成的阶段。融合社交表现出的感觉互通现象是由于器官未分化导致身体的器官并没有以独立的样态出现，因此对于一个物体的感知是一种整体的感知，而互惠关系中的感觉互通现象是在身体器官已经分化的基础上所表现出来的现象学本质，它是因为身体图式的统一性而显现出来的整体能力。互惠关系中表现的与他人的互惠和统一与融合社交中表现出的融合状态也是不一样的，前者是主体性前提下的主体间性，而后者表现出的融合是前主体性的，此时还没有出现主体的客观化，自我与他人还处于一种未分的状态。另外，产生这两种现象的原因也不同，融合社交中的自我与他人的融合是由于身体图式的不完整性造成的，婴儿很容易自觉融入他人的身体图式中，而互惠关系是两个已经稳定的身体图式主体的交互，在这种交互中达成一种身体图式的互换。

从总体上说，婴儿的融合社交是互惠性社交的前奏，展现出了与成人的互惠性社交的不同。在融合社交中，婴儿是对他人完全开放和不设

---

① Merleau-Ponty, M., *Phenomenology of Perception*, New York/London: Routledge and Kegan Paul, 1962, p. 404.

② Merleau-Ponty, M., *Phenomenology of Perception*, New York/London: Routledge and Kegan Paul, 1962, p. 449.

防的，因此婴儿在融合社交中所获得的原初经验带有更多的他人成分。正是融合社交的前期存在，才使婴儿能够通过他人身体图式的支撑获得独立的和完善的身体图式。融合社交是他心直接通达成为可能的原初经验基础，因此具身模拟论和交互理论所依赖的互惠关系应该以融合社交为前提，才能够保证后期的模拟或交互成为可能。两个毫无关联的个体或者存在物不会那么轻易地联系在一起，但是人与人之间会有天然的亲近感，融合社交发挥着不可替代的作用。基本的和早期的经验为后期的更复杂的表征式的主体间性生活提供了一个基础的或者一个先天的来源或者基础[1]。另外，他心直接感知如果尝试摆脱融合社交的经验基础直接进入交互状态，在具体的操作中是不可能也是行不通的，因此融合社交是实现互惠的经验基础。

### 三 融合社交的理想目标是肉身交织

他人与我是可逆的，他人是我的镜子。"肉身"作为梅洛－庞蒂后期思想中最重要的概念，成为其关于他心问题的本体论思想基础，也被认为是他的独创。"肉身"同时具有客体性和主体性，它不像物理学中的原子一样仅是物质实体的构成成分，"肉身"不是一种物质而是一种元素，犹如古希腊哲学家恩培多克勒哲学思想中水、火、土、气四种"元素"。"肉身"不是一种混沌的、无结构的实在，而是重新回到自身和适应自身的结构[2]。在《知觉现象学》中，梅洛－庞蒂仍然将身体当作一个独立的行动主体，因此很多批评者认为他仍然没有超脱传统的主观与客观以及理性与感性的二分法，但梅洛－庞蒂提出的肉身概念回答了这些质疑。通过"肉身"这个概念，梅洛－庞蒂发现在感知者与被知者之间存在一个相互的依附关系，并通过修辞学中的交织（交错配列）这个概念进行解释[3]。在融合社交和互惠关系的基础上，提出交织是身体、世界和他人

---

[1] Welsh, T., *The Child as Natural Phenomenologist: Primal and Primary Experience in Merleau-Ponty's Psychology*, Evanston, Illinois: Northwestern University press, 2013, p. 50.

[2] ［法］莫里斯·梅洛－庞蒂：《可见的与不可见的》，罗国祥译，商务印书馆2008年版，第181页。

[3] ［法］艾曼努埃尔·埃洛阿：《感性的抵抗：梅洛－庞蒂对透明性的批判》，曲晓蕊译，福建教育出版社2016年版，第125页。

之间若即若离的状态，也就是说，交织是肉身的融合与破裂、隔离与共存的统一。肉身的统一代表了自我与他人的和谐共存，肉身的"裂开"暗示了自我与他人的区分性和可逆性，双手互相触摸的例子就非常好地阐释了交织的内核①。"我看见那边的人在看，就如同我在触摸右手时触摸着左手"②，就像我们不可能将自身感知为另外一个感知者，所以肉身自我不能看它自己在看或触自己在触，肉身自我也不能将他人的肉身当作自己的肉身，见者与被见者是可逆的，触和被触也是可逆的。"通过他的身体和我的身体之间的协调动作，我所看到的东西传给了他，我眼中的个人化的草地之绿就在不离开我的视觉的情况下侵入了他的视觉中，我在我眼里的绿色中认出他眼里的绿色。"③ 但是肉身的统一不可能完全超越肉身的可逆，也就是说不可能完全达到可逆性，互逆总是处于迫近和濒临的状态却永远不可能实现。因此，我们不能将自己完全当作他人来看，也应该看到肉身在原初是开裂的④，自我与他人还是有一定的异质性存在的，而后期的发展以及生活经验会加大这种异质性的存在。交织概念的提出其实是梅洛-庞蒂尝试对异质性的一个本体论上的消除，也是对交互中的他心问题进行消解的一个真正状态。但让我与他人真正消除异质与隔阂的，并不是身体知觉而是一种普遍的可见性，是由于"世界之肉"具有把我的身体与他人的身体、把身体和语言交织在一起的力量⑤。

　　融合社交和肉身交织都有一种模糊性。融合社交表达了人类原初经验的样态，这种原初经验同时融合了身体作为一个整体，各感觉器官、身体与世界、自我与他人之间处于一种不分的胶着状态。交织强调了人们在本质上是与世界和他人处在一个统一体中，身体与世界、自我与他人、语言与思想等都会表现出"肉身"的交织，它们之间的关系会出现

---

① ［法］莫里斯·梅洛-庞蒂：《可见的与不可见的》，罗国祥译，商务印书馆2008年版，第174页。
② 杨大春：《身体的秘密——20世纪法国哲学论丛》，人民出版社2013年版，第69页。
③ ［法］莫里斯·梅洛-庞蒂：《可见的与不可见的》，罗国祥译，商务印书馆2008年版，第175页。
④ Dillon, M. C., *Merleau-Ponty's Ontology*, Bloomington/Indiana: Indiana University Press, 1988, p. 167.
⑤ 杨大春：《杨大春讲梅洛-庞蒂》，北京大学出版社2005年版，第160页。

一种互逆性，从而摆脱了传统经验主义和理智主义对客观世界、客观的他人、纯粹的语言和抽象的思想等的追求。融合社交和肉身交织都有一种持续影响性，融合社交作为一种时间上的存在，会在历时的身体时间之轴上表现出它的持续影响力，成人总是带着儿童的经验观看世界。而肉身的交织则在一种共时的身体时间之轴上表现出多视角、多维度和多模态的影响，我们总是带着情境和他人的视角在看、做和思考等。无论如何，"承认了身体—世界的联系，那就有我的身体的分叉和世界的分叉，世界的内部和我的外部的交感，我的内部和世界的外部的交感"[1]，这与融合社交中的内部与外部的交感有极大的相似性。因此，肉身的交织是融合社交的形而上表达，而融合社交是"肉身"概念的具体显现，正是因为肉身的存在才能够达到交织，交织的实现又需要融合社交作为原初经验的基础。肉身交织和融合社交是相互反映的，发生在这个肉身的厚度和深度的活生生的现在有一个之前容易被忽略的空间维度，这就是在婴儿时期表现出来的融合状态，这种融合状态持续显现。融合社交在互惠关系中是一种主体间存在的背景，而在世界的肉身中是实现交织在时间源发性时期的表现，互逆性是融合社交和互惠关系的终极目的，在现实中真正的互逆只能在融合社交中才能实现。

　　同时也应看到肉身交织和融合社交的不同。虽然融合社交与肉身交织显现出来的效果有一定的相似性而且都能对主体间性给予解释，但是两者还有很大的差异性。融合社交更多地表现为一个关系上的可能性，而交织则是本体论上的可能性。融合社交阶段的儿童原初经验所表现出的"交织"是在一种原初的不可分的基础上实现感官之间、内与外、我与他人完全融合、混沌但又有自身结构的状态。肉身的交织在形而上的情况下排除了时间和空间的约束，而在现实中，我们说完全的交织与可逆是不可能的，身体与世界、自我与他人之间总是有一点隔阂，为了弥补这种隔阂，梅洛-庞蒂认为绘画、诗歌、散文等是非常重要的。正是在这些生活实践中，我们才能逐渐逼近完全交织而达到可逆性。在肉身交织的概念中，自我和他人在时间和空间上是比较接近的，完全肉身的

---

[1] ［法］莫里斯·梅洛-庞蒂：《可见的与不可见的》，罗国祥译，商务印书馆2008年版，第168页。

交织是一种无时间性和无空间性的表达,它能够跨越无限的时空从而表达出两者的无限性,这是肉身存在的差异性和他异性的渗透。而在融合社交中所表现出来的身体、世界和他人之间的互融则显现为时间和空间经验的原初性,这种原始的时间和空间会表现出极大的脆弱性和非连续性,客观时间和空间只不过是原始时间和空间的外壳,原始时间和空间融合于身体本身的存在。

因此,融合社交与早期的互惠关系以及后期的肉身交织有很大关联,一方面,三者作为他心感知的三个维度,互惠关系是当下的他心直接感知过程,但是这个当下的过程受到原初经验的托举以及肉身交织的拖拽,才保证了他心直接感知成为可能;另一方面,融合社交比互惠关系更加原初同时又没有肉身交织更加抽象,儿童时期的融合社交是一种承上启下,同时又有现实的脱离感和抽象的具体感,具有时间的短暂性,同时又有时间的长久性,在现实中隐而不显又时刻表现,但是都会融入他心直接感知过程中。因此,融合社交、互惠关系以及肉身交织三者的关系也是梅洛-庞蒂的辩证法思想的体现。

### 四 融合社交的三重运行机制

不同于胡塞尔对于先验自我的描述,梅洛-庞蒂更强调原初经验的视角融合和未区分,后期的主体间性只有建基于原初的无名的身体实践,才能保证后期他心的直接感知。梅洛-庞蒂认为儿童的描述、会话和解释都是有价值的,因为它们缺少了抽象的、理性的成人模式,因此我们应该采取一个建构的、历史的、文化的视角来看儿童[1]。梅洛-庞蒂通过对儿童心理学的个体发生学解释,认为早期的融合社交有其独特的运作机制,表现在以下三个方面。

第一,身体图式互移。身体图式是一个向世界开放与世界有关联的体系[2],与经典心理学中的一般机体感觉或存在感觉相似,是指对主体表

---

[1] Welsh, T., "Child's Play: Anatomically Correct Dolls and Embodiment", *Human Studies*, Vol. 30, Vol. 3, 2007.

[2] Merleau-Ponty, M., *Child Psychology and Pedagogy: The Sorbonne Lectures* 1949–1952, Evanston: Northwestern University Press, 2010, p. 166.

达的来自不同身体器官和身体功能的大量感觉[1]，身体图式是组织行为对环境线索反应和从事身体意象的能力，大部分的身体图式在日常知觉中是无意识或者无主体的[2]。梅洛-庞蒂赞同弗洛伊德、皮亚杰（J. Piaget）和斯金纳（B. F. Skinner）等关于儿童不能集中或者指挥自身视觉注意力的观点，认为新生儿是弱视觉和弱身体图式，身体的大部分意识呈碎片化，儿童可以通过身体图式的相互转移通达他心，因此儿童与他人处于一种非主体式的主体间性。梅洛-庞蒂的身体图式思想遭到一些人的批评，加拉格尔和克鲁格认为梅洛-庞蒂是错误的，强调人一出生就有身体图式。而韦尔什认为梅洛-庞蒂并没有否定刚出生的婴儿就有身体图式，只是还不完善，需要后天的发展。其实，身体图式转移与胡塞尔的"匹配"这个概念有很大的关系，但是两者在对待身体的态度上又有根本不同，梅洛-庞蒂更强调身体作为主体和客体的同步性[3]，因此身体图式是可以转移的。由于身体图式的转移，儿童会表现出强大的互动能力，例如，当你对婴儿微笑的时候他也会对你有微笑反应，而且新生儿能够迅速地识别父母的声音。这种互动行为不能用类比推理或具身模拟来解释，儿童从外部感知到的表情与他自己的内部运动功能所产生的表情没有相似性。互动行为告诉我们身体图式在本质上是可见的，身体图式的转移是存在的，儿童对自己身体和他人身体的经验是重叠的，他看到别人在做事情就像他自己在做事情，相反也是一样，"哭声感染"是很好的证明。因此，身体图式互移使我们感知他心时会出现一种相互的感知和反应，这也是保证他心给出能够被感知的基础。

第二，感觉经验互通。梅洛-庞蒂认为人类的原初经验是一个全景结构，儿童的身体作为一个整体，并不区分眼睛、耳朵等给予的感觉，不同的感觉之间是互联和互通的[4]。因此，身体作为包括了所有感觉的整

---

[1] Dillon, M. C., *Merleau-Ponty's Ontology*, Bloomington/Indiana: Indiana University Press, 1988, p. 114.

[2] Welsh, T., *The Child as Natural Phenomenologist: Primal and Primary Experience in Merleau-Ponty's Psychology*, Evanston/Illinois: Northwestern University Press, 2013, pp. 75-76.

[3] Carman, T., "The Body in Husserl and Merleau-Ponty", *Philosophical Topics*, Vol. 27, No. 2, 1999.

[4] Merleau-Ponty, M., *Child Psychology and Pedagogy: The Sorbonne Lectures* 1949-1952, Evanston: Northwestern University Press, 2010, p. 145.

体，不是指身体作为触觉或运动觉的集合，而是一个不能还原为感觉的加减法的身体图式。空间感知，如距离、深度、尺寸等都是总体形状的一个部分，由身体的各个部分相互交流而成，每一部分相对于其他部分都有独特的价值，不能将一种感知仅归属于一个身体部位。颜色能力的发展也反映了从整体到细节的分化过程，儿童首先对光有反应，之后会对深色的光有反应，最后是区分性的颜色逐渐发展。儿童的绘画具有高度情感性本质而且会展现多模态性和多视角性。儿童声称看到一个声音暗示着有一个跨感觉的关系存在，而且这种感觉还会继续出现在成人的认知中，如声音会影响颜色的感知；当我们看到一把刀子，尽管没有接触，在我们的皮肤上仍然会有一种轻微的反弹感觉；我们不知道一个简短的刺激是从哪个感官获得的[1]。由于身体的整体性和统一性以及身体器官的互通性而表现出感觉经验的互通现象，儿童通过整个身体的所有器官感知他人。各个器官作为身体图式和知觉统一框架的外在表现方式，通过共通将他人的图式与自身图式连接，两个身体形成一个共享系统，橡胶手幻觉就是对此种连接的最直接证明。因此，身体之间会出现一种感知经验的叠加，在看到他人承受痛苦时，我们也会同样感觉到痛苦，当你给别人刮胡子的时候，自己的嘴也会不自觉地跟着刮胡刀动，医生让儿童张开嘴的时候自己也会张开嘴巴，感觉经验的互逆使自我与他人的互通。儿童对他心的理解不只是视觉的结果，同时也是声音、触觉等的统一把握。人们是用身体思索身体，用感觉联通身体，感觉互通是身体图式转移的基础，一种跨越他心感知的机制。因此，儿童的早期经验是被共有的，而非儿童自己所独有，因为儿童情绪是由看护人和儿童一起引起的，而且父母会经常在儿童面前提起小时候的故事，并成为后来感知世界和他人的原型。

第三，身体、世界与他人的互融。在融合社交阶段，儿童并没有区分身体的外部与内部、身体与世界、自我与他人，因此世界和他人也很容易地与儿童的身体图式融合，身体、世界与他人形成一个完整的系统，内部世界和外部世界无法分离，世界和他人就在我的身体里面，我就在

---

[1] Merleau-Ponty, M., *Phenomenology of Perception*, New York/London: Routledge and Kegan Paul, 1962, p. 242.

我的身体外面。因此，儿童对世界的建构是依赖于逐渐增加的运动机能，将价值放在某种外部物体上以便开始接受某些更复杂结构的能力。身体不仅是一个内部感受器，而且也是作为一个身体图式支撑着儿童的身体和周围环境的关系。"儿童的成熟会逐渐获得对身体更好的感知能力和心智状态，身体感觉的缓慢前进也意味着身体逐渐向我合拢"①，世界的边界也逐渐后退。梅洛-庞蒂还发现，刚出生的婴儿并没有一个独立的自我，儿童很容易将自己的身体运动和意向转换到他人身上，而且会很迅速地接纳别人的意向。在融合社交阶段，儿童不能通过理性组织他的感知经验，没有主观性，因此也就没有主体间性，但这并不意味着儿童与他人没有关联，相反在融合社交阶段有一个特殊的存在，内部和外部的感觉是混合的，包括了他人的意向，构成一个无名的、非主观的社会性生活，在这种生活中它是向外延展的并直达他人。我与他人之间是一种"一起"（with）共在的关联性的暗含关系，他人无声地参与到我的世界中，同时共同参与到世界中的实践和我共享生存经验。文化和人工物的存在向我们展现了他人的存在，因此我们每一个人都是向他人开放和共在的。这就意味着，像海德格尔一样，人不是一生下来就是孤独的存在，我之所以感觉到孤独是因为缺少他人的存在，他人构成了自我的原初属性。

儿童把他人理解为有意向的生命体首次出现在婴儿9个月大的时候②，在9个月之前，儿童虽然有能力去区分自我和他人，但是儿童仍然主要是依赖照看人，也就是说，婴儿在9个月之前并非一个独立个体，能够区分并不代表是独立的，因此9个月大的婴儿仍然是携带融合社交的特点。托马塞洛也认为不能将婴儿刚出生到9个月之前的交互称为主体间性，"他们不可能有主体间性，除非婴幼儿把他人理解为经验的主体，他们在满9个月之前是做不到这一点的"③。对于婴幼儿做出模拟看

---

① Merleau-Ponty, M., *Child Psychology and Pedagogy: The Sorbonne Lectures 1949 – 1952*, Evanston: Northwestern University Press, 2010, p. 248.
② ［美］迈克尔·托马塞洛：《人类认知的文化起源》，张敦敏译，中国社会科学出版社2008年版，第56页。
③ ［美］迈克尔·托马塞洛：《人类认知的文化起源》，张敦敏译，中国社会科学出版社2008年版，第59页。

护人伸舌头的动作，托马塞洛并不认为这是一种初级主体间性或者模拟，还有另外一种解释的可能，"在某种意义上说，他们是在认同自己的同类"①，那么这就与梅洛－庞蒂的融合社交的解释一致。融合社交作为人类感知他人最原初的方式具有其独特性。融合社交在婴儿时期出现，而且在成人时会一直显现，但是不能够将这种机制还原为个人机制，交互使1加1不等于2。"他人的身体和我的身体成为一个单一的全体，是单一现象的反面和正面，而我的身体在每一时刻都是其迹象的无名的存在，从此以后同时栖息于这两个身体中。"② 由于身体图式还没有完全形成而发生身体图式互移，器官还没有完全分化而使感觉间互通，儿童与他人在互动关系中达到一种融合的共享状态。除了儿童模拟母亲的行为之外，母亲也会模拟儿童的行为，双方逐渐达到一种同步状态③。儿童与父母的早期交互状态决定了后期对环境、社会以及他人的认知，儿童不需要使用心智理论推理或模拟就可以直达他心。

**五 融合社交下的他心直接感知**

通过对融合社交的研究，我们认为融合社交是主体间性和自我生成的前期准备，也是他心直接感知的经验基础，因此融合社交将有助于我们解释他心直接感知的可能，同时也会向我们显示在感知他心的过程中身体参与的方式以及影响他心直接感知的因素。融合社交下的他心直接感知表现为三个现象。

第一，他心直接感知是一种生成。梅洛－庞蒂在论述儿童与他人关系的时候，将他心问题从如何理解他心转换为主体性和主体间性是如何从融合社交阶段生成的，这样的转换使我们把他心的经验问题推向生成问题。主体性和主体间性是否是最原初的决定，直接感知是否可能以及是否需要类比推理作为他心感知的补充。

如果将主体性作为人类经验的基础，那么人们的原初经验在最开始就

---

① ［美］迈克尔·托马塞洛：《人类认知的文化起源》，张敦敏译，中国社会科学出版社2008年版，第59页。

② 杨大春：《身体的秘密——20世纪法国哲学论丛》，人民出版社2013年版，第69页。

③ Iacoboni, M., *Mirroring People: The New Science of How We Connect with Others*, New York: Farrar, Straus and Giroux, 2009, p. 126.

具有一种区分性，儿童与他人的关系将会是后天形成的关系，主体间性或者互惠关系将是在主体经验基础上的一种后天加入的外部的关系，自我将可能成为一个能够脱离他人的个体，他人所具有的不能被了解和隐藏的部分将是必然的。我们会将这种原因归咎为没有参与他人的生活世界而没有形成一个亲密的主体间关系。在主体性经验的前提下，个人表现出独立性，我与他人就会有不对称性，因此我们需要依靠心智理论来推测他心。不管是胡塞尔还是舍勒，都将自我作为人类存在的先决条件，而在此基础上延展自我直至他人，就会陷入他心的不可直接感知性，需要用类比的间接方式来理解他心。如果我们将主体间性作为人类经验的基础，那么主体性与主体间性之间的关系会是：两者同时出现，或者主体性出现在主体间性之后。如果主体与主体间性同时出现，那么主体性和主体间性将是同步发展的，但是这种同步发展就会制约或限制主体的创造性；如果认为主体性是在主体间性之后出现，那么主体性就会逐渐出现不受主体间性制约的状态，最后会表现出人与人完全无法沟通的情况。但是在现实生活中，即使文化差异再大都有沟通的可能性，而文化的一致性也不能保证对他人的完全理解，因此似乎我们无法摆脱心智理论的束缚。与此相反，梅洛-庞蒂认为主体和主体间性是同时出现并依赖儿童融合社交阶段的原初经验。主体性和主体间性是不可分的，它们在我的过去经验中展现出现在，他人的经验出现在我的经验中而达到统一[1]。

但是，这个融合社交会随着自我和他人的区分而逐渐开裂，狄龙认为他人（如母亲，或者其他关系比较近的人）在婴儿出生以后就已经给这个融合社交能力带来了裂缝[2]。他心问题是伴随着自我和主体间性的生成而出现的，在融合社交阶段是没有他心问题的，婴儿所拥有的疼痛、其他情绪和意向状态是普遍经验。婴儿三个月之后进入镜像阶段，模拟能力快速提升，婴儿实现自我与他人的区分[3]，婴儿的自我表征也成为可

---

[1] Merleau-Ponty, M., *Phenomenology of Perception*, New York/London: Routledge and Kegan Paul, 1962, p. xx.

[2] Dillon, M.C., *Merleau-Ponty's Ontology*, Bloomington, Indiana: Indiana University Press, 1988, p. 125.

[3] Merleau-Ponty, M., *Child Psychology and Pedagogy: The Sorbonne Lectures* 1949–1952, Evanston: Northwestern University Press, 2010, p. 24.

能。由于融合社交阶段的基础性，主体出现的同时主体间性也会同时出现，他人在婴儿的世界中不只是情境中的部分，还是婴儿关于世界感知构建的基础。他人的身体不仅仅是婴儿获得安全感和食物的媒介，更是婴儿学习与更广范围的社会和世界交流的基础。他人所表现出来的他异性组成我们的主体性，而且这种他异性反映在具身现象中。因为我的身体首先和主要是被他人所看到，他人的身体也主要被我所看到，身体性就是人的他异性的表现，因此自我从一开始就具有主体间性和他异性。母亲对他人的反应将会为儿童与他人的交往提供线索和直接通达社会和语言世界的方式。因此，我们对他人的直接感知来自我们的父母，我们通过父母感知父母，通过父母来感知他人，自我和主体间性也在这种感知中产生。我生活在他人的面部表情中，就像他生活在我的一样①。而且这也得到神经科学研究的确证，镜像神经元被认为是能够进行自我与他人的区分，但是这种区分的前提是抑制机制使自我能够知道他人的行为不是我的行为，而镜像神经元的发展需要一个抑制机制的出现使儿童能将运动感染转换为运动模拟。在儿童刚出生的时候位于前额的抑制机制还没有发展②，也就是说，原初状态是一种未区分的状态，人类最开始处于一种融合的状态。

梅洛-庞蒂通过对主体和主体间性生成的描述，使我们认识到如果不能克服唯我论，那么就不能将自我转移到对他人的感觉和思想中。如果我与他人的关系在最初是一种融合社交，那么我与他人将会处于一种共享的机制中，我们与他人在身体上是耦合的。只有在融合社交能力的基础上，自我和他人才会有一种内部关系，因为自我和他人是生长于同一个原初经验的地面上，因此，二者会有共享的原初经验。我的自我感知，我的个人历史，我对他人的感知都发生在这个原初的存在中，我们的原初存在不是用天、周和月来计算的生活，而是一个无名的、无主体的呈现。我们最初的存在是在我们之前或者之后共享的、无主体的经验，

---

① Merleau-Ponty, M., *The Primacy of Perception and Other Essays*, Evanston: Northwestern University Press, 1964, p. 146.

② Lepage, J., Théoret, H., "The Mirror Neuron System: Grasping Others' Actions from Birth?", *Developmental Science*, Vol. 10, No. 5, 2007.

因此他心感知植根于与他人的融合社交中。梅洛-庞蒂在《知觉现象学》中提到,对他人的知觉只有对成年人来说是有问题的,婴儿就没有意识到自己或者他人是私人的孤立主体。这种儿童的经验会一直伴随儿童成长,在努力认知和理解他人之前有一个共同的基础,因为我们都保留着儿时与他人共存于世的沉淀①。对他人的直接感知并不是来自类比推理或者模拟,而是来自儿童时期的前期经验以及在此基础上生成的共享的文化物,包括共同的习惯、传统、语言和工具等。因此,对自我和主体间性的生成的态度将会决定他心能否被直接感知。只有一个人的社会不能被称为社会,没有主体性就没有主体间性②。而主体性并不是天生就具有的,而是在无名的集体中,从未区分到区分的发展,从融合到客观化的分离,最终进入具有自我意识的主体间性中。肉身的匿名性先于反思性的区分,肉身的匿名性不总是完全匿名的,自我与他人还是有区分性的时刻,这种区分性是肉身的绽裂③。

在融合社交阶段,婴儿与成人之间的交互并不能看作完整的主体间性交互,因此我们将初级主体间性纳入融合社交阶段,而次级主体间性才是真正进入主体间交互中。梅洛-庞蒂认为"他人其实是我的生存处境的一部分。只有回到人的生存处境,只有充分考虑'历史处境的可能性',才能够解决这个问题。主体性与主体间性在历史环境中是不可分割的,这最终意味着我的过去经验与现在经验的统一,他人经验与我的经验的统一"④。从本体论上来讲,就是一与多、普遍与特殊的关系,我们认为主体间性与主体性是对立统一的,主体性与主体间性是相互对立的,即两者有本质上的不同,但两者又是统一和互为前提的,你中有我,我中有你,没有主体间性的主体性会滑向唯我论,没有主体性的主体间性也不存在。

---

① Zahavi, D., *Self and Other: Exploring Subjectivity, Empathy, and Shame*, Oxford: Oxford University Press, 2014, p. 86.
② Overgaard, S. *Wittgenstein and Other Mind: Rethinking Subjectivity and Intersubjectivity within Wittgenstein*, Levinas and Husserl, London/New York: Routledge, 2007, p. 4.
③ Dillon, M. C., *Merleau-Ponty's Ontology*, Bloomington/Indiana: Indiana University Press, 1988, p. 166.
④ 杨大春:《杨大春讲梅洛-庞蒂》,北京大学出版社2005年版,第85页。

第二，他心直接感知是一种通感。虽然具身模拟论和交互理论都强调我们可以直通他心，直接看到他人的情绪和意向，但是并没有指出我们是用什么样的方式来感知的。梅洛-庞蒂的融合社交就告诉我们，人类的感官是一个整体的而非分开的，我们对他人的感知是对整个身体的把握，因此对他人的感知也是整体的，而不是各种感觉的拼凑，即我们通过通感的方式来理解他人。我们在感知他人的时候，并不只是眼睛的视觉结果，也是通过声音、触觉等的统一把握，我们视觉还可以转换为听觉、触觉、嗅觉和运动觉等。我们不能将整体拆分成部分，当然整体也不是部分的综合。尽管我的知觉与他人的知觉并不等同，但它们是相通的，无须借助理想的中介[1]。人们用身体思索身体，用通感联通身体。通感是身体图式转移的基础，一种跨越隔离我们空间的转移，也因此能够达到我的意向在他人的身体中，他人的意向在我的身体中。人类的经验本身就在一个系统中的，不需要依靠同步的经验来指称对他心的理解。对他心的感知是一个整体，而不是只有一种器官来获得，因此我们可以把握他心，"麦格克效应"（McGurk Effect）就是非常典型的感觉互用的结果。对自闭症的研究也发现，自闭症患者的视觉能力比较发达，但是其他的感觉能力就非常的弱[2]，在高功能自闭症患者（阿斯伯格综合征）中具有明显的通感能力而低功能患者和正常人却没有[3]，这说明人类为了理解他心，通过激活通感能力来弥补缺失的感知功能。

为了能够达到对他心的直接感知，感知能力的培养是一个关键条件。我们发现非常小的婴儿由于抑制机制还没有形成而缺少注意的内部控制，外部环境在很大程度上决定他所看和经历的对象，同时婴儿关注的质量是异常丰富的，儿童有很多事情要去学习。这些都表明婴儿有一种比较复杂的注意力和知觉能力。看护人为婴儿提供了成长的支架，同时婴儿

---

[1] 杨大春：《杨大春讲梅洛-庞蒂》，北京大学出版社2005年版，第103页。

[2] Roley, S. S., Mailloux, Z., Parham, L. D., Schaaf, R. C., Lane, C. J., Cermak, S., "Sensory Integration and Praxis Patterns in Children with Autism", *American Journal of Occupational Therapy*, Vol. 69, No. 1, 2015.

[3] Hughes, J., Simner, J., Baron-Cohen, S., Treffert, D. A., Ward, J., "Is Synaesthesia More Prevalent in Autism Spectrum Conditions? Only Where There is Prodigious Talent", *Multisensory Research*, Vol. 30, No. 3-5, 2017.

也在尝试去超越这个架构。因此，他心感知能力的提高并不依赖逻辑推理能力，逻辑推理能力只能是一种对自身经验的假设，而不是对当下情境的理解，我们依靠推理获得的知识总是非情境和充满偏见的。梅洛－庞蒂并没有否定类比推理的意义，只是认为在使用心智理论进行推理或者模拟的时候，人不再是本真的存在，他人只是作为没有他心的客观存在，因此不属于他心直接感知的范畴。真正地理解他心的方法依赖情感的感知和集中精力参与他人的实践，因此我们是可以直接感知对方的。因为我们有双重的存在，他人既不是一个在我的先验的场的行为，我也不是他人的先验的场的行为；我们是一个完美的互惠性的合作者，我们的视角相互浸入，我们通过一个共同的世界而共存①。

第三，他心直接感知是一种经验沉淀。梅洛－庞蒂认为过去的经历会无时无刻地影响现在，成人的经验带着早期生活的痕迹，任何对人类处境的理解都需要有儿童经验的参与，儿童经验是所有生活和所有理论构建的基础。这种经验的沉淀明显受皮亚杰的影响，皮亚杰指出："不论是情感还是认知形式，都不是只依赖于这个当下的'场'，也还依赖于这个当下主体的既往历史。"② 融合社交显示了人类生活的共同基础，所有文化形式都来自这个基础并在这个基础上表现出独有的轮廓③，因此融合社交能力是他心感知的经验基础。柏拉图的《会饮篇》中阿里斯托芬就指出"人类最开始就像双生儿一样连接在一起，后来的分裂使人类天生就需要寻求他人"④，因此一并不是二的单数，二也不是一的复数，人类存在的原初形式不能被看作同一性的，而是关系性的，自我和他人内在的、原初的融合社交关系是一个不能摆脱的本体性关系。身体间经验沉淀是身体间通感的延伸和历时性维度表现。身体间通感的交互历史不断地改变着与他人交互的状态。从幼儿时期开始，相互作用的模式会被沉淀在婴儿暗含的或身体记忆中，导致了所谓的身体间或肉体间的记忆，

---

① Merleau-Ponty, M., *Phenomenology of Perception*, New York/London: Routledge and Kegan Paul, 1962, p. 354.
② [瑞] 让·皮亚杰：《智力心理学》，商务印书馆 2015 年版，第 33 页。
③ Merleau-Ponty, M., *Child Psychology and Pedagogy: The Sorbonne Lectures* 1949 – 1952, Evanston: Northwestern University Press, 2010, p. 156.
④ Plato, *The Symposium*, Cambridge/New York: Cambridge University Press, 2008, p. 23.

这是一种前反思的与他人交互的实践知识,如如何与他人分享快乐、引起注意、避免被拒绝、重新建立联系等①。同时身体间的记忆还需要外部的环境和人工物的介入作为辅助。此阶段是将周围的世界和情景加入主体间的交互中,因为在此阶段,我和他人是一种肉身的开裂。而开裂的过程也是文化、人工物和语言开始介入的阶段。但是仍然会以情感、行为、动作等作为交互的基础和主要方式。身体间的记忆是一种暂时的、有节奏的能力,能够参与他人的互动所表现出来的典型的节奏、动力学和情绪反应,这些都是在婴儿时期开始就具有的能力。② 一旦这种身体间通感的经验形成,就会不断地影响当前的身体间交互,同时当前的交互也会逐渐沉淀到前期的身体经验的记忆中,从而不断塑造早期的交互经验。在身体间通感和在身体经验的合力作用下,形成了后期的二阶和三阶交互。因此,当下交互除了受当前的情景和身体间通感影响之外,一个重要的因素是前期经验对于当前交互的影响。因此,学习的过程是与运动技能的学习相似的,社会主体会从他们早期经验中抽取的模式来塑造和生成他们的关系③。梅洛-庞蒂也提出我们对于他人的理解是建立在我与他人的前反思的混合上。这种身体间的通感也从一个侧面表明融合性的他心直接感知摆脱了具身模拟论的个人主义方法论,从而将对他心的直接感知建立在主体间动态的耦合过程中。例如,给9到10岁的儿童看一些照片,照片中的一些人是他们在幼儿园的同学,一些不是,他们很少会有意识地认出他们上学前班时的同学,但当他们看到老同学的脸时,他们的皮肤电导显示出了非常明显的提升,对其他人的脸却没有反应④。因此,可以说,人们对周围的人与事一直非常敏感,只是我们并没有意识到这一点而已,但是这种无意识的与周围世界以及与他人的互动会在不经意中沉淀到我们的前期经验中,并时刻影响我们当下和将来的

---

① Froese, T., Fuchs, T., "The Extended Body: A Case Study in the Neurophenomenology of Social Interaction", *Phenomenology & the Cognitive Sciences*, Vol. 11, No. 2, 2012.

② Trevarthen, C., "First Things First: Infants Make Good Use of the Sympathetic Rhythm of Imitation, Without Reason or Language", *Journal of Child Psychotherapy*, Vol. 31, No. 1, 2005.

③ Froese, T., Fuchs, T., "The Extended Body: A Case Study in the Neurophenomenology of Social Interaction", *Phenomenology & the Cognitive Sciences*, Vol. 11, No. 2, 2012.

④ Claxton, G., *Intelligence in the Flesh: Why Your Mind Needs Your Body Much More Than It Thinks*, New Haven/London: Yale University Press, 2015, p. 213.

行为。因此,我与他人彼此相连,在无意识地触摸和无声的振动,也会有意无意地去对这种振动做出相应的回应。例如,对儿童时曾受过虐待的人的研究发现,他们会表现出广泛的发育迟缓,包括生理的、认知的、情感的、语言的、运动的和社会技能等,而且这些被试在遇到很小的事情或者压力时几乎都会出现情绪失控等过激反应并在后期的成长过程中表现出来,从而影响对他人情绪和意图上的感知[1]。

第四,融合社交将儿童带到与他人共存和共享的肉身性,在此基础上建立的他心直接感知会融入一个和谐的共存状态,因而冲突的维度会逐渐消失。随着儿童的成长和文化的介入,自我与他人的融合也会被分割,儿童会意识到我与他人的距离,特别是在三岁的时候,儿童对他人的态度会发生变化,儿童更愿意自己做决定,但是融合社交经验并没有被清除[2]。融合社交经验作为后期经验沉淀的基础,在他心直接感知过程中会将儿童拉回来而不是压制,感觉的互联与互通、身体图式的互移,自我和他人之间的互融都会显现出来。我与他人的关联就像在恋爱中一样,去爱就是去接受他人的影响,同时也要影响他人,成年人一旦涉入儿童的生活而形成一种联系时,双方就会生活在共同体中。为了证明融合社交经验的持存性,梅洛-庞蒂将创伤记忆与儿童经验联系起来,并建议性地指出当新的经验威胁到现存秩序的时候,通常会唤起过去的创伤或者回到用儿童的方式解决问题,儿童的知觉可以说是所有知觉的内核。狄龙扩展了梅洛-庞蒂的思想,认为"成年人的情绪,特别是以前交际时期(梅洛-庞蒂所说的互惠关系之前的阶段,也是融合社交阶段)的阶段为背景的"[3],因此融合社交是与后期的交互关联的。虽然,融合社交经验在成年之后会减弱,但是在一些情况下仍然能够显现出来,如在运动会或音乐会等重大的集体活动中,可以明显感觉到现场的气氛,

---

[1] Benoit, D., Coolbear, J., Crawford, A., "Abuse, Neglect, and Maltreatment of Infants", In: Benson, J. B., Haith, M. M. (eds.), *Social and Emotional Development in Infancy and Early Childhood*, Oxford: Academic Press, 2010, pp. 1–11.

[2] Merleau-Ponty, M., *Child Psychology and Pedagogy: The Sorbonne Lectures 1949–1952*, Evanston: Northwestern University Press, 2010, pp. 259–260.

[3] Dillon, M. C., *Merleau-Ponty's Ontology*, Bloomington, Indiana: Indiana University Press, 1988, p. 130.

这就是融合社交的外在表现方式。自我的发展使个性更加突出，那么就需要他人的参与或者参与他人的活动从而维持原初经验，因此在感知他心的过程中，如果我们有相似的生活经历或者能够参与到他人的生活中，就会对他人有强烈的直接感知。融合社交的存在保证了他心直接感知的可能，他心直接感知并不只是后天习得的能力，还需要建立在儿童的原初经验之上并时刻保持的能力。例如，通过对曾遭遇过虐待的儿童研究，发现他们能够准确和迅速地对与自己经历相似的事件进行推理和判断[1]。因此，前期的融合社交经验对当下的他心直接感知来说，具有无可替代的作用。

## 第二节　他心直接感知的感知经验补充——通感感知

我们尝试将通感感知作为他心直接感知的一个功能基础和亚人机制。融合社交的出现其实离不开功能机制的运行，人在还是胎儿的时候，已经有了多个感官同时感知的通感现象。随着婴儿的发展，通感能力会减弱，各个器官以及相对应的神经机制也逐渐完成分化，特别是在互惠性关系形成之后通感似乎没有了，但是通感并没有完全消失。梅洛－庞蒂不愿谈论个别的感觉，认为这会导致原子主义，在他看来，知觉具有整体性结构，诸多感觉是协调一致或者交织交错的[2]。感知经验不是通过心灵的整合而形成的，感知初始就是整体和综合的。活生生的身体在获得知觉经验的过程中，通感是身体知觉的原初样态，以整体性的、融合性的实践方式与世界、他人互联互通，从而达到重返现实。失去一只眼睛，也会失去立体感，只有通过对不同感官信息的适当结合和整合，才能生成有意义的、准确的知觉完形[3]。因此，通感在梅洛－庞蒂的知觉现象学思想中有着举足轻重的地位，这也为我们探讨他心直接感知提供了一个

---

[1] Claxton, G., *Intelligence in the Flesh: Why Your Mind Needs Your Body Much More Than It Thinks*, New Haven/London: Yale University Press, 2015, p. 133.

[2] Claxton, G., *Intelligence in the Flesh: Why Your Mind Needs Your Body Much More Than It Thinks*, New Haven/London: Yale University Press, 2015, p. 279.

[3] Laurienti, P. J., Burdette, J. H., Maldjian, J. A., Wallace, M. T., "Enhanced Multisensory Integration in Older Adults", *Neurobiology of Aging*, Vol. 27, No. 8, 2006.

非常有启示性的功能层面选择。通感也被称为联觉或移觉,《知觉现象学》姜志辉译本将其译为联觉,本书采用 Synaesthesia 这个词的普通译法,通感更能表示感觉的相通性特征。本书所提到的通感是结合了过去对于通感的横向综合的内容,既五种感官是以一个综合体的方式来感知世界,同时结合梅洛-庞蒂的感知思想以及具身认知的最新发展,将运动系统也加入通感感知过程中,即感知和运动系统以及各个感官之间是一个联通的互相僭越的纵向整体。通感不是某种疾病或者新奇创造,而是一种前反思的、与世界和他人相遇的方式,也是人类的基本生存方式,因此通感是一种普遍现象,而不是一种病态。这一思想的提出主要来自梅洛-庞蒂对通感的论述;以及作者在与美国身体现象学研究中心(Study Project in Phenomenology of the Body)的贝克(E. A. Behnke)教授对梅洛-庞蒂通感思想的讨论。法国哲学家艾曼努埃尔·埃洛阿(Emmanuel Alloa)对此有相同的观点,指出:"显然,在对感觉和运动之间的可逆性的坚持这一点上,梅洛-庞蒂继承了瓦莱里的观点。只有具有运动机能的肉体存在才能拥有真正的视觉;只有具备了运动(kinesis)能力才能拥有感觉(aisthesis),有了在世界中移动的有身体的主体,才会有世界中'我'的显现。"[1]

## 一 梅洛-庞蒂通感感知观对传统感知的挑战

感知的中心是人与周遭的感应,而这种感应的基础是身体与世界、与他人的动态交互。在古希腊哲学中恩培多克勒就指出人与周围世界之间是同类感应的关系,在中国古代哲学中也强调天人感应,而这种感应的基础是人类通感作用。通感更早、更普遍地出现在文学作品中,我们知道雪莱、济慈以及中国的散文家朱自清等都大量使用了通感描述。对于通感,亚里士多德在《论灵魂》中有论述,他认为"各个器官通道在感觉经验中结合到一起"[2],而产生结合的原因是"人类的各个器官之间

---

[1] [法]艾曼努埃尔·埃洛阿:《感性的抵抗:梅洛-庞蒂对透明性的批判》,曲晓蕊译,福建教育出版社 2016 年版,第 206—207 页。

[2] Cytowic, R. E., *Synesthesia: A Union of the Senses*, Cambridge, Massachusetts/London: The MIT Press, 2002, p. 75.

都统一于心，连接各个器官的通路是血液之间的流动"①。亚里士多德已经提到了身体的作用，但是对于身体的描述还是客观和机械的，而非现象学中活生生的身体。梅洛-庞蒂作为将身体引入哲学研究的哲学家，确立了通感在联通身体—世界—他人时的地位。联觉（通感）通常发生在婴幼儿时期，但成年后也有可能因某种原因激发，例如，颞叶癫痫或致幻剂都可能出现暂时性的联觉②。通感显示了人类在本质上是开放性的，这与融合社交思想一脉相承，镜像神经元的发现也表明通感的存在以及将通感与我们通常所说的感知与运动联系起来组成一个完整的感知—运动系统的可能性，因此通感可以作为人类感知的基本方式。

在西方哲学传统中，感知的通感性与现象学的研究有极大关联，当然在亚里士多德的哲学中也提出了感知的相通性但并不彻底，其中梅洛-庞蒂在否定了经验主义和理智主义的感知观后，最明确地提出了通感感知思想。梅洛-庞蒂认为知觉应该包括两个特征：（1）不能将知觉分解使之成为各部分或各感觉的拼合，因为整体先于部分；（2）整体不是观念的整体③。具身认知的快速发展，促使人们开始关注感知与身体运动以及感知模态间的关系，具身认知观强调了感知的具身性和心灵的非综合性，也提到了感知—运动的一体性，但是并没有提出通感感知。那么，通感感知是如何产生的？通感感知的身体性以及通感在感知过程中发挥着什么样的作用？将在下面详细讨论。对于感知的形成过程主要有两种观点：一种观点认为，感知模态从一出生就是独立的，因此会在后期的感知经验中形成对各种感觉信息加工的能力；另一种观点认为感知的各模态之间一开始是一个整体，只是后期的经验和身体的发展使各个感知器官逐渐分化。对感知形成的不同看法带来对感知方式的不同意见。

第一种感知形成观是经典认知科学所坚持的。经典认知观认为，各个感知器官的分离需要一个综合各个信息的中枢系统，那么这个综合信息的任务就交给了独立的心灵实体来完成，也就是身心二元论所说的那

---

① Gregoric, P., *Aristotle on The Common Sense*, Oxford: Oxford University Press, 2007, p.43.

② ［英］奥利弗·萨克斯：《脑袋里装了2000出歌剧的人》，廖月娟译，中信出版社2016年版，第171页。

③ ［法］莫里斯·梅洛-庞蒂：《知觉的首要地位及其哲学结论》，王东亮译，生活·读书·新知三联书店2002年版，第10—11页。

个掌舵的心灵。而在这种观点影响下的认知神经科学也将通感的神经基础安放在中枢神经系统中，认为中枢神经系统是能够加工和整合来自不同感知模态信息的神经基础的[1]。在哲学上，这样的感知解释被经验主义和理智主义所共享，它们都强调理性在感知过程中的绝对掌控位置。梅洛－庞蒂曾反对说："经验主义将世界还原为我们自己的状态，理智主义将世界还原为知识的连接。本质还原将世界带到我们发生之前的世界之所是，旨在将反思与非反思的意识生活同等看待。"[2]因此，经典认知科学下感知的心灵综合观是经验主义和理智主义都会接受的，这种感知方式在梅洛－庞蒂看来并没有正确解释感知的本质样态。病理学研究发现，不管损伤的位置是中枢神经系统还是传导神经都不表现为某种知觉性质或者某种感觉数据的损失，而是表现为功能分化的损失[3]。例如，颜色感知在中枢神经损害之后并不是完全损伤，而是颜色区分能力逐渐衰退，最后只能区分黑白直至完全失明，因此中枢神经系统所负责的心智功能并不对感觉经验起到完全控制和综合作用。梅洛－庞蒂还分析了运动机能障碍患者不能立刻呈现一个完整感知物轮廓的现象，只能靠心灵将这些感知碎片转换成图像后再进行综合，这就是典型的经验主义感知观。可以看出，梅洛－庞蒂将经验主义和理智主义对感知模态进行隔离的观点看成是病态的，犹如施耐德一样。

第二种感知形成观一般会被具身认知的支持者所持有。认为各个器官在功能上是一体的，只是由于后天的身体发展以及后天经验的习得才导致分离。虽然，各个感知器官的感知功能是有明显界限的，但是由于身体图式的整体性，各个感知器官对感知信息获得的本身还是同时在发挥作用的，因此感知是通感的。第二种观点也是梅洛－庞蒂所持有的，在他的哲学思想中可以找到很多论述，例如，"感知事件的联合并非通过联想达到而是联想的前提"[4]。因此，在感知过程中，身体是作为一个整体对事物全面把握的，心灵对于感官的综合只是在身体综合之后上升到

---

[1] Meredith, M. A., Nemitz, J. W., Stein, B. E., "Determinants of Multisensory Integration in Superior Colliculus Neurons. I. Temporal factors", *Journal of Neuroscience*, Vol. 7, No. 10, 1987.

[2] Merleau-Ponty, M., *Phenomenology of Perception*, London: Routledge, 2002, p. xvii.

[3] Merleau-Ponty, M., *Phenomenology of Perception*, London: Routledge, 2002, p. 85.

[4] Merleau-Ponty, M., *Phenomenology of Perception*, London: Routledge, 2002, p. 19.

意识层面的一个结果,对感知模态综合的真正基础是活生生的身体。按照梅洛-庞蒂的感知观,笛卡尔式的感知心灵主义只是一种幻觉,心灵不可能把握纯粹的触觉,也没有纯粹的触觉表征独立于感知实践。"身体各个部分的连接、触觉和视觉的连接并不是通过经验的逐渐积累而获得。我不是将触觉数据翻译成视觉语言或者相反——我也不是逐个地将我的身体的各个部位连接在一起的;这种用视觉语言来表达触觉材料和身体的各个部分的连接是一下展现的,它们就是身体本身。"① 因此,梅洛-庞蒂将感知的本质放置在通感中,而保证通感能够正常表达的基础是身体图式,"身体图式不能被还原为感觉的加法,因为身体同时包括了身体的空间知觉和所有感觉的整体"②,身体图式的整体性确保了感知—运动一体以及感知器官的联通。

通感并不是一种疾病或者认知和感知的失调,梅洛-庞蒂认为通感是我们日常感知的普遍形式,而且是无意识的。梅洛-庞蒂使用格式塔来解释日常的感知方式,触觉、视觉、嗅觉等感知方式会在感知过程中明显地表现出来因为在活生生的身体在感知场域中对这一感知状态的集中关注,但是与此同时其他的感知状态会以一个背景(或氛围)的方式隐现于这个凸显的感知过程中。通感是感知和认知的表现方式,因此这个通感感知在每一个人身上都会表现出来。通感患者和非通感者表现出的通感感知只是程度上的差异,并没有本质区别。我们很少有人是非常有意识地通感,也不能在声音中看到颜色,但是很多人会发现我们能够感知到不同感官模态的感知经验之间有某种相似性,当我们问打喷嚏和咳嗽哪个更明亮,几乎大部分人都会认为是打喷嚏,因为打喷嚏的时候可能更有冲击力③。镜像神经元的研究也表明大脑是一个功能整体而非独立的分区状态,因此负责各个感知通道的大脑区域是连接在一起的整

---

① Merleau-Ponty, M., *Phenomenology of Perception*, London: Routledge, 2002, p. 173.
② Merleau-Ponty, M., *Child Psychology and Pedagogy: The Sorbonne Lectures 1949 – 1952*, Evanston: Northwestern University Press, 2010, p. 145.
③ Marks, L. E., "Synesthesia, then and now", In: Deroy, O. (ed.), *Sensory Blending: On Synaesthesia and Related Phenomena*, Oxford: Oxford University Press, 2017, pp. 13 – 44.

体，例如，视觉感受区和触觉感受区就关联在 F4 区[1]。西托威克（R. E. Cytowic）认为我们都是通感的，是正常认知过程的前奏，这就是说，我们都具有通感能力，只有小部分人明确地表现出来且意识到自己具有通感能力，但是通感确实是时刻都具有的。

通感感知也被儿童发展心理学以及神经科学的研究所证实。在婴儿出生前和出生后早期都存在着感官间的相互作用[2]，刚出生的婴儿的大脑神经突触有一个迅速增加的过程，到了一定阶段之后，大脑神经突触又会逐渐消减。突触的增加意味着传递信息的数量丰富，表明婴儿开始接触大量的外部信息。但是随着儿童的成长，某些突触会自动修剪，这也表明儿童早期的可塑性非常强，随着年龄的增长逐渐变弱。因此，感知在婴儿期就是通感的，只是后期的发展使感官逐渐分化，感官任务逐渐明确，但是感官的分化并不能否定早期的普遍通感现象，而且在成人中通感还是会显现出来，只是不那么明显。灵长类及其他哺乳类动物在胚胎期和幼儿期，大脑确实会出现过度连接的情况，但是出生几个星期或几个月后，这种现象就会逐渐消失[3]。由此，我们推断婴儿早期的各个器官及其所对应的神经机制并没有完全分化，而是连接在一起的，只是后来的发展才使这种连接逐渐断开。但是可以肯定的是，人类早期是有这种通感的原初经验的，而且会在后期的生活中保留这种原初经验，因此通感感知是我们对于世界和他人的感知原初样态。

具身模拟论和交互理论都强调自我显现的优先性。具身模拟论认为婴儿的自我是先于主体间性的，镜像神经元在儿童刚出生，甚至没出生的时候已经具有。而交互理论认为人类的身体图式是先天的，因此人一出生就有一个自我和他人的区分。但是他心直接感知的功能层面还需要以主体间性为基础，主体间性能使我直接理解他人的情绪和意图，因此

---

[1] Iacoboni, M., *Mirroring People: The New Science of How We Connect with Others*, New York: Farrar, Straus and Giroux, 2009, p. 15.

[2] Lickliter, R., Bahrick, L. E., "Perceptual Development and the Origins of Multisensory Responsiveness", In: Calvert, G. A., Spence, C., Stein, B. E. (eds.), *The Handbook of Multisensory Processes*, Cambridge, Massachusetts/London, England: The MIT Press, 2004, p. 69.

[3] [英]奥利弗·萨克斯:《脑袋里装了2000出歌剧的人》，廖月娟译，中信出版社2016年版，第71页。

他心直接感知的"难题"是在理解自我意识形成之前，主体间性已经出现。梅尔佐夫（A. N. Meltzoff）等人通过实验证明儿童在刚出生24个小时就能够模拟吐舌现象。而且具身模拟论也认识到了早期交互经验中的"我们中心"的共享，这也是后期他心直接感知的基础。梅洛－庞蒂对于感知的重视其实是有胡塞尔的影子，胡塞尔曾经把身体称作"各种感觉的承载者"或者是"意志的器官"①。在他的以身体问题为核心的思考中，知觉所包含的诸感官的协调统一克服了个别感觉的孤立状态，并因此导致了身体的全面意向性指向；进而他把这种身体内协调关系推广到身体间去，这就确立了他人问题的身体之维②。在梅洛－庞蒂看来他人问题不是意识问题，而是身体问题。于是，他人问题只有借助身体器官间的可逆性，身体间的可逆性以及人与世界的可逆性才能获得解决③。那么如何实现这种可逆性呢？通感感知作为梅洛－庞蒂对于他心问题的延伸，可以解决我们是如何直接感知他心的，即是如何能够达到融合、互惠和最终的交织，因此可以将通感感知作为他心直接感知的功能层，这也符合梅洛－庞蒂的论证设想。下面我们将论证通感感知为什么能够作为他心直接感知的功能层以及这一功能层的特征和运行机制。

### 二 通感感知作为身体图式的表达

梅洛－庞蒂认为"人类的知觉表现为一种整体性和原初性，需要自身去发现现象学的统一和现象学的真正意义"④。"现代心理学在歌德的引导下，人们已经发现，人的各个器官不是完全分离的"⑤，器官统一于身体，各个器官之间是通过暗含和唤起的方式来达到通感，因此各个器官之间相互重叠、相互僭越，看不同颜色的物体会产生不同的情绪，颜色

---

① Jensen, R. T., Moran, D., "Introduction: Some Themes in the Phenomenology of Embodiment", In: Jensen, R. T., Moran, D. (eds.), *The Phenomenology of Embodied Subjectivity*, New York/London: Springer, 2014, pp. vii – xxxiii.

② 杨大春：《语言·身体·他者——当代法国哲学的三大主题》，生活·读书·新知三联书店2007年版，第264页。

③ 杨大春：《身体的秘密——20世纪法国哲学论丛》，人民出版社2013年版，第74页。

④ Merleau-Ponty, M., *Phenomenology of Perception*, New York/London: Routledge and Kegan Paul, 1962, p. viii.

⑤ Merleau-Ponty, M., *The World of Perception*, London/New York: Routledge, 2002, p. 60.

会有温度。通感不是某种人类的疾病或者人类新奇的创造,而是一种现象学的实在,通感是一种前反思的与世界和他人相遇的方式,构成了人类的基本感知方式。人类知觉之所以以通感的形式表现,是因为人类的身体是一个统一体。不像经验主义那样将各个器官看作孤立的单元,梅洛-庞蒂认为感知不是将触觉的数据翻译成听觉或者视觉的言语,各种感觉不需要所谓的翻译就可以相互转换角色和交换感觉信息。犹如赫尔德的一句话,"人是一个永远的共通的感觉体,有时从一边接受刺激,有时从另一边接受刺激"[1]。但是,身体之所以具有共通性并表现出通感作用,正是因为身体图式使感官互通,身体图式是人类知觉的基座,通感是身体图式感知世界的表现方式和样态,更确切地说通感是身体图式外部表达现象的现实性本身。例如,视觉经验和听觉经验是相互蕴含的,它们的表达价值是感知世界的、前断言的、统一性的基础,而且也是话语表达和理智意义的基础。身体图式的整体性还表现为身体不同部位的感知是以一种非线性的方式和去模化的姿态叠加在一起的,如眼部肌肉的本体感受对于整个身体都是有作用的,颈部和脚踝肌肉的本体感受肌肉都对整体的身体姿态有影响[2]。如果身体图式是所有知觉编织在一起的纤维,那么通感就是编织之后的整体风格。我们不仅仅是一个纯粹和形式的经验主体,还是一个带有能力、性情、习惯、兴趣表有特点和信仰的人,如果只关注前者,就会使我们进入抽象状态[3]。

为了证明通感在身体中的作用,梅洛-庞蒂借用了格式塔心理学、病理学和儿童心理学的一些理论和实验来做其理论支撑。首先,他认为整个身体及各个器官构成一种基本结构,每一个器官作为结构的组成部分而凸显出来,但是如果只考虑某一个器官的感知材料和在认知中的作用,那么这种感知获得的材料将是没有意义和扭曲的,不能反映人类真正的感知方式,因此我们在探讨经验的时候不能脱离身体整体而谈论部分。"视觉材料只有通过触觉意义才能显现,触觉材料只能通过其视觉意

---

[1] Merleau-Ponty, M., *Phenomenology of Perception*, New York/London: Routledge and Kegan Paul, 1962, p. 273.

[2] Gallagher, S., *How the Body Shapes the Mind*, Oxford: Oxford University Press, 2005, p. 36.

[3] Zahavi, D., *Self and Other: Exploring Subjectivity, Empathy, and Shame*, Oxford: Oxford University Press, 2014, p. 83.

义才能显现,每一个局部运动只有在整体的背景中才能显现"①,否则会陷入经验主义的旋涡。因此,由于身体图式的存在,身体在通感的外部表达中体现为一种统一性,身体是活生生的意义得以产生和显现的纽带,而不是作为一种引起某一具体感知的原因。其次,梅洛-庞蒂通过病理学证据证明各个感官由于通感的作用而相通,例如"在对侧感觉疾病中(Allocheiria)当刺激右手时会在左手上有感觉"②,对于这种情况,梅洛-庞蒂反对将身体看作客观的占有空间的一个解剖学上的拼接物,身体本身就是空间,在身体图式的结构中,通过通感的方式可以"知道"身体的各个部位。此处的"知道"不是经验主义和理智主义传统中所说的有意识的理性理解,而是一种无意识的身体感知。梅洛-庞蒂所举的施耐德的例子就指出,施耐德之所以不能闭上眼睛做抽象运动,不是因为他是精神性盲(闭上眼睛之后其他的感觉器官就不能提供空间的体验),而是他的正常的身体图式的缺失导致其自身的空间被客体化,但盲人就可以快速地确定身体被刺激的部位而且能做抽象运动,但这并不需要视觉的空间创建③。因此,只有病人才有纯粹的触觉,正常人的触觉和视觉是混合在一起的,视觉表象和触觉表象只是在行为的统一性中被分割的两种现象④。梅洛-庞蒂在论述儿童心理学的时候提到"由于婴儿的各个器官还没有完全分化,在3—6个月的时候会出现一种融合社交能力,不同的感觉之间有共同的连接和相互联系的关系"⑤,儿童只能感知一个全景结构,之后会逐渐发展和分化。相反,如果我们认为儿童的各种感觉经验需要主体作为一个中介将它们进行综合,就会显得有问题,就会陷入笛卡尔主义的孤立心灵观,但此时儿童还没有表现出一

---

① Merleau-Ponty, M., *Phenomenology of Perception*, New York/London: Routledge and Kegan Paul, 1962, p. 174.

② Merleau-Ponty, M., *Phenomenology of Perception*, New York/London: Routledge and Kegan Paul, 1962, p. 112.

③ Merleau-Ponty, M., *Phenomenology of Perception*, New York/London: Routledge and Kegan Paul, 1962, p. 133.

④ Merleau-Ponty, M., *Phenomenology of Perception*, New York/London: Routledge and Kegan Paul, 1962, p. 137.

⑤ Merleau-Ponty, M., *Child Psychology and Pedagogy: The Sorbonne Lectures 1949 - 1952*, Evanston: Northwestern University Press, 2010, p. 145.

种独立的心灵观，因此梅洛-庞蒂认为儿童使用他们的身体是将身体作为一个整体，并不区分眼睛、耳朵等给予的感觉，儿童并没有多样的感觉，"儿童声称他看到一个声音，这暗示着有一个跨感觉的关系存在"①，也就是一种通感表达，这种经历也为成人感知的统一性奠定了基础。

### 三 通感感知作为身体知觉的样态

通过对知觉的描述，梅洛-庞蒂强调人类的知觉不同于经验主义和理智主义对知觉的描述，人类的知觉既不是被动刺激的结果，也不是来自先验自我对事物的判断，而是身体与世界、他人交互的原初世界。梅洛-庞蒂认为，知觉经验经常被忽视或者被错误地描述，经验主义认为人们的知觉经验是通过联想和回忆投射的方式将基本的感知单元综合为一个整体，而这些基本的感知经验就是我们通过各个独立的器官获得的"真实"的关于事物的知觉。而理智主义将知觉经验归入先验主体的注意和判断，感知事物就是对该事物的判断。理智主义认为当我的感觉和我的知觉是关于某物的感觉或知觉的时候，我的感觉和知觉才是确定的，"理智主义还将身体本身看作处于存在之外的某个人，灵魂成了知觉的主体，意义变得不可想象"②，亲眼看到或者亲耳听到反而是荒谬的，身体成为一种摆设。理智主义是对经验主义的一个纠正，但是它又与经验主义共享了很多东西，经验主义和理智主义都没有认识到真正的知觉，只是站在知觉的外部与知觉有一段距离。都没有把握身体的本质，在经验主义中身体被看作是机械的，理智主义却将知觉看作是与判断相关的心智活动，仅将知觉的主体看作偶尔具身的，而知觉的综合是通过主观主体达到的，对物体的感知是一种意象性的。因此，我们说现代哲学对于感知的解释都是人们进行有意识地感知物体，物体是被表征之后才能够被感知的，物体需要被持续感知才可以，传统的观点有点太被动

---

① Merleau-Ponty, M., *Child Psychology and Pedagogy: The Sorbonne Lectures* 1949–1952, Evanston: Northwestern University Press, 2010, p. 145.

② Merleau-Ponty, M., *Phenomenology of Perception*, New York/London: Routledge and Kegan Paul, 1962, p. 246.

和消极①。梅洛-庞蒂认为经验主义和理智主义仅仅将眼睛和耳朵等器官看作工具，它们并不具有知觉的功能，但实际上我们的各个器官本身就能感知。

为了反对经验主义和理智主义的知觉观，梅洛-庞蒂强调要回到知觉本身。为了达到真正的知觉，梅洛-庞蒂强调应该对知觉本身进行描述，一方面将活生生的身体提升到现象学研究的中心，删除独立心灵的位置，正如康德所说：不是意识在触摸而是通过手在触摸和探索，手是人的外部大脑②；另一方面以通感作为身体与世界及他人的作用方式，达到原初的、整体的、前反思的知觉。其实整个的身体现象学研究都是强调一种原初经验，梅洛-庞蒂的《知觉现象学》的第一句话就指出"所有的努力都在于重新找回达到与世界直接原初的接触，同时赋予这种接触以哲学地位"③，而这种原初经验反映在身体行为中就表现为一种通感现象。通感在梅洛-庞蒂看来是人类感知世界的最原初和首要方式，它不是知觉的穿插表演，而是知觉的主要牵引力，是日常生活中参与世界的最基本事实。梅洛-庞蒂认为"通感是一个通则，我们之所以没有意识到通感（联觉），是因为科学知识转移了体验的重心，以至于我们不会看、不会听，总之不会感觉"④。正是因为通感的作用，我们可以通过金子的光泽知道它的质地，通过目光可以感知玻璃的硬度，从物体的外部感知它的内部。梅洛-庞蒂认为各种感觉具有统一性，在感觉分化之前有一个感觉的初始层。通感作为知觉的样态，在儿童时期表现为感觉之间的融合。而对于通感，经验主义和理智主义都是无法解释的，因此通感是人类感知世界的方式，同时也是作为人类的存在方式而得以继续生存于世界和社会中。

梅洛-庞蒂还将通感比作人类的双眼视觉，每只眼睛只是作为一种

---

① O'Callaghan, C., "Objects for Multisensory Perception", *Philosophical Studies*, Vol. 173, No. 5, 2016.

② Merleau-Ponty, M., *Phenomenology of Perception*, New York/London: Routledge and Kegan Paul, 1962, p. 369.

③ Merleau-Ponty, M., *Phenomenology of Perception*, New York/London: Routledge and Kegan Paul, 1962, p. vii.

④ Merleau-Ponty, M., *Phenomenology of Perception*, New York/London: Routledge and Kegan Paul, 1962, p. 266.

感知的视角，那么通感就是联通两只眼睛的综合。如果将人类的每个感官看作孤立的单位，将经验看作各个器官的感觉内容的叠加，那么这种观点只是将人类的身体器官看作客观的解剖结构，而非现象学中活生生的身体。因此，通感作为身体知觉的表现形式，是连接各个器官的基本通道，正是因为通感，身体的各个器官才是统一的，知觉经验通过通感的作用表现为一种整体性和统一性，这种经验是一种化学式的融合，而非物理式的添加或去除。梅洛-庞蒂还指出知觉的综合不是知识主体进行综合，而是身体进行综合，这个身体不是客观的身体，而是现象的身体，它会在其周围投射某种环境，现象的各个"部分"会动态地相互熟悉，因为身体的感受器随时准备通过协同作用使关于物体的知觉成为可能。知觉综合依靠通感的前逻辑统一性作为支撑，是"对主体表达的来自不同身体器官和不同身体功能的大量的感觉"[①]。因此，通感作为身体感知的样态祛除了身体的秘密，不再拥有物体的秘密，这就是为什么在理智综合的感知观中，被感知的物体始终会表现为先验的[②]。

## 四 通感感知作为身体与世界的互动方式

由于身体器官之间表现出通感的统一性，因此身体作为一个整体系统也会以通感的方式去把握世界，我们与世界的关系是一种"感性"关系而不是"知性"关系，是身体与世界交互的通感式表达。梅洛-庞蒂不仅反对经验主义和理智主义的感知观，而且也反对将器官与身体看作图形与背景这样的格式塔感知观。"每一个物体在进入我的世界的时候首先是一种自然物，由颜色、触觉和听觉性质组成"[③]，因此我们对世界的把握是身体的各个器官以通感的方式整体地感知物体，这种整体把握包括了身体各个器官的多维抓取，这也就是我们把握世界的根本方式。梅洛-庞蒂认为"通过感知经验去辨认物体仅仅是通过探索运动辨认自己

---

① Merleau-Ponty, M., *The Child's Relations With Others*, *The Primacy of Perception*. Evanston: Northwestern University Press, 1964, p. 114.

② Merleau-Ponty, M., *Phenomenology of Perception*, New York/London: Routledge and Kegan Paul, 1962, p. 270.

③ Merleau-Ponty, M., *Phenomenology of Perception*, New York/London: Routledge and Kegan Paul, 1962, p. 405.

身体的一个方面，因此它们是相同的"①，也即身体的各种感觉的互动使身体与周围世界以及存在物互动和相通。"在原始人对物体的感知中，身体紧紧地粘贴在物体上，因此从本体论上讲物体是一个跨感觉的实在，自然世界是跨感觉关系的图式……世界有其统一性，不需要灵魂把它的各个面相归入一个几何概念。"② 通感因此成为连接身体与世界的桥梁，也是人类作用于世界的基本方式。身体作为朝向世界的"原点"，是通过通感给予世界以意义，如当说热的时候，身体也会有相应的感觉，当看到刀子的时候，会感到它的锋利和材质以及用途，身体同时也会有刺痛的感觉，正是在身体的通感中，体验到了世界与身体的相通性。对于常人来说，物体的性质似乎没有对身体产生大的影响，只是体验物体的某种性质，但是在病人中通感是有一种存在意义的，如梅洛-庞蒂引用病理学中的实验结果，"对于小脑或额叶皮层病变的患者来说，红色和绿色视角场有助于平移运动，而蓝色和绿色视觉场有助于急剧而不连贯的运动"③，这里证明了视觉能够转换为身体的运动方式，因此确切地说，感觉是一种共享，是向事物的结构开放的，即通感。

同时，人类的身体和世界在不断地交互中，通过通感感知的作用会出现彼此之间的僭越和交织，最后达到一种互逆性的状态。在《眼与心》中，他引用安德烈·马尔尚（A. Marchand）的话道出世界与身体的交互，"在一片森林里，有好几次我觉得不是我在注视森林。有那么几天，我觉得是那些树木在看着我，在对我说话"④，画家和他所画的风景之间的对话是使用通感的方式将身体图式应用于世界的秩序中，将世界看作能够与身体进行对话的主体，使世界具有一种人的身体图式，从而达到人与世界的互动和融合。梅洛-庞蒂还指出人类在婴儿阶段，身体图式呈现液态性，以一种完全通感的方式将世界包裹在自身的图式中，从而达

---

① Merleau-Ponty, M., *Phenomenology of Perception*, New York/London: Routledge and Kegan Paul, 1962, p. 215.
② Merleau-Ponty, M., *Phenomenology of Perception*, New York/London: Routledge and Kegan Paul, 1962, p. 381.
③ Merleau-Ponty, M., *Phenomenology of Perception*, New York/London: Routledge and Kegan Paul, 1962, p. 242.
④ ［法］莫里斯·梅洛-庞蒂：《眼与心——梅洛-庞蒂现象学美学文集》，刘韵涵译，中国社会科学出版社1992年版，第136页。

到身体与世界的未区分性。他指出"当我们说一个物体在桌子上的时候,我总是在思想上将我自己放入桌子或者物体里面,我把那些应用于我与外部物体的关系的一种范畴应用于这张桌子或者物体上,如果缺少人类学的这种关系分类,就不会有物体的上下左右关系"①。可以看出,梅洛-庞蒂此处是指人们将身体与世界的交互方式应用于物体之间的关系,将自身经验应用于对客观世界的描述。除了世界与身体的对话之外,世界中的物体还会通过通感的方式将其作用于身体,作为身体的一部分而改变身体图式。盲人中的手杖不再是一个物件,手杖本身不再被感知,而是变成了有感觉能力的区域,手杖增加了触觉的活动范围,变成了与视觉具有同样功能的"肉身"器官。"在盲人使用手杖过程中,手杖已经不具有长度"②,因此手杖不再作为一个孤立的客体,而是作为与身体直接连接的身体部分,这样的转换伴随着通感,盲人将手杖作为触觉的器官,同时也代替了眼睛对周围世界的"观察"和探索,这也说明器官之间以及器官与物体之间是可以互逆和替代的。感觉的各个器官与身体是一个整体,同时作为一个整体的身体与世界处于一种交互状态中,正是这种交流,使事物被感知,这种交流不能分出谁是主要作用,谁是次要作用,而是共同发生作用才可能表现出各种感觉。这也为后期的身体—他人—世界之间的肉身关系埋下了伏笔,可以说此处是梅洛-庞蒂连接中期的儿童心理学与后期的身体形而上学之间的桥梁。身体通过它的整体结构和全部器官迎向世界,随之得到某种"触觉"经验的世界。因此,一个物体或者一个现象仅仅呈现为某一种感觉时,那它就是幻觉,只有同时向各个感觉一起展现的时候才接近本真存在,犹如唐代诗人陆龟蒙在《江南曲五首》中"澄阳动微涟"的绝佳感知描述。塞尚(P. Cezanne)说"一幅画甚至包含了景象的气味"③。"在我们的世界中,物体不能理解为完全自明的,一个物体是形式与内容相混合的,物体的

---

① Merleau-Ponty, M., *Phenomenology of Perception*, New York/London: Routledge and Kegan Paul, 1962, p. 116.

② Merleau-Ponty, M., *Phenomenology of Perception*, New York/London: Routledge and Kegan Paul, 1962, p. 165.

③ Merleau-Ponty, M., *Phenomenology of Perception*, New York/London: Routledge and Kegan Paul, 1962, p. 371.

界限是模糊的。"①

## 五 通感感知作为身体间互通的基础

由于胡塞尔继承了笛卡尔的思想,将先验自我作为其哲学的起点,因此也陷入了唯我论。为了摆脱这种唯我论,他提出了他人问题,认识到了活生生的身体的重要性,同时提出了主体间性的"结对"概念,"自我与另一个自我总是必然地在本源的结对中被给予出来"②。但是,由于胡塞尔在陈述主体间性的同时预设了先验自我,他人就是建立在这个先验自我基础上给出的,主体间性依赖联想作为其原始形式,因此"结对"现象并不能摆脱唯我论思想。梅洛-庞蒂认为胡塞尔所强调的先验主体应该是主体间的,因为自我意识会被他人对我的意识所调节,因此任何的先验主体都预设了另外一个主体的相伴。身体间性是梅洛-庞蒂处理他心问题的解决方案,是对胡塞尔主体间性思想的延伸和身体化。胡塞尔在解释配对的时候是将其放入一个孤独的内在的语境中来理解的,个人状态被认为是原初的,而梅洛-庞蒂却认为身体图式转移是在一个融合的社会交际的语境中,这种语境先于任何的视角区别或者我与他人视角的差异③。梅洛-庞蒂对融合社交能力的描述集中体现在"对三四个月婴儿的哭声感染"的陈述④。当一个婴儿哭的时候,其他的婴儿也会跟着哭,婴儿此时还没有学会区分自己的躯体状态和他人的躯体状态。哭声感染表明在人类生活的第一阶段是一种前交际的、没有区别的无名集体。而融合社交能力的基础是感觉互易(transitivism)⑤,也就是通感,是指能够迅速地吸收他人经验和自身经验的能力。通感本来是用在人对事物的感知,但是梅洛-庞蒂将这种感知方式应用于主体间的感知。梅洛-庞

---

① Merleau-Ponty, M., *The World of Perception*, London/New York: Routledge, 2002, p. 51.

② [德] 艾德蒙德·胡塞尔:《生活世界现象学》,倪梁康、张廷国译,上海译文出版社2016年版,第179页。

③ Dillon, M. C., *Merleau-Ponty's Ontology*, Bloomington, Indiana: Indiana University Press, 1988, p. 119.

④ Merleau-Ponty, M., *Child Psychology and Pedagogy: The Sorbonne Lectures 1949 – 1952*, Evanston: Northwestern University Press, 2010, p. 124.

⑤ Merleau-Ponty, M., *Child Psychology and Pedagogy: The Sorbonne Lectures 1949 – 1952*, Evanston: Northwestern University Press, 2010, p. 135.

蒂认为在生命伊始，儿童没有区分自己和母亲的身体，没有一个独立的自我，但此时的儿童与他人的交流是一种身体间性的，如当我假装咬婴儿的手时，婴儿也会张开嘴去回应我的姿势。这种身体间性在成人中仍然会表现出来，例如：当我们握手的时候，会同时感觉自己触摸和被触摸，人们在交际中可以远距离的共享，梅洛-庞蒂将这种情况看作互惠关系或者互逆性。梅洛-庞蒂早期时将自我与他人的关系看作一种互惠关系，后期由于强调肉身的本体论，梅洛-庞蒂会将与他人的关系看作一种互逆性。两个名称有差异，但也有相同，具体的差异我们不再论述，此处我们只采用它们的相同之处形容人与人的关系。梅洛-庞蒂将具身主体间性中的互逆性，用身体图式转移做解释（transfer of corporeal schema）。身体图式的转移，即立即的（自动但非反射的）知觉联系，通过它可以将其他存在当作我们自己的，是一种情感上的交流，自我意识也是在这个原初的身体间性基础上形成。因此，身体图式之所以能够出现转移，一个最重要的条件是以融合社交能力为基础，而融合社交能力的出现又是以身体的通感为前提。身体之间的通感感知是一种将他人的身体转移为我的感知，这种感知是一种身体图式的感知，是对自身器官互联和与世界互通的通感式表现的扩展，是一种感知的互换。如"性欲从它所专门占有的身体的部位向外发出气味或者声音，在此，我们遇到了我们在研究身体图式中所发现的身体内部的无声的转换功能"[1]。

人类的交际是一种肉身的交际而不是两个孤立主体的联系，因此对他人的感知首先是身体上的，我们通过自己的身体感知他人的身体。由于身体的整体性和统一性，以及身体器官的互通性而表现出通感现象，因此在与他人相遇的时候，就能通过不同的器官感知他人，同时各个器官作为身体图式和知觉统一框架的外在表现方式，通过共同通感将他人的图式与自身图式连接，从而形成一个图式转换的现象，而在图式连接之后，两个身体就形成一个系统，但是仍需通感作为相互传递的介质和方式。因此，身体之间会出现一种经验的叠加，在看到他人承受痛苦时，我也会同样感觉到这种痛苦；当你给别人刮胡子的时候，自己的嘴也会

---

[1] Merleau-Ponty, M., *Phenomenology of Perception*, New York/London: Routledge and Kegan Paul, 1962, p. 195.

不自觉地跟着刮胡刀动,这正说明自我与他人的互通,而这种互通的基础是通感。我观看他人,并不只是眼睛视觉的结果,同时也是听觉、触觉等的统一把握,又由于身体的整体性和统一性,视觉还可以转换为运动觉等。"一个路过的女人,对于我来说,首先不是处于特定的空间地域中的一个身体轮廓、一个着色的自动木偶、一个场景,相反,这是某种个体的、情感的、性的表达,这是一个肉体,她以其活力或其柔弱整个地呈现在她的步履中、甚至呈现在脚后跟对大地的撞击中。"①人们是用身体思索身体,用通感联通身体,通感是身体图式转移的基础,一种跨越空间和时间的转移。但是,也应该认识到,由于他人与我的距离性,他人的经历与我的经历并不同,因此通感在身体图式转移过程中,并不能将他人的经历完全转移为我的经历,而是与他人共享经历,但这不是说将他人的经历加到我的经历之上,而是在与他人的互通中达到以通感的方式来经历存在。

## 六 通感感知实现身体、世界与他人的互联互通

我们也许在物理空间或者心理空间上是紧挨着的,也许我们与他人是远离和陌生的,虽然我们都居住于同一个世界中,但是由于每个人都有一个独立的身体,而身体作为知觉经验的起点不可能在同一个时间占据相同的空间,因此我与他人对世界的感知是不同的。但正是因为我们有一个身体,他人才能与我互通,世界才能成为一个与每个人相连而又与主体间的我们相通,之所以能够出现这种身体、世界和他人的相互关联和相通的原因是身体图式在互联互通的过程中表现出来的通感。由于身体作为一个整体统一于身体图式,身体的各个器官可以互侵表现出通感,身体内部的通感使人们在面对世界的时候,以整体感知的方式与世界相连,从而使身体与世界能够完整地融合和对话,没有身体主体与世界客体之分,只有一个动态的交互系统,人类的生存在这个系统中才显现其存在的意义。同样,作为一个人就是作为一个人类身体和人类行为的展现。因为人类的身体和行为都是公共和可见的,我可以看到你的人

---

① [法]莫里斯·梅洛-庞蒂:《世界的散文》,杨大春译,商务印书馆2005年版,第65页。

性，而你也同样可以看到我的。我的身体是我的身份特征的基础，同样因为我有一个身体，他人可以认出我，而这种认出是通过通感的方式将他人的身体图式连接到我的身体上。通感犹如一只无形的锁链将他人的身体连接到我的身体之上，从而形成一个统一体，形成多视角的存在。进一步地说，就是身体通感提供了相互理解的基础。他人一旦成为肉身主体，那么通感就会自动地将身体、世界和他人连接起来，他心问题就会自动消失。由于通感使身体—世界—他人实现互联互通，因而会形成一种对话机制，而非孤立的心灵对世界和他人的认知。

梅洛-庞蒂在后期思想中提出了"肉身"概念，其实就是重建形而上学，他像海德格尔一样，将诗歌、文学、艺术、语言等看作哲学研究的中心，从而打破了传统的科学技术和哲学的束缚。而在诗歌、文学和艺术中，"我们可以发现人的身心交融，人与人的共在，人与自然的共生。正是'世界之肉''野性自然''荒蛮存在'这些似有神秘色彩的概念引领我们回归形而上学"①。梅洛-庞蒂后期思想中的艺术性回归，其实与前期的原初经验以及中期的融合社交能力是连续的，都是追求一种互联互通，这就需要通感作为连接的基础。在梅洛-庞蒂看来，文学艺术能够使身体、世界和他人统一，这是与通感作为一种文学修辞方式相关的，在艺术中通感最能活灵活现地传递意义的方式。"绘画体现了人与世界之间的可逆关系，在画家和可见者之间，角色不可避免地相互颠倒。绘画还体现了自我与他人之间的可逆关系，一种互为对方之镜的关系，体现出在'肉'的基础上进行的普遍交流。"② 而且，现代艺术使我们重新发现世界是一个感知世界。传统科学是一种忘记自己的起源，自以为已经完成的知觉……重新发现他人和物体得以首先向我们呈现的活生生的体验层，处于初始状态的"我—他人—物体"系统；唤起知觉，为了知觉呈现给我们的物体，为了作为知觉的基础的合理传统，挫败使知觉忘记自己是事实和知觉的诡计③。梅洛-庞蒂想强调身体、世界和他人是

---

① 杨大春：《杨大春讲梅洛-庞蒂》，北京大学出版社2005年版，第62页。
② 杨大春：《身体的秘密——20世纪法国哲学论丛》，人民出版社2013年版，第74页。
③ Merleau-Ponty, M., *Phenomenology of Perception*, New York/London: Routledge and Kegan Paul, 1962, p. 66.

处于同一个层面的，而只有这种同一层面的相互激活才能产生知觉，一种原初的知觉。梅洛-庞蒂强调一种原始状态，而这种原始状态如果放入人类发展的时间层面，就是融合社交能力的阶段，也就是说，在知觉的基础层面是这样一个系统，而这个系统之所以能够结合在一起是因为人类具有通感能力，而这种通感能力就包括了自身的各个器官的通感、世界与我的通感、他人与我的通感。"身体某一感官受到刺激，产生反应，同时也引起其他感官的反应。人的视、听、嗅、味、触五种感觉各司其职，但并不是完全割裂的，而是彼此相通、互相影响。"[1] 对于通感在交互中的作用，一些心理学和病理学家已经对此有所研究，婴儿与母亲之间亲密的互动是需要跨模态的感知参与的，如行为、声音、触摸等[2]。当我们看一部无声电影时，我们会自动对这部电影进行声音补充，犹如我们在听。通感的研究也被用来解释语言理解，"人类感官的通感作用构成了人们认知事物又一生理的和心理的基础，这一过程反映在语言的创造和运用中，产生了通感隐喻的语言现象"[3]。在汉语中，有很多通感用法，如"尔乃听声类形，状似流水，又像飞鸿"是将听觉转换为视觉的描述，"瑶台雪花数千点，片片吹落春风香"是将视觉转换为嗅觉等。近来，有很多研究发现儿童时期的确很容易出现联觉（通感），进入青春期后开始逐渐消失，这究竟是因为青春期的激素变化和脑部重整，还是因为抽象思维能力加强，目前还不清楚[4]。需要注意的是通感的解释只是一种功能上的现象描述。也就是说通感仍然是一个空洞的词汇，还没有找出这一功能所对应的物质基础，也不能完全解释通感感知的神经机制，因此需要将神经科学研究的现象与功能表现进行结合。既然不能将通感定位到中枢神经系统，那么通感产生的神经机制是什么？通感感知的神经机制需要满足的一个前提条件是能够连接感知和运动系统。F5

---

[1] 赵艳芳：《认知语言学概论》，上海外语教育出版社2001年版，第43页。

[2] Negayama, K., Delafield-Butt, J. T., Momose, K., Ishijima, K., Kawahara, N., Lux, E. J., Murphy, A., Kaliarntas, K., "Embodied Intersubjective Engagement in Mother–Infant Tactile Communication: A Cross-Cultural Study of Japanese and Scottish Mother–Infant Behaviors During Infant Pick-up", *Frontiers in Psychology*, Vol. 6, No. 66, 2015.

[3] 赵艳芳：《认知语言学概论》，上海外语教育出版社2001年版，第44页。

[4] ［英］奥利弗·萨克斯：《脑袋里装了2000出歌剧的人》，廖月娟译，中信出版社2016年版，第171页。

区的运动神经是由多模态的神经构成,当猴子在观察另一只猴子的行为时会被激活,这些神经被称为镜像神经元[1],加拉格尔指出镜像神经元是连接各感知模态的神经基础[2]。镜像神经元证明了人们会将感知转化为各种各样的内部回声以及外部表达,而这种内部的回声是各个感知器官的一种通感表达,而外部表达则是一种感知—运动一体的表现。

## 七 通感感知下的他心直接感知

对于现象层面的直接感知,交互理论并没有提出交互过程中的表现形式。但是从梅洛-庞蒂对于通感的论述中可以看到,对他心的感知是一种身体间通感,而他心直接感知过程中的通感分为两种:身体间通感和身体内通感。身体间通感的作用机制依赖感知—运动系统的一体性,而身体内通感在于身体作为一个整体对他心的多模态的感知。身体间的外部通感可被用于身体图式间的连接,身体内通感的基本作用是识别身体涌现出的信息。健康的心脏与所有的器官和身体不断地共振,人类通过身体不断地与周围的能量、活动和信息的流动共振[3]。这在《可见的与不可见的》中的可逆性解释表现得更加强烈,我的身体内和身体间的互逆保证了原初的身体间性,一个共享的属于这个可逆的世界之肉[4]。梅洛-庞蒂对此有专门的论述[5]:

> 人们说过,他者的色彩和可触的轮廓对我来说是一种绝对神秘,是永远不可理解的。事实并非完全如此,我要得到它的内在经验,而不是得到它的观念、形象或表象,我只需观看一个景象,和某个人谈论这个景象就够了。这时,通过他的身体和我的身体之间的协

---

[1] Ammaniti, M., Gallese, V., *The Birth of Intersubjectivity*: *Psychodynamics*, *Neurobiology*, *and The Self*, New York/London: WW Norton & Company, 2014, p. 10.

[2] Gallagher, S., *How the Body Shapes the Mind*, Oxford: Oxford University Press, 2005, p. 81.

[3] Claxton, G., *Intelligence in the Flesh*: *Why Your Mind Needs Your Body Much More Than It Thinks*, New Haven/London: Yale University Press, 2015, p. 194.

[4] Landes, D. A., *The Merleau-Ponty Dictionary*, London/New York: Bloomsbury Academic, 2013, p. 115.

[5] [法] 莫里斯·梅洛-庞蒂:《可见的与不可见的》,罗国祥译,商务印书馆2008年版,第176页。

调动作，我所看到的东西传给了他，我眼中的个人化的草地之绿就在不离开我的视觉的情况下侵入了他的视觉中，我在我眼里的绿色中认出他眼里的绿色，就像海关官员突然在这个散步者身上认出了人们已经告诉了他的那个人的体貌特征一样。

后来弗勒泽（T. Froese）和福克斯（T. Fuchs）在此基础上进一步指出，对于他心的直接感知包括身体间共振和身体间记忆[①]。但是，这样的共振性解释需要有一个前期的交互和经验基础才能驱动共振产生作用，而通感感知和融合社交的结合恰恰给予了导致他心直接感知产生的驱动力，因此，通感感知更加原初。他心直接感知过程中，通感感知的运作包括三个层面。

第一，身体间通感。身体间通感是指他心感知是一种前反思的交流或具身交流，是一种身体间的共鸣和感通。当看到他人悲伤的时候，我们能够感知一种悲伤的发生，从而将这种悲伤直接引入我的感知—运动系统，使我也有相应的反应。因此，身体间的通感联通了他人的身体表达与我的身体表达，在交互过程中感知—运动系统的转换使我所看和所感转换为我的身体行为的表达。这在日常生活中有很多例子，婴儿的早期模拟行为以及人类的从众心理现象都可以解释身体间通感。动物也有这种通感现象，在一只羚羊跳崖之后，另一只羚羊也会跳崖。在羚羊跳崖以及人的这种从众行为中，羚羊和人并没有理解其他羚羊和他人的行为以及行动的理由，只是重复他人的行为。而这也被研究所证实，让被试观看他人的胳膊运动，发现被试的胳膊上肌肉的诱发电位出现。瞬时的身体通感不仅让我们感到亲密而且有联系，还使我们能够与他人的行动达到协调并相互协作。在这种互动的协调中，我能够很好地感知对方将要产生何种行为，他们如何对我们所做的事情做出反应，以及我们将会如何对他人的行为回应。我们发现如果双方相互非常了解，那么在交流过程中都能够非常容易地补充对方没有说完的句子，长期一起生活的人或者一起工作的同事能够迅速地感知对方的意图并迅速地协调和配合。

---

① Froese, T., Fuchs, T., "The Extended Body: A Case Study in the Neurophenomenology of Social Interaction", *Phenomenology & the Cognitive Sciences*, Vol. 11, No. 2, 2012.

无论我们是否意识到这一点，我们的身体都在不断地与我们周围的人产生共鸣。当我们看电影的时候，大脑很快就形成了逐点的同步[1]。当我们说，我感受到了你的痛苦，通常指的是我们在情感层面上产生共鸣。让被试看他人正在遭受痛苦的电影片段或者照片，大约有三分之一的人在身体的相应部位有感觉[2]。在任何抓的行动中，感知和运动活动都与周围的物理环境是协调的，抓一个棒球与抓一枚硬币是完全不同的，因此抓握不仅仅是一只手的单一行为，更进一步的参数化需要身体的预先姿势、胳膊合适地弯曲和扭曲、眼睛与手的协调，从而指引手朝向球的位置，这整个过程都包括了身体的感知和运动系统的参与[3]。抓一个物体"会同时激活负责感知和运动的神经；感知模态和行为模态是在感知—运动系统的水平上整合的，并不需要一个更高的联合区域"[4]。

　　身体间通感思想其实是将感知—运动以及各个感知模态作为一个感知整体，而且运动系统在感知系统中发挥着更基础的作用。感觉或所谓的"感觉性质"不能被还原为某种不可描述的状态或性质，它们会与一种运动外貌一起展现自己，而且包含了一种生命意义[5]。对他心的直接感知并不是被动接受产生于大脑内的表征，而是身体主体在生活中的交互实践。在交互实践过程中，感知和运动、感知之间都是作为身体主体的整体结构的一部分在共同感知他人，因此身体间通感以感知—运动的方式发挥作用，感知和运动一体还表现在身体的运动状态会直接影响甚至塑造感知。有两个实验可以证明运动系统在感知过程中的作用。海德（R. Held）和海恩（A. Hein）在黑暗处饲养了几只小猫，并且控制在有限条件下才能见到光，由第一组的猫拉着第二组的猫走动，两组猫所能够看到的光或者情境是相同的，只是一组能动，另一组不能动，结果显

---

[1] Claxton, G., *Intelligence in the Flesh: Why Your Mind Needs Your Body Much More Than It Thinks*, New Haven/London: Yale University Press, 2015, p. 210.

[2] Claxton, G., *Intelligence in the Flesh: Why Your Mind Needs Your Body Much More Than It Thinks*, New Haven/London: Yale University Press, 2015, p. 211.

[3] Johnson, M., *Embodied Mind, Meaning, and Reason: How Our Bodies Give Rise to Understanding*, Chicago: University of Chicago Press, 2017, pp. 146 – 147.

[4] Gallese, V., Lakoff, G., "The Brain's Concepts: The Role of the Sensory-Motor System in Conceptual Knowledge", *Cognitive Neuropsychology*, Vol. 22, No. 3 – 4, 2005.

[5] Merleau-Ponty, M., *Phenomenology of Perception*, London: Routledge, 2002, p. 243.

示，能动的一组视觉正常，不能动的视觉受损①。另一个实验来自巴赫·丽塔（B. Rita），他用摄像机录下了通过电极振动的方式刺激皮肤，从而将视觉转换为触觉，而摄像机的录像信息必须通过身体的运动来操纵摄像机从而产生对应的图像内容之后再转换为触觉刺激，经过几个小时的实验之后，发现盲人不再将皮肤的感觉解释为身体感觉，而是解释为空间图像，而该空间正是身体所指挥的摄像机所记录的②。因此，这两个实验证明感知系统能够发挥作用的前提是感知主体主动性地参与具身实践。人类大脑已经进化到能够在自然环境中学习和操作，而行为往往会由跨感官模态整合的信息所引导③。身体感知和行动是一个整体，就如钱币的两面一样。在他心感知过程中，我们会自动地将感知他人的视觉信息翻转到躯体运动觉，当看到前面的人在雪地上走路滑倒的时候，身体会不自觉地放慢脚步并试图抓住小路两侧的树，感知和行动是一系列持续进行的机体——环境交互的不同方面④。按照诺埃（A. Noe）的观点，看并不是发生在身体内部或者大脑内的事件，而是我与世界相遇的感知—运动模式，看就是一种技能活动⑤。因此，身体间通感也是一种我与他人动态交互实践过程中的技能活动。这就表明，身体的感知和运动系统是一体的，如当听到某种恐怖的声音时会不自觉地想要逃跑，看到前面的悬崖，身体会自动向后倾，同样的道理，当一个非常凶猛的男士突然接近你的时候，你的身体会自动地向后退，因此感知—运动系统就像变色龙一样能够根据外部的感知情况自动地挑选身体运动的颜色，而身体间的通感也会在交互的过程中不断地改变颜色。这里还要强调：身体间通感并不是交互的结束，我的身体通感还会对他人产生影响，交互是一个身

---

① Held, R., Hein, A., "Movement-Produced Stimulation in the Development of Visually Guided Behavior", *Journal of Comparative Physiological Psychology*, Vol. 56, No. 5, 1963.
② [智] 瓦雷拉、[加] 汤普森、[美] 罗施：《具身心智：认知科学和人类经验》，李恒威等译，浙江大学出版社2010年版，第140页。
③ Shams, L., Seitz, A. R., "Benefits of Multisensory Learning", *Trends in Cognitive Sciences*, Vol. 12, No. 11, 2008.
④ [智] 瓦雷拉、[加] 汤普森、[美] 罗施：《具身心智：认知科学和人类经验》，李恒威等译，浙江大学出版社2010年版，第143页。
⑤ Noë, A., *Out of Our heads: Why You Are Not Your Brain, and Other Lessons From the Biology of Consciousness*, London: Macmillan, 2009, p. 60.

体通感循环的圆圈。当然，这种交互过程的不断循环和动态改变以及相互预测和协调的复杂能力也有其起源。在还是胎儿时，婴儿已经习惯了母亲的行为节奏，出生之后习惯母亲的喂食习惯以及时间段，母亲和婴儿就好像是舞伴，互相学习对方的步伐和节奏并逐渐适应。随着我们的成长，这种与生俱来的社会共鸣的倾向变得个性化，我们可以与不同个体适应，因此产生不同的共鸣[1]。

由于身体间通感感知的运作方式是感觉与运动的一体性，所以当看到你拿着匕首或者听到身后有汽车的声音时，我的运动脑区已经开始发动一个即将采取的保护行动。镜像神经元的作用是作为感知—运动过程的一部分，对不同的交互做出不同的反应，用镜像神经元来描述内部活动也不应被误解为一种大脑中心论。加拉格尔之所以不承认镜像神经元有模拟功能，是因为感知和运动系统之间是直通的，镜像神经元是连接感知和运动过程的联通机制，并没有一个中间的模拟环节。这也从另一角度证明加拉格尔是赞同通感感知的，特别是感知和运动之间的联通，而镜像神经元是这一功能机制的神经基础。通感现象有一个共同的内在规律：呈等级分布，即感觉的移动方向呈现由较低级向较高级感官、由较简单向较复杂感官移动的趋势，即对较高级的感官刺激能引起较低级感官的反应[2]。因此，连接他心感知的身体间通感的不是一个心灵主体，而是最原初的活生生的身体主体。传统的神经生理学的观点认为多感官的整合是一个高阶过程，是发生在感知信号获得之后的整合，但是对于人类、非人类灵长类和其他物种的研究表明，多感官感知是在低水平的脑区结构完成的[3]。身体主体作为感知世界的原点，将所有的感知信息统一于身体并与运动系统直接联系，同时运动系统也持续影响着感知状态，当身体疲惫时会感觉前面的路程非常遥远，而当与他人愉快地交流跑步会感觉路途并没有那么遥远，因此他心直接感知是身体间通感，是感知—运动一体的外在表现方式。

---

[1] Claxton, G., *Intelligence in the Flesh: Why Your Mind Needs Your Body Much More Than It Thinks*, New Haven/London: Yale University Press, 2015, p. 215.

[2] 赵艳芳：《认知语言学概论》，上海外语教育出版社2001年版，第44页。

[3] Schroeder, C. E., Foxe, J., "Multisensory Contributions to Low-Level, 'Unisensory' Processing", *Current Opinion in Neurobiology*, Vol. 15, No. 4, 2005.

第二，身体内通感。除了身体间的通感之外，还有身体内的通感，这种通感的产生与身体间通感关联，但是又不同于身体间通感，表现为身体内的各种感官功能之间是相通的，视觉、听觉、触觉、嗅觉、味觉、内脏感觉和本体感受等都作为一个统一于一体的整体感知。在看到不同的抓握，不管是用左手抓还是右手抓，从上还是从下，F5区的神经元都会将这些动作统一划分为抓握并有神经性的反应[1]。因此，身体内的通感并不是一种模拟，而是一种理解，成功的理解并不仅仅依赖个人理解能力，在获得理解能力之前是需要依赖多个感官的协调和耦合的，因此身体内通感和身体间通感一起作用达到对他心的直接感知。我们在看到他人的行为时，身体内的通感并不决定我们如何去反应，而是对他人意图的理解。身体内通感首先对他人进行感知，之后将多个感官系统的信息进行多模态的通感性综合，同时也能够激活感知—运动系统，从而达到与他人的直接感知。而且这种身体内的通感是一种相互决定的过程，例如，当我们想象他人或者自己儿童时期学骑车的经历时，我通过记忆或者我们的视觉体验来重新体验他人或者过去的亲身经历等，我不仅感受到他人的情绪，同时还能够感到自己的情绪，你的身体会不自觉地产生一些与骑车相关的运动激活。想象会激活相应的运动代码，生成一个正向模型（预测肌肉收缩模式的感觉结果），从中你可以预测成功的概率，而且即使运动系统暂时受损，仍然可以用这种视觉体验来感受这种经历[2]。但是，我们看到这种身体内通感并不是一种模拟，而是一种耦合性和补充性的动态交互，镜像神经元的功能在这个过程中不是具身模拟，而是产生与他人行为相对应的反应，因此身体内通感更多的是促进行为的预测以及理解他人的意图。身体内通感可以同时感知多维的信息和线索，对他人进行全方位的反应和交互，从而有利于对他心的全面把握。例如，失去立体视力的影响可能比我们想象的更严重，不仅无法判断深度和距离，看到的一切都会平面化，而且连感情和感知

---

[1] Rizzolatti, G., Fadiga, L., Fogassi, L., Gallese, V., "Resonance Behaviors and Mirror Neurons", *Archives Italiennes De Biologie*, Vol. 137, No. 2-3, 1999.

[2] Cook, J., "From Movement Kinematics to Social Cognition: The Case of Autism", *Philosophical Transactions of the Royal Society B: Biological Sciences*, Vol. 371, No. 1693, 2015.

也会受到影响①。

身体内通感与通感感知的多模态性有关。当我们被别人谈论的时候，即使是偶然听到，耳朵也会感到快乐或燃烧②。通感感知能力是先天的，婴儿天生具有一种多模态的感知能力，能够将一种感知模态的信息转化为另一种感知模态③。我们的感知也都以多模态的形式获得，而多模态的感知信息并不是以分割的信息流的形式去传递单一感知模态的信息，然后再进行整合。埃德尔曼（G. M. Edelman）认为人类出生时的感知形式在本质上是多模态的，各种感知模态间是相互重叠和交合的④。通感感知要比多模态感知更加基础和根本，而多模态是成人感知世界和他人的方式，通感更像是身体先天的与世界和他人的联系，因此在听他人动作的声音或看一个动作时都会激活镜像神经元。在婴儿期，身体的各个器官已经处于共同的跨模态（intermodal）空间，包括前庭、本体感受和视觉系统，同时由跨模态的神经（镜像神经元）进行综合和连接⑤。后来的研究发现后顶叶（posterior parietal cortex）和初级运动皮质（primary motor cortex）神经也与F5相连⑥，但是镜像神经元在只看一个独立的客体或者没有目标的模拟行为时是不会有反应的。视觉能够被转换成与身体相关的本体感受知觉，因此这种多模态的身体内交流是感知世界的基础。也就是说，人们对于世界或者他人的感知是通过身体内的感觉与本体感受知觉之间的交互，才使身体与世界以及自我与他人的交流成为可能。而传统的观点认为各器官只是负责某种功能，但是各器官之间不能进行交互，才使感知世界和人际间交流必须转换为以认知理解为基础的单模态

---

① ［英］奥利弗·萨克斯：《脑袋里装了2000出歌剧的人》，廖月娟译，中信出版社2016年版，第136页。

② Claxton, G., *Intelligence in the Flesh*: *Why Your Mind Needs Your Body Much More Than It Thinks*, New Haven/London: Yale University Press, 2015, p. 61.

③ Stern, D. N., *The Interpersonal World of the Infant*: *A View From Psychoanalysis and Developmental Psychology*, New York: Basic Books, 2000, p. 51.

④ Edelman, G. M., *Neural Darwinism*: *The Theory of Neuronal Group Selection*, New York: Basic Books, 1987.

⑤ Gallagher, S., *How the Body Shapes the Mind*, Oxford: Oxford University Press, 2005, p. 81.

⑥ Bonini, L., Rozzi, S., Serventi, F. U., Simone, L., Ferrari, P. F., Fogassi, L., "Ventral Premotor and Inferior Parietal Cortices Make Distinct Contribution to Action Organization and Intention Understanding", *Cerebral Cortex*, Vol. 20, No. 6, 2009.

抓取，这样的感知观就使心灵成为独立的不同于身体的实在，因此对于世界的感知总是一个彼岸世界，而他人的心灵就成为一个不可攻克的坚果，才造成了外部世界不能完全被感知以及我和他人不可交流，这从侧面证明身体内的通感感知的多模态性。总体上来说，身体内通感感知的多模态是以身体为基础，以身体的各个器官为感知方式的整体性感知。

以镜像神经元为基础的通感感知能够剔除表征主义心灵观。对于身体内通感以镜像神经元为基础的假设，来自对猴子和人类的感知和行动研究。在镜像神经元的研究中，感知—运动加工的执行是通过神经的功能簇来实现的，每一个功能簇都由一个特殊的皮质网络去执行一个特殊功能。加莱塞和莱考夫描述了三种功能簇，分别对应猴子的三个顶叶运动前驱皮质网络：空间位置定位器（spatial position locators）、主神经元（canonical neurons）和镜像神经元[1]。加莱塞和莱考夫认为这三个功能簇是非常重要的，因为它们支持了多模态假设并给予意义和概念理解的模拟论证据。第一个神经簇是将感知的空间方位与可能的行为计划连接在一起。主神经元清晰地表明了感知的多模态，因为在做和看的时候都会激活相同的神经簇。镜像神经元所在的 F5 区运动神经是由多模态的神经构成，当猴子在观察另一个猴子的行为时会激活[2]，即使是机器手臂的行为也能够激活镜像系统[3]。总之，镜像神经系统可以被描述为身体内通感感知系统的生理机制，它代表了内部的和具身的激情，与他人的情绪相连并与他人共享主体经验。例如，通过将温度、血糖和肌肉张力转化为神经信号的共同语言，可以将不同的模态进行整合以达到更高阶的映射，上视丘接收来自眼睛、耳朵和皮肤的映射，并将它们组合成空间中物体的多模态感知[4]。

第三，通感抑制。梅洛-庞蒂指出在感知过程中，我们专注某一感

---

[1] Gallese, V., Lakoff, G., "The Brain's Concepts: The Role of the Sensory-Motor System in Conceptual Knowledge", *Cognitive Neuropsychology*, Vol. 22, No. 3-4, 2005.

[2] Gallese, V., Fadiga, L., Fogassi, L., Rizzolatti, G., "Action Recognition in the Premotor Cortex", *Brain*, Vol. 119, No. 2, 1996.

[3] Gazzola, V., Rizzolatti, G., Wicker, B., Keysers, C., "The Anthropomorphic Brain: The Mirror Neuron System Responds to Human and Robotic Actions", *Neuroimage*, Vol. 35, No. 4, 2007.

[4] Claxton, G., *Intelligence in the Flesh: Why Your Mind Needs Your Body Much More Than It Thinks*, New Haven/London: Yale University Press, 2015, p. 88.

觉通道对世界的感知，而因此忽视了其他感觉通道的作用，但是这并不是说在感知世界或者他人的时候，其他感官通道没有发挥作用，而是抑制机制会将某一感官通道作为凸显而显现，其他的感官通道作为背景来托举着这一凸显的感官通道从而保证感知过程正常进行，就如当身体的某一个地方受伤时，身体会将所有的精力和感觉都集中在这一区域。梅洛-庞蒂在这里的论述可以解释弗洛伊德最持久的洞见之一：压抑是活生生的肉体的一种基本体验[1]。当人们因额叶的损伤或疾病丧失了抑制能力时，他们就会强迫性地模拟他人的手势和语言。有一种叫作模拟言语（echolalia）的疾病，患者的模拟甚至可能是由他们自己的语言或行为引发，因此会陷入自我模拟的漫长且令人衰弱的循环中[2]。当我们喜欢一个人的时候，会不自觉地与对方产生共振或一致性，但是如果不喜欢这个人的时候可能不会有这种反应，甚至是相反的行为，因此我们会根据前期经验以及当前的情景来调节反应的一致性。随着年龄的增长，儿童越来越有能力将自己从这种融合交互的视角中拉出来，儿童更多地从自我和他人的共同视角来关注这个世界，而非一个你我不分的视角，而且儿童也越来越注意别人的视角，这种多维视角的形成就依赖通感抑制的发生，在这种通感抑制以及后期经验的沉淀中，儿童会表现出以他人为中心的感知活动。这样的抑制机制的出现也与通感能力的逐渐减弱正相关，毛雷尔（D. Maurer）指出"新生儿就具有通感能力，只是在6个月的时候会逐渐消退"[3]。这也表明，由于抑制机制的出现，自我和他人之间有一个激活程度的区分，我可以无限接近他心，但又不能完全成为另一个他人。观看他人胳膊的运动，发现被试胳膊上肌肉的诱发电位随着前期经验的不同而改变，对于熟悉和经常使用的动作诱发电位会增加[4]。"当动作被执行或者被模拟时，皮质脊髓通路（cortico-spinal pathway）就

---

[1] Hass, L., *Merleau-Ponty's Philosophy*, Bloomington: Indiana University Press, 2008, p. 89.

[2] Claxton, G., *Intelligence in the Flesh: Why Your Mind Needs Your Body Much More Than It Thinks*, New Haven/London: Yale University Press, 2015, p. 210.

[3] Maurer, D., "Neonatal Synesthesia: Implications for the Processing of Speech and Faces", In: De Boysson-Bardies, D. (ed.), *Developmental Neurocognition: Speech and Face Processing in the First Year of Life*, Dordrecht: Kluwer, 1993.

[4] Fadiga, L., Fogassi, L., Pavesi, G., Rizzolatti, G., "Motor Facilitation during Action Observation: A Magnetic Stimulation Study", *Journal of Neurophysiology*, Vol. 73, No. 6, 1995.

会被激活而导致运动,当观察和想象时,行为的执行就会被抑制,此时皮质运动网络(The cortical motor network)就会被激活,激活的部分也是比较集中的,但是并非所有部分都会被激活"[1],因此大多数的社会共鸣会在我们没有意识到的情况下消失。

在行为通感感知过程中,当我看他人做手势和动作时,自身的感知—运动系统也会自动地被激活从而产生相应的动作,当然我们在观看的时候抑制机制以及前期经验也制约着我们的实际行动,因此大脑神经会有激活但是并不一定会有对应的运动以及跟他人一致的运动,也可能是相反的行为表达或者说是与对方行为相适应的行为。对某一动作没有意识,但是并不表明大脑不会做出反应。研究发现,如果心理学教科书封面上的女性瞳孔稍微放大一点,就会有更多的男生购买这本书[2]。当照片发生变化的时候,人们会自觉地产生通感和匹配,只不过这种变化会悄无声息地发生并悄悄地消失而已。当我观看其他活动着的个体,面对他们所有的表达,一个有意义的、具身性的人际关系就会自动建立起来,为了能够对周围世界和他人比较敏感并快速反应,我们已经进化出了一系列与世界通感的方式,即是梅洛-庞蒂所说的"世界之肉"的交织和通感。这些通常会在无意识的状态下完成,这与身体的抑制机制限制我们身体的实际通感有关,因此抑制机制可以限制身体的感知—运动通路的无限反应。而这一抑制机制也会在脑区的激活中表现出来,例如,在看到一个人经历恶心与自己经历恶心会激活重叠的脑区,但是我是真正的恶心、想象的恶心还是观察到的恶心,这会激活不同的脑区[3]。我对他人行为反应的强烈程度取决于我与他的情感亲密程度,因此自我和他人是一个相互协调的过程。我们会与最关心的人产生最强烈的共鸣,如果你看到别人把一根针插进自己皮肤,你会感觉特别的疼痛,看到扎自己的孩子也会感觉很疼,但看到一个完全不认识的病人被打针就不会感到

---

[1] Gallese, V., "Mirror Neurons, Embodied Simulation and a Second-Person Approach to Mind-reading", *Cortex*, Vol. 49, No. 10, 2013.

[2] Claxton, G., *Intelligence in the Flesh: Why Your Mind Needs Your Body Much More than It Thinks*, New Haven/London: Yale University Press, 2015, p. 213.

[3] Ammaniti, M., Gallese, V., *The Birth of Intersubjectivity: Psychodynamics, Neurobiology, and the Self*, New York/London: WW Norton & Company, 2014, p. 17.

那么疼。普林斯顿的一个研究小组通过核磁共振成像发现，两个关系很好的朋友，一个人讲对方不知道的故事，脑成像证实听者大脑中的活动与说话者的大脑活动匹配，但通常会延迟一秒左右[1]。在身体间的通感行为中，由于通感抑制的作用，使交互双方的时间有所延迟、动作有所出入，然而这才使交互能够顺利进行。"受试者手臂残缺也同样会激活镜像系统，只是激活的是脚部神经"[2]，说明后天经验的分化作用使脚有手的功能，因此抑制机制改变了反应方式。

总体上来说，抑制机制的存在保证了自我与他人的区别性，从而能够按照所感知的信息以及自己的方式进行反应，保证交互顺利进行。通感抑制的产生与镜像神经元有关，虽然通感使我具有与他人相似的反应，例如我看到了你的笑，我也有了笑的准备，当看到你的眼泪，我的眼睛似乎也充满了泪水，但是镜像神经元又能够起到区别自我和他人的作用，因此能够抑制自我与他人的完全趋同。交互并不是一个行为趋向同一的过程，而是行为协调的过程，在不同的情境下，对他人的表情会有不同的反应，身体反应都是以整个身体和互动过程作为行动基础的。而身体作为一个整体在进行反应的时候，也是有一定的区别性反应的，一方面是前期经验对于当前的交互有影响，另一方面镜像神经元也在生活实践中会有选择地反应。

在通感感知中，交互意味着对另一个人的感知，如果在行动和感知之间没有明确的分离，那么我们期望在一个主体对其他主体行为、情绪或者语言的感知中会有运动神经元的参与，因此，镜像神经元可以用来支持这样一种观点，即对世界的感知是一个行动过程而不是表征过程[3]。同时，镜像神经元也破除了经典认知科学认为各种感知功能最后统一于更高阶的负责心灵加工的中央神经系统这样的假设，也就剔除了独立心灵的存在以及心灵对感官数据再加工的能力，因此他心直接感知的支持

---

[1] Claxton, G., *Intelligence in the Flesh: Why Your Mind Needs Your Body Much More than It Thinks*, New Haven/London: Yale University Press, 2015, p. 211.

[2] Gazzola, V., Van, D. W. H., Mulder, T., Wicker, B., Rizzolatti, G., Keysers, C., "Aplasics Born without Hands Mirror the Goal of Hand Actions with Their Feet", *Current Biology*, Vol. 17, No. 14, 2007.

[3] Froese, T., Fuchs, T., "The Extended Body: A Case Study in the Neurophenomenology of Social Interaction", *Phenomenology & the Cognitive Sciences*, Vol. 11, No. 2, 2012.

者，特别是交互理论的支持者是非常认可镜像神经元与通感感知的关系的。虽然镜像神经元的典型解释更注重镜像和模拟的作用，但是镜像并不等于复制。在我们对镜像神经元的理解中，镜子的作用更多的是一种反射作用，但是反射的时候，镜子不会完全按照原来的样子成像，它受外部条件以及镜子的特性构成（即平面镜、凹面镜、凸面镜等）。因此，我们更倾向于将镜像神经元的功能看作一种多模态的通感感知过程。

当然，对于梅洛－庞蒂的通感感知思想的论述，也有人持不同意见。加拉格尔认为梅洛－庞蒂仍然站在传统的感知观中，虽然提出了跨模态的交互并成为其通感思想的重要来源，但他并没有对梅洛－庞蒂的通感思想进行相似的分析。加拉格尔认为在梅洛－庞蒂的观点中，感知和运动是不同的模态，因此在模态之间是需要一种翻译的中介机制来转换两种语言的[1]。作为连接各个感知模态，特别是连接感知和运动模态的基础，镜像神经元是感知和运动系统之间通感的基础[2]。不得不说加拉格尔对梅洛－庞蒂的通感思想的理解是存在问题的，仍然是将通感以自我为中心作为发生的起点，然后逐渐扩展到他人，而在现实的交互中自我和他人是同时在这个动态关系中显现的。事实上，梅洛－庞蒂是从个体发生的角度来论述通感的身体机制，然后解释通感式的交互是如何发生的。

## 第三节 他心直接感知的分歧基础补充——语用身份

在日常交际中，经常会有分歧和误解产生，面对同一个事件，不同的人会给出不同的解释，例如看到他人在地上丢垃圾，有些人熟视无睹，有些人会将垃圾捡起来，还有的人也将垃圾扔在地上，因此可以看到心灵非常复杂。语言交互能力的获得使他心问题更加复杂：一方面，语言本身有很多歧义；另一方面，语言使心灵变得更加复杂，因此我们无法仅仅使用初级主体间性和次级主体间性来对他人的行为意向进行归因，也不能依赖具身模拟来消除这种分歧的意义。具身模拟论尝试将高阶认

---

[1] Gallagher, S., *How the Body Shapes the Mind*, Oxford: Oxford University Press, 2005, p. 75.
[2] Ramachandran, V. S., Hubbard, E. M., "Synaesthesia-A Window into Perception, Thought and Language", *Journal of Consciousness Studies*, Vol. 8, No. 12, 2001.

知加入，交互理论依赖提高叙事能力来解决这一问题，而这些嫁接的方法存在着很大问题，它们并没有完全贯彻他心直接感知的思想。一些心智理论者提出他心直接感知不能完全解释他心感知的整个过程，因此仍然需要心智理论的加入才能够解释他心知的整个过程。但是，加入的心智理论会使他心直接感知逐渐瓦解，而最终会屈服心智理论的解释。面对心智理论的攻势，我们不能将他心分歧的问题简单地丢给心智理论，还是需要一个能够解释这一现象的不同于心智理论的新理论来应对。

　　面对心智理论的质疑，我们认为他心仍然是可以被直接感知的，他心的分歧并不意味着他心不能够被直接感知，只是表明他心在不同的环境、背景和面对不同的对象时会展现出不同的面相，因此分歧只是理解的面相不同并不意味着理解方式是间接的。当然，不得不承认我们确实无法完全把握所有面相，而每个人把握的面相又都不同，我们将这一现象归结为身份划分的问题。而且在笛卡尔的哲学中，"我思故我在"的哲学观念其实是通过自我反思而对自我身份重新确立和认知，因此身份问题与他心问题有哲学基础上的自然关联。在本部分我们通过语用身份来解释他心分歧，需要指出的是虽然他心面相是多维的，但是每次理解都是对我们所把握的相应的面相的直接理解。而且，梅洛－庞蒂和他心直接感知始终没有明确地指出和保证他心感知一定是准确无误的理解。梅洛－庞蒂也支持这一说法，认为"即使在一场精彩的谈话结束时，我也从来没有像你那样有过确切的意图和想法。没有完美的心灵融合，误解永远是一种理解的地平线"[1]。在梅洛－庞蒂的《行为的结构》和《知觉现象学》中也提到了与身份相关的词汇，即范畴态度（categorial attitude）。梅洛－庞蒂还指出"范畴活动在成为一种思想或者一种知识形式之前，是一种与世界联系的方式，也是经验的一种风格或者形状"[2]，这也表明范畴划分是可以直接与通感感知结合的。因此，在感知他心时，会对他人进行一个范畴化过程，即身份的划分，使用不同的前期经验理解他人，就像成语"管中窥豹，可见一斑"所描述的一样，范畴作为一个对他人透视的方式有利于快速地把握他人的某些特征而进入交际中，

---

[1] Hass, L., *Merleau-Ponty's Philosophy*, Bloomington: Indiana University Press, 2008, p.181.
[2] Merleau-Ponty, M., *Phenomenology of Perception*, London: Routledge, 2002, p.222.

但不得不说这是带有一定偏见性的，而这也恰恰是导致他心分歧的一个重要因素。下面就详细解释语用身份在他心感知过程中，是如何发挥作用、如何导致他心分歧以及持续交互，又是如何使身份得以脱离和重建的，从而实现对他人的直接感知。

## 一 范畴划分导致他心多维面相

人类交际是互动参与者全体参与、共同构建的一个生成过程，只有参与者依据自身在交际中的角色构建的意义才是交际意义[①]。身份的划分是交际过程中不可缺少的环节，因此在他心直接感知过程中身份所扮演的角色将是我们必须要探讨的部分。

对于具身模拟论和交互理论所面对的各个问题，我们在本章已经提到，他心直接感知并没有完全否定心智理论在通达他心过程中的功能，只不过认为这并非主要的感知方式，而且也并非以推理的方式进行。在梅洛-庞蒂论证自我和他人关系时，也指出虽然我与他人在本真上存在关系，但只有在非本真的情况下才是认识论关系。梅洛-庞蒂认为通过理性推理也许是有效的，但只是在直接感知失败的时候，而且也不是在真正的存在关系上理解他心的。假如，有人从来没有见过雪，更不要说对雪花进行分类了，因此我们可以非常确定地假设，如果在他面前展现一片雪花，那么这个人将不知道他所看到的对象是什么，因此即使一些事情是显现的，但是并不意味着这个可见物的意义是显现的[②]。同理，即使情感和其他人的心智状态是具身的可见行为，但是我们不一定能感受到，也就是说，我们只能够看到我们所看到的意义，但是这也没有告诉我们如何去将我们所看到的归因于他人的心智状态。在日常生活中，因为我知道雪花是什么和雪花的不同分类，就想当然地认为他人也一定能够认出雪花并进行分类，这显然是不对的。有很多东西我们是认识不到的，仰望星空，满天星星对于我的意义和对于天文学家的意义是不同

---

[①] [意]布鲁诺·G. 巴拉：《认知语用学：交际的心智过程》，范振强、邱辉译，浙江大学出版社2013年版，第9页。

[②] Overgaard, S., "Other Minds Embodied", *Continental Philosophy Review*, Vol. 50, No. 1, 2017.

的。在心智理论看来，他心直接感知并不能完全否定心智理论的作用，因为很难说在我与他人的关系中不包括认识论的维度，在感知的过程中，虽然我们感知了他的行为，但是并不能阻止我们做进一步的推理和寻找行为背后的原因。面对如此情景，如果我们在此时将心智理论拉入他心直接感知过程中，那么他心感知的直接性将会与具身模拟论走向相同的道路，也无法谈论他心感知的直接性，因此，面对他心分歧，我们不能够将这一分歧引入心智理论推理中。应该看到心智理论所说的推理和心智分析并不是发生在对他心直接感知过程中的，除非你将对方看作要认识的对象而非与他人共存的交际对象。结合刚刚所谈论的融合社交和通感感知的论述，我们认为可以将分歧处理拉回到感知之初，也即是我们将启明星看作晨星还是昏星的开始，以及由于对于他人进行身份划定而具有不同的范畴态度以及由此所引出的视角性导致他心分歧的最初原因。梅洛-庞蒂在对感知的论述中，提到视角的重要性，虽然视角限制了我们对物体的观察，但这并不是一个我们必须消除的部分，而是我们在感知时的必要条件，而视角在感知过程中的作用就和我们在理解他人时的范畴划分一致，范畴给予了我们在理解他人时的视角。由此可知，对于他人的范畴化即对于他人的分类和身份的划分，有利于快速地把握他心，可以以当前的经验或者知识对他心进行尝试性把握，这样的身份划分也会带来对他心的简单化而造成偏见或者单面相的理解。但是，不得不说"认识的发生和发展是一个形成概念和范畴的过程，范畴的建立可使人们对客观世界的认识不断深入，并使人们的知识和经验不断趋于条理化、系统化"[1]。这种知识性的心智作用是一种范畴划分，而每一个范畴下面都具有深刻的意义，而意义会附着于这个范畴中，影响我们对这个范畴中的对象的感知。对于思考、感知、行为和话语来说没有比范畴化更基本的，当我们在看到任何事情的时候都会将其范畴化[2]。对于他人的认识是需要依赖范畴化能力的，并在此基础上进行深度交流而获得关于他心的直接感知形式。

---

[1] 文旭、江晓红：《范畴化：语言中的认知》，《外语教学》2001年第4期。
[2] Lakoff, G., *Women, Fire, and Dangerous Things-What Categories Reveal about the Mind*, Chicago and London: The University of Chicago Press, 1987, p. 5.

他心分歧并不能否定他心感知的直接通达，我能够直接认出另一个心灵自我。也许有的时候确实是需要一些时间，但是当我们仔细观察他的身体、行为和脸的时候，我们还是能够认出他。即使分开已经有四五十年，但是通过跟他共享一些回忆，我们还是能够认出老朋友[1]。因此，他心直接感知的提出并不是完全否定他心感知不存在分歧，因为自我和他人之间的关系并不都是一种本真存在关系，特别是当我们处于陌生的环境、跨文化交际以及以认识为目的的交际时，他心分歧是不可能被完全消除的。梅洛-庞蒂认为"我们的行为有很多种意义，特别是在外部的他人看来更是如此，所有的这些意义都在我们的行为中，因为他人永远是我的生活的协调者"[2]。因此，对他人身份的划分并不是有意识地抽象划分，而是建立在前期经验对他人的感知和情感表露所显现出来的范畴倾向。"大部分的范畴化是自动和无意识的，如果我们能够意识到它，那么就出现了问题。我们进行范畴化不是只对物体进行范畴化，在很大程度上是对抽象实体进行范畴化，我们范畴化时间、行为、情绪、空间关系、社会关系、各种各样的抽象实体，如政府、疾病，还有科学的和民间理论的实体，如电子、冷等。"[3] 而能够导致我对他人进行快速范畴划分的能力来自感知通感能力，而不是抽象分析能力，梅洛-庞蒂将其作为"绝对起源"的"我"。

另外，身份对他心感知的影响并不能解释为高阶认知的渗透。研究人员向受试者展示了放置在灰色背景下香蕉的照片，要求受试者调整水果的颜色直至它看起来是灰色的，但结果是受试者将香蕉的颜色调整为略带蓝色的色调以使其看起来呈灰色，这些结果表明长期记忆对颜色体验具有自上而下的影响，长期记忆连续调制输入改变颜色外观[4]。因此，

---

[1] Kern, I., "Husserl's Phenomenology of Intersubjectivity", In: Kjosavik, F., Beyer, C., Fricke, C. (eds.), *Husserl's Phenomenology of Intersubjectivity: Historical Interpretations and Contemporary Applications*, New York/London: Routledge, 2019, pp. 11-90.

[2] Merleau-Ponty, M., *Sense and Non-Sense*, Evanston, Illinois: Northwestern University Press, 1964, p. 37.

[3] Lakoff, G., *Women, Fire, and Dangerous Things-What Categories Reveal about the Mind*, Chicago/London: The University of Chicago press, 1987, p. 6.

[4] Hansen, T., Olkkonen, M., Walter, S., Gegenfurtner, K. R., "Memory Modulates Color Appearance", *Nature Neuroscience*, Vol. 9, No. 11, 2006.

认知应该也是受到自上而下的影响，但这不是抽象的高阶认知对具体的低阶认知的影响，而是前期经验对于当下的感知活动的影响。我们假设被试从来没有见过香蕉，只是告诉他香蕉是黄色，那么被试再进行这样调试的时候将不一定会按照这样的方式来调节颜色，因此我们所谓的长期记忆是一种前期经验而非一种抽象概念。我们的感知受前期经验影响，不是说高阶认知直接指定低阶行动，而是说前期的感知经验以范畴划分的方式快速并直接地影响后期对于他心直接感知的面相的把握。梅洛－庞蒂认为作为一个有身的观察者，我通过一系列的框架来理解世界，这个框架是按照我们最喜欢的、最习惯的，也是无名的方式来做的[1]。范畴建构既不是先于经验的，也不是经验的后承结果，它同步于人类的涉身体验，并且大部分都是自动的和无意识的，我们的身体、大脑以及与外部世界的体验式互动决定了我们如何进行范畴划分以及划分出并赋予世界怎样的范畴结构[2]。因此，我们对于他人的判断也会受到前期经验的影响，身份划分以及相应的身份所对应的意涵将会直接影响我们是如何感知他人以及对于他人的行为、话语和意图的理解。

　　身份问题是范畴划分在他心问题的应用，也是具身认知特别是生成主义的一个关键问题，他心感知的交互过程是一个自我构成的过程，在这个过程中身份得以建立和维持，而且自我身份的确立也能够使自我成为区别于他人的重要部分。"没有范畴化我们就不能在这个物理和社会世界上生存。理解我们是如何范畴化的是我们如何思考和如何发挥作用的中心，因此也是理解我们如何成为人的中心。"[3] 交互中的个体，作为一个自治主体（autonomy）是一个操作的闭环（operational closure），会在很多层面上进行自我身份的描述[4]。当然这样的身份的确立保证了自我与他人的差异性，但同时也使自我与他人在互相理解过程中出现分歧。而

---

[1] Low, D., *Merleau-Ponty's Last Vision：A Proposal for the Completion of the Visible and the Invisible*, Evanston/Illinois：Northwestern University Press, 2000, p. 53.

[2] 鲁艺杰：《范畴的建构——莱考夫涉身隐喻意义理论的认知基础》，《学术交流》2016 年第 3 期。

[3] Lakoff, G., *Women, Fire, and Dangerous Things-What Categories Reveal about the Mind*, Chicago/London：The University of Chicago press, 1987, p. 6.

[4] Varela, F. J., "Patterns of life：Intertwining identity and cognition", *Brain and cognition*, Vol. 34, No. 1, 1997.

后期的发展，特别是语言的使用使他心问题变成一个更加棘手的问题，因此语用身份的分析将是解释他心直接感知可能的一个重要组成部分。而且由后期经验所建构的自我与身体性自我是不太一致的①。因此，语言身份包括了交际中的各种身份，以及所有这些身份在言语中的显现。

## 二 他心多维面相导致他心分歧

身份与自我、人格、职位、角色、品格、类别、个人形成、主体性、主体、主观位置等是同义词②。身份的各种同义词在很大程度上反映了身份研究的复杂性、多样性和多学科性，当然也会出现不同的理论样态和问题表现，身份研究仍然是当前人文社会科学的一个热门话题③。得益于哲学从理智主义向解构主义和后现代主义的转换，身份研究也经历了从个人主观性向主体间性、本质主义向建构主义的过渡④。身份的定义也从"个人主观性的、自足的具有工具理性的行动主体的自我投射"⑤，转换到一个由群组成员反思性知识构成的主体间性过程⑥；由本质主义将身份作为心灵、认知、灵魂或者社会化实践的产物过渡到建构主义将身份作为一种社会性和建构性的分类。身份研究的中心学科也从哲学、人类学、社会心理学逐渐转向语言学和交叉学科。

当前对于他心理解的各种解释，包括心智理论和直接感知都只是注重心灵的共性而没有详细论述他心直接感知的特性。它们的预设前提是如果我能够理解他人是因为自我和他人之间没有歧义和争论。当我们过分关注我们是否能够对他心直接感知的时候，我们更多地寻找自我和他

---

① Di Paolo, E. A., Rohde, M., De Jaegher, H., "Horizons for the Enactive Mind: Values, Social Interaction, and Play", In: Stewart, J., Gapenne, O., Di Paolo, E. A. (eds.), *Enaction: Toward a New Paradigm for Cognitive Science*, Cambridge, Massachusetts/London, England: The MIT Press, 2010, pp. 33-88.

② Lakoff, G. *Women, Fire, and Dangerous Things-What Categories Reveal about the Mind*, Chicago and London: The University of Chicago press, 1987, p. 5.

③ 陈新仁:《语用身份：动态选择与话语建构》,《外语研究》2013 年第 4 期。

④ Lakoff, G., *Women, Fire, and Dangerous Things-What Categories Reveal about the Mind*, Chicago/London: The University of Chicago Press, 1987, p. 9.

⑤ Gil, T., "The Hermeneutical Anthropology of Charles Taylor", In: Häring, H., Junker-Kenny, M., Mieth, D. (eds.), *Creating Identity*, London: SCM Press, 2000, p. 54.

⑥ Spaulding, S., "Mind Misreading", *Philosophical Issues*, Vol. 26, No. 1, 2016.

人之间的共性，但是在现实过程中，冲突和分歧却是非常普遍的现象。对于这种现象，斯波尔丁站在第三人称视角同时审慎心智理论与他心直接感知，并将分歧的产生划归到社会身份的维度，认为"身份的形成和划分直接影响了我们在社会交互中的处理方式，包括对心智阅读的输入和过程都有影响"[1]，同时身份的划分也影响我们是如何去理解他心的。斯波尔丁专门在两篇文章《心智误读》(Mind Misreading) 和《你看到我所看到的了吗?》(Do you see what I see? How social differences influence mindreading) 中，论述了由社会范畴化、身份和经验等的不同造成的争端和分歧。范畴化的个人、行为和事件依赖于情景、我们的经验和期望，这就会导致不同社会背景的人有不同的预测，这些证据证明了我们为什么会产生社会分歧[2]。因此，在交际过程中，身份的构建和划分是导致分歧的一个主要原因。社会范畴化是将人、行为和事件划分到不同的社会范畴中，是人类能够生存于世界中重要的认知能力，它帮助我们将社会性的世界进行更加容易地理解和预测，因此就使我们能够依照我们自己的目的操纵这个世界，如果我们没有对人、情景和事件进行直接地模式化和范畴化的能力，那么人类存在于世界中将会感到无望地迷失[3]。

当我们面对他人的时候，我们是否将此人划归为一个群组将会影响我们对他人的情绪、意图等方面的理解态度。身份作为我们与他人交际的先前输入，成为解释和预期他人行为的基础。不同社会背景的人会以不同的方式产生不同的理解方式，因此就会产生分歧。身份范畴能够让我们快速地将他人进行群组的划分并定义他所表现出的身份特征的意义。也就是说，是否将他人划归为属于自己的一组是一种动态的、即时的和变动的。我们在社会交际中并不是完全关注相同特征，也不会将这些特征以相同的方式解释。在交互中对所观察的他人与我的相似性、我与他人的关系以及情绪等都会影响对他心的理解。一个人的社会特征将会影响对他人社会特征的划分，因此会产生不同的社会性解释。"身份作为一

---

[1] Spaulding, S., "Mind Misreading", *Philosophical Issues*, Vol. 26, No. 1, 2016.

[2] Spaulding, S., "Do You See What I See? How Social Differences Influence Mindreading", *Synthese*, No. 3, 2017.

[3] Spaulding, S., "Do You See What I See? How Social Differences Influence Mindreading", *Synthese*, No. 3, 2017.

种范畴化，是通过突显某些特征，淡化其他特征或是隐藏其他特征来标识一种物体或经验类型的自然方法。……因此，每一句真实陈述都必然忽略其中的范畴所淡化或隐藏的特征。"[1]

身份特征是很突出的，能够被快速地识别和划分。群组内和群组外的地位会极大地影响我们对于他人的知识地位的判断。我们通常会有朝向群组内成员更加支持和强调性的态度，特别是对那些与我的性别、种族、年龄、宗教和民族相同的人[2]。我们会倾向于简化或者轻视那些与我不同的他人心智状态，因此我们时刻带着视角和偏见理解他人。尽管那些群组外的人有原型，如很多外国人会将中国大妈划分为有钱人的原型或者购物狂的范畴，但是作为这一群组内的我们并不会认同非群组内的人所下的定义。在多样性的当代社会中，年龄、种族和性别是人们的最明显的特征，因此人们倾向于判断他人是否与自己在年龄、种族和性别上属于一个群组。但是，身份的划分并不是这种简单的身体上或者外在的区分，人们会有多重交织的身份。另外，我们对于一个人的划分是依赖社会情境和即时的，例如，在一个情景中，兴趣可能是一个明显的特征，喜欢打羽毛球的属于一个群组，而喜欢游泳的就会划归为不同的群组。然而，同样是这一群人，在运动完之后到底是去吃米饭还是吃面又可以划分为不同的群组。另外，在将他人划分为不同的群组时，我们其实掩盖了一个组织成员的分歧，同时夸大了不同组织之间的分歧[3]。因此，我们人为地根据某一个特征将他人划分为具有某种身份的人，就会导致忽略他的其他特征而带有偏见性。

身份划分影响我们对他人行为、性格和风格的判断，也影响我们对他人行为意图的预测。在感知相似性基础上，我们将他人看作属于一个群组或不属于一个群组，这种不同的身份划分会极大地影响我们对他心的理解。来自不同社会背景的人将会具有不同的暗含关联、即刻的人格特质的推理

---

[1] [美] 乔治·莱考夫、[美] 马克·约翰逊：《我们赖以生存的隐喻》，何文忠译，浙江大学出版社2015年版，第148页。

[2] Spaulding, S., "Mind Misreading", *Philosophical Issues*, Vol. 26, No. 1, 2016.

[3] Linville, P. W., Fischer, G. W., Salovey, P., "Perceived Distributions of the Characteristics of In-group and Out-group Members: Empirical Evidence and a Computer Simulation", *Journal of Personality and Social Psychology*, Vol. 57, No. 2, 1989.

和对感知相似性的判断,将会导致不同的社会概念化模式。社会身份解释了我们是如何通过缩小感知范围快速地对他人进行直接感知,结果造成我们在交际过程中产生各种偏见以及错误的判断。总之,社会身份的划分决定了我们在他心感知过程中的信息内容输入。

在心灵哲学中,直接感知总是被心智理论怀疑,因为直接感知无法解释对他人的错误或幻觉等现象。而我们认为造成这些问题的原因与早期的融合社交经验以及后期的交互实践经验的沉淀有关,同时也与当前的交互情境有关。"所有有机体都要施行的最基本的认知活动之一就是分类。用这种方法,每一经验的独特性都被转化为更加有限的一组习得的、有意义的、人类和其他有机体响应的范畴。"① 但是不得不说身体是身份的基础,因为我有一个身体,预示着我在世界中的存在,他人可以确定我的身份,身体是个人感知自我和他人的基础,也是被他人感知和他人眼中的他人自我存在的基础。交互理论的叙事假设认为,我们在故事的框架中理解他人,要么我是这个故事的一部分,要么不是。其实这里有一个斯波尔丁提出的问题,我们在理解他人的时候为什么会使用某种故事框架呢?我们是否首先需要进行社会范畴化?那么,这里面就涉及在言语交际过程中语用身份的建构。

### 三 语用身份的特征及建构

语用身份是指一个人(特别是说话人和听话人)以特定社会身份在具体语境中的(真实或非真实)呈现,是交际者(说话人和听话人)在发出或理解特定话语或语篇时选择的结果,话语中提及的社会个体或群体的他者身份统称为语用身份②。语用身份源于齐默尔曼(D. H. Zimmerman)、特雷西(K. Tracy)和罗伯斯(J. S. Robles)在话语交际中对不同身份的划分。齐默尔曼认为会话和情境性身份会影响言语的交际效果,同时强调情境在身份的建构中表现出生成性和动态性,将话语中的身份区分为话语性身份、情境性身份和附随性身份,并指出情境性身份是话

---

① [智]瓦雷拉、[加]汤普森、[美]罗施:《具身心智:认知科学和人类经验》,李恒威等译,浙江大学出版社 2010 年版,第 142 页。
② 陈新仁:《语用身份:动态选择与话语建构》,《外语研究》2013 年第 4 期。

语身份研究的中心①。特雷西和罗伯斯将日常会话中的身份分为三种：基本身份（master identity）、交际身份（interactional identity）和个人身份（personal identity）或关系性身份（relational identity）②，但更强调个人身份（关系性身份），因为这种身份是在言语中需要协商和随时改变的。因此，语用身份是对话语中身份研究的进一步深化和推进，可以让身份研究集中探索人们在真实交际过程中对身份的不同选择及选择的原因，从而探讨这种选择背后的认知机制。语用身份不受本质主义束缚，语用身份的提出使人们不再遭受在本质主义和建构主义二者选其一的困惑，淡化了身份分类的闭合性与开放性之争，同时还特别强调身份是一种可供调用的语用资源③。柏拉图的学说是对我们现在所谓"本质主义"哲学的古典的和真正原型的表达，本质主义是主张本质在实在性上先于存在的，而"存在主义"与此相反④。身份研究在经历了本质主义、存在主义和建构主义之后，正朝向话语分析转向。而这种话语分析转向就是朝向人类本真存在的，因为语言是存在之家。在语言交互过程中，身份是动态变化的，因此并没有一个所谓的本质语用身份在指称整个的交往过程，因此语用身份强调身份的非本质性，身份是交际者在言语交际中的动态选择和话语建构。但是当前语用身份理论还处在建设与发展中，还没有进入纵深研究。陈新仁认为语用身份具有三个特征：交际依赖性与临时性、动态性与可变性、资源性⑤。通过对语用身份理论的详细分析，我们认为语用身份有以下特征。

首先，语用身份的形成和建构受交往历史、已有知识和前期经验等因素影响。语用身份摆脱了本质主义的束缚并继承了建构主义的身份观，语用身份强调在会话过程中的身份选择和建构，"交际者的社会身份具有多重性，然而，特定场景交际环境下交际者从若干身份中选择甚至新建

---

① Zimmerman, D. H., "Identity, Context and Interaction", In: Antaki, C., Widdicombe, S. (eds.), *Identities in Talk*, London: Sage Publications, Vol. 87, No. 106, 1998, pp. 87–106.

② Tracy, K., Robles, J. S., *Everyday Talk: Building and Reflecting Identities*, New York: Guilford Press, 2013, pp. 17–23.

③ 袁周敏：《身份的界定：问题与建议》，《外语教学》2016年第4期。

④ [美]威廉·巴雷特：《非理性的人——存在主义哲学研究》，段德智译，上海译文出版社1992年版，第107页。

⑤ 陈新仁：《语用身份：动态选择与话语建构》，《外语研究》2013年第4期。

某个特定的身份进行交际是一个语用过程,通过特定的话语方式加以建构具有目的性和动态性。交际过程中,交际者做出不同的身份选择和建构会对交际产生不同的影响"[1]。语用身份如果忽视过去的经验对当前身份建构或者选择的制约,语用身份很可能会出现一种当下的共时的断面研究。那么,我们在语用身份建构的过程中,对于身份的选择是否只是根据当前的情景来选择?或者说,语用身份的建构或者选择是否是自由的?这似乎是当前语用身份研究的有待解决的问题。要解决这些问题,我们首先要对建构主义有所理解。虽然说建构主义是属于后现代思想的一部分,但是在建构的过程中,建构者并不能完全脱离已有的思想和视角,"建构主义强调前期经验的作用"[2],因此语用身份的建构必须在交际双方已有的知识与经验基础之上,才可能构建合适的身份。"交际身份虽然与基本身份有区别,但是不能独立于基本身份"[3],例如人们通常会将幼儿园老师、售楼员或者护士等社会职位与女性相关联,飞机驾驶员、程序员与男性相关,将百米冠军和篮球队员与黑色人种画等号等。但是,我们认为这种所谓的基本身份是我们进行身份建构的基础,也是制约我们在交际过程中身份建构的因素。如一个女性在走出幼儿园教室的时候,我们通常会将她预设为幼儿园老师,一个男性从幼儿园教室走出来的时候,我们可能会将他看作是孩子的家长或者学校行政人员,但是如果你是一个幼儿园的男老师,那么在同样的情景中可能会对他或她有不同的身份构建和选择。因此,前期的身份或者交互经验影响着身份的建构和理解。如例(1)[4]:

(背景:刘先生的电话响起,话筒里传来一位女性的声音。)
女:(带广东口音的普通话)猜猜我是谁?
刘:不知道啊。你是?

---

[1] 陈新仁:《语用身份:动态选择与话语建构》,《外语研究》2013年第4期。

[2] Hopf, T., "The Promise of Constructivism in International Relations Theory", *International Security*, Vol. 23, No. 1, 1998.

[3] Tracy, K., Robles, J. S., *Everyday Talk: Building and Reflecting Identities*, New York: Guilford Press, 2013, p. 22.

[4] 陈新仁:《语用身份:动态选择与话语建构》,《外语研究》2013年第4期。

女：(用很熟稔的语调)老同学,这么久没见面,连我的声音你都听不出来了?

刘：(想了一会儿)是XX吗?你不是在加拿大吗?

女：是呀,我已经到厦门了,帮一个朋友买房子,但是现在手头缺钱,想向你借1万块钱。……

(第二天)

女：老同学,真不好意思。钱还不够,想再和你借5万。你放心,过两天到了上海马上就还给你。

在例(1)中,正是因为这个女同学带着广东口音,才使刘先生听不出来给他打电话的这位女士到底是谁,在刘先生的先前经验中,老同学通常会以方言作为言语沟通的方式,因此刘先生就将这位女士建构为陌生人的身份,才会用"不知道啊。你是?"作为回应。这种广东式口音的使用是为了适应交际之前就预设的身份,也就是特雷西所说的交际身份,因此她想通过这种声音的基本身份展现一种高收入的身份。在改革开放之后,南方经济发展迅速,很多北方人会到广东淘金,使用广东口音的普通话会被认为是赚了大钱。但是这种言语行为并没有带来预期效果,因此第一次语用身份的建构失败,她不得不使用家乡话来构建老同学的身份,之后通过提到厦门、买房子、上海这些词汇来继续构建一个高收入身份从而达到预期的取效行为。我们可以看到在这个对话中,女方身份发生了三次改变,从有钱人到老同学再到有钱人。这反映了人们在言语交际中会对身份进行动态构建,但是我们也应该看到这些不同的身份是有关联和相互支撑的,只有通过口音这样的交际身份才能构建起不同的语用身份(有钱人或者同学),而这个语用身份又是通过基本身份为前提(女性、中国人、中年人等)来建构的。因此,语用身份理论从后现代和建构主义的视角摆脱了本质主义的限制,但是如果没有其他经验性的社会身份支撑,那么人们在言语交际中就无法建构一个恰当的语用身份。

其次,语用身份并非一种固定的资源。身份本身是否是一种资源,我们要从身份的本体论来考察。资源通常被认为是一种实体的概念,而如果我们将身份隐喻为一种资源,这样的观点将会导致两种结果:第一,人们有可能会将身份看作是犹如水、空气、矿产等的实体，那么这种观点会将身份回溯到本质主义的身份观，一种身份与一种资源对应；第二，会使人们将身份误认为是一种物化的状态，人们为了达到交际的目的可以随机地挑选身份状态。我们前面已经论述，语用身份的连贯性和整体性，不可能具有独立的身份实体存在。莱考夫和约翰逊曾专门对此种科学实在论进行批判，他们认为实在论应该是指"我们如何能够在世界中很好地生活。实在论是关于存在与世界的接触，但是能够被触摸的存在需要触摸者，这就是人类的身体"[1]。身份是需要以身体经验为基础的，身份本身不是一种资源，而是由身体与世界和他人的交互而涌现出来的动态关系状态。因此，身份不能被看作是犹如资源的一种客观的可以随意选择的实在，而是一种情境性的动态性的关系显现，有一定的历史必然性和身体性。如例（2）：

（秦奋在餐厅等一征婚对象，但是一个男人坐到他对面，这个人是秦奋过去的同事建国，建国是同性恋。）
建国：我可以坐这儿吗？
秦奋：我这约人了。
建国：你没怎么变，还是那么帅。
秦奋：认错人了吧？
建国：我建国（同时将眼镜摘下），城建公司的建国。哎，我变化有那么大吗？你都认不出来了？
秦奋：嗨！行政处的，部队文工团转业过来的。
建国：什么行政处的呀，人家后勤的。
（电影《非诚勿扰Ⅰ》，2008）

在例（2）中，我们可以看到，在这个对话过程中，身份并非是一个可以随意选择的资源实体，而是一种具身的、经验的、动态的关系表现。在对话的开始，由于建国是男性，秦奋也没有认出建国，更不可能将他

---

[1] Lakoff, G., Johnson, M., *Philosophy in the Flesh: The Embodied Mind and Its Challenge to Western Thought*, New York: Basic Books, 1999, p.95.

作为一个相亲对象。虽然建国提到秦奋变帅了来试图拉近双方的关系，并努力将自己构建为相亲对象的身份，但秦奋还是把他看作是一个并不相干的陌生人，因此建国的第一次的语用身份的构建并没有成功。因此，身份并不是可以随意选择的，而是有前期经验基础的。接着建国将眼镜摘下来，同时通过提到"城建公司"来让对方识别他的身份，此时秦奋才根据过去的经验和过去的人际关系构建了对方的身份。在日常经验中，相亲的对象应该是异性，这才导致对建国语用身份建构的失败，身份并非是一个如资源一样的实在，而是一种具身经验关系，因此"身份作为一个重要的概念并不与具体的经验直接对应，而是一种经验生成"[①]。

最后，语用身份的建构是社会的。皮亚杰和维果茨基作为建构主义的主要奠基人，他们的思想观念并不一致[②]。皮亚杰所论述的建构强调个人的创新性和自由选择性，因此社会文化只是建构的一个因素而非建构的必要条件，维果茨基认为"皮亚杰未能充分考虑社会情境和社会环境的重要性"[③]，社会文化才是建构的基础。如果语用身份是以皮亚杰的建构主义为思想背景而建立起来的，那么这种思想会导致语用身份出现一个即时会话中的封闭状态，而较少考虑过去的生活经验、历史和文化等在语用身份建构中的作用，因为我们在交际的过程中，语用身份的建构是在前期经验的基础上和约束下构建的。犹如索绪尔在《普通语言学教程》中提出对"语言"（langue）和"言语"（parole）的区分，虽然这样的研究能够促使人们使用"科学"的方法便利地研究语用身份和语言，但是这种观点明显是与后现代和建构主义的观点相悖的[④]，因此语用身份的研究不能脱离其他身份，更不能进行随意选择，语用身份建构是受过去经验和当前情境制约的有限选择。因此，在探讨语用身份的动态性和

---

[①] Varela, F., Thompson, E., Rosch, E., *The Embodied Mind: Cognitive Science and Human Experience*, Cambridge/Mass: The MIT Press, 1991, p. 2.
[②] 桑新民：《建构主义的历史、哲学、文化与教育解读》，《全球教育展望》2005 年第 4 期。
[③] ［俄］列夫·维果茨基：《思维与语言》，李维译，北京大学出版社 2010 年版，第 28 页。
[④] Stawarska, B., *Saussure's Philosophy of Language as Phenomenology*, Oxford: Oxford University Press, 2015, p. 78.

选择性的同时还应该进行历时的研究①，交际身份的建立并不是完全随意的选择，选择性并不代表没有约束性。如例（3）：

秦奋：真够巧的，十年不见，这儿碰上了。
建国：巧什么呀，我约的你。
秦奋：你约的我？
建国：啊。艾茉莉，茉莉，跟这餐厅名儿一样。人家改名了，想给你一个惊喜。
秦奋：你这不是给我捣乱吗？我登的是一征婚广告啊！
建国：人家想见见你。再说了，你广告上也没说男人免谈啊！
秦奋：那不废话吗？我还能找一男的？我又不是同性恋。
建国：……（没有回应，但是略显生气。）
秦奋：你是……
建国：嗯。
秦奋：啊，可是我不是啊。
建国：你怎么知道你不是啊。以前我认为我也不是，可后来我认识到了，是不敢面对，没有勇气。

（电影《非诚勿扰Ⅰ》，2008）

在这个例子中，我们看到一个语用身份的建立是有前期经验基础的，受过去的传统文化和经验的影响，我们通常的观念认为，在相亲的过程中应该是异性之间的见面交流，而建国的出现打破了秦奋以往的经验基础和当下的身份预期，秦奋会表现出一种排斥的心理，他不能接受与过去的男同事之间的相亲，因此秦奋始终不相信建国的身份，最后只是在建国展示出自己身份的时候，秦奋才相信建国就是相亲对象。

## 四 语用身份的两重维度

在梅洛-庞蒂的观念中，语言是共时和历时、意义和表达的整体。

---

① Zehfuss, M., "Constructivism and Identity: A Dangerous Liaison", *European Journal of International Relations*, Vol. 7, No. 3, 2006.

我们运用现象学、社会身份理论以及社会认知的相关研究成果分析和解构语用身份理论在前期经验、身份资源和历时身份等方面存在的问题，在此基础上将语用身份扩展为历时语用身份和共时语用身份，并进一步指出语用身份的两重维度处于相互依赖和相互塑造的辩证循环之中。

第一，历时语用身份作为经验奠基。历时语用身份是指在交际之前，双方相互间的身份预设和交际双方企图向对方展现的身份，以及前期交际过程中所呈现过的各种身份。此处，身份的历时性不同于传统的经验主义对历时性的观点，即将身份看作是在时间中的，因为当前的科学和哲学研究并不是将身份看作如空间一样的直线型，因此身份不是在时间中的不同身份的叠加。因此，历时语用身份主要由两个方面构成，交流之前的身份预设和前期的身份经验。一方面，由于交际过程中涉及双方身份的预期和构建，因此在交际过程中会出现两种身份认知可能：（1）双方对历时语用身份都相互认可，如伊丽莎白女王在为一艘船命名的时候说"I name this ship Elizabeth"是可行的，因为双方都对对方的身份有一致的看法，即听众和伊丽莎白女王都认可伊丽莎白作为英国女王有权力并且是合适的去为一艘船命名；（2）在通常情况下可能会出现身份认知的不一致性，正是这种不一致性才导致双方有继续交流的必要性和可能性，才会有交际过程中语用身份的不断建构。特雷西虽然也强调了这种交际之前双方本身所具有的身份（如性别、种族等），但是他的观点将基本身份和交际身份看作是一种固定的和静态性的本质身份。历时语用身份并不等同于特雷西所说的基本身份和交际身份，而是有一种动态性和经验基础性，如在例（2）中，如果交际双方都认可同性恋，那么双方就不需要这么长的时间去确定对方的基本身份，而是直接进入谈话的主体，身份在会话中的作用将会逐渐减弱，会话双方会更多地关注谈话内容本身。另一方面，人们的前期经验也会影响当前身份的预设和建构。在社会交互过程中，我们根据前期身份经验来迅速地将他人进行身份归类，例如，"在我们看到一张脸的100毫秒内，我们就能够根据他人的年龄、性别和种族对他进行分类"[1]。在将他人身份进行归类的时候，

---

[1] Liu, J., Harris, A., Kanwisher, N., "Stages of Processing in Face Perception: An MEG Study", *Nature Neuroscience*, Vol. 5, No. 9, 2002.

人们也会同时去根据已经划分好的他人身份来构建自己的身份。我们看下面的一个事件①，例（4）：

　　在 2014 年 7 月 17 日，纽约市斯塔顿岛，加纳（E. Garner）因卖了散装的香烟被警察拦下来。加纳与五名警察交流几分钟之后，一个警察突然抱着他的腰，而后加纳也重击了警察的手。警察又用胳膊扭住加纳的脖子将其按倒在地并勒住其脖子。其他四名警察也一起将其控制，用膝盖压在加纳的背部，并将其胳膊反身背过来。之后几分钟，加纳一直都是脸贴着地面大叫，重复地大声呼喊了 11 次"我不能呼吸了！"但警察没有任何反应，直到加纳失去知觉之后，才松手。七分钟之后，加纳被赶来的救护车拉走，但刚到达医院就被宣告死亡。医院认定的结果是，警察勒住他的脖子导致窒息而死。

从这个事件中，我们可以猜测，加纳在交流的过程中，应该是以一个正常人的身份与警察进行交流，但是由于警察受前期经验的影响仍然将加纳划分为嫌疑犯，因此警察将他当作犯罪嫌疑人并依此建立语用身份，当加纳说"我不能呼吸了"的话语的时候，警察会将这个人的话语与他的身份连接，从而认为这是在说谎。而这就会导致双方交际失败，身份建构和理解失败，因此在加纳求救的时候警察并没有任何回应，才造成了后来的结果。在这个事件中，我们可以清晰地看到交际双方在交际时有一个身份的预设，前期的身份经验同样影响了后期交际过程中的语用身份建构，而语用身份建构的成功与否是严重受前期经验影响的，因此在加纳求救的时候，他并没有获得应有的语用身份认同。过去的观点会整合到现在作为一个有意义和整体的系统②，因此我们认为历时语用身份是一种动态建构的并以前期经验作为构建基础的身份，历时语用身份携带着语用身份构建的意义。

第二，共时语用身份的动态建构。与历时语用身份作为经验奠基不

---

① Spaulding, S., "Do You See What I See? How Social Differences Influence Mindreading", *Synthese*, No. 3, 2017.

② Merleau-Ponty. M., *Signs*, Evanston: Northwestern University Press, 1964, p. 86.

同，共时语用身份强调在话语交际过程中的动态建构，但是要以历时语用身份为基础通过会话的方式将身份以多层面、多角度和多样的方式来呈现其所要达到的预期身份。如果这种语用身份是在交际双方都互为认可对方身份的时候，那么交际中的共时语用身份将会等同于历时身份，但在通常情况下历时和共时语用身份需要通过协商的方式达到统一[①]。共时语用身份是表达在会话过程中通过沟通、协商而构建的动态身份，但是共时身份的构建与预期的会话目标以及预期和预设的历时身份有关，它是语用身份研究的另一个焦点。同时，还应该认识到共时语用身份并不独立于历时语用身份，而是在后者的基础上和在动态的会话中构建的当下语用身份。语用身份不是一种资源性的身份实体，也没有一种固定的身份实在，而是一种不停歇的交流和协商，因此共时语用身份具有一种共享性和共呈性（co-present）。交际双方之间由于受历时语用身份的制约以及自我与他人的非一致性，因此才会出现身份构建的差异，从而在会话过程中需要持续不断地建构身份。同时，共时语用身份的建构会一直处于我和你的基础层面上的持续影响，"交际双方会表现出一种趋合性，会在持续的交谈和协商中，达到一种我和你的共同体"[②]。因此，共时语用身份并不是一个可以随意选择的身份实在，而是在会话一开始就受到历时语用身份的制约表现出对立和统一性，语用身份是由无意识和有意识、必然和自由、历时和共时的元素共同作用而生成的。如例（5）：

（润叶以前是少安的女朋友，但是种种原因使两人不能结婚，后来在少安的婚礼中，润叶希望跟少安在毛主席像前结为兄妹，在拜完毛主席像之后。）

少安：润叶。

润叶：别叫我名字。

少安：妹。

---

[①] Tapia, J., Rojas, A., Picado, K., "Pragmatics of the Development of Personal Identity in Adolescents in the Latin American Context", *Integrative Psychological & Behavioral Science*, Vol. 51, No. 1, 2017.

[②] Märtsin, M., "Identity in Dialogue Identity as Hyper-Generalized Personal Sense", *Theory & Psychology*, Vol. 20, No. 3, 2010.

润叶：诶，以后我和兰香一样（兰香是少安的妹妹），都是你妹子。

（毛卫宁导演电视剧《平凡的世界》第 11 集，2015）

在例（5）中，我们可以看到，对话双方在交际之前是有一个前期预设的历时身份，正是因为这个身份使少安在会话开始的时候并没有转换身份，因此才会叫润叶的名字，而润叶由于极度伤心，并且也感觉改变不了少安结婚的现状，因此润叶就让少安改变对她的称呼，同时也应看到正是这段会话，改变了两人之前的关系，两人的身份从情侣关系变成兄妹关系，新的共时语用身份得以建构和达成。

语用身份的两重维度并不是两种身份，而是语用身份的两种表现方式，它们是语用身份在时间横向和纵向的共显和共在。因此，语用身份同时受前期经验和当下情景的制约，从而在交际的身份建构中表现出对交际双方身份预设和预期的交流、冲突、协商和一致等。这与胡塞尔的内时间意识以及梅洛-庞蒂在论述过去和现在的关系的观点一致，"现在会渗透到过去中，同时过去也会渗入现在中"[1]。值得注意的是，历时语用身份更多地表现为时间持续性，共时身份更多地表现为动态性，这两种身份是相互交错和纠缠的，是不能严格区分的，犹如心灵与肉体并不能作为两个独立的实体而存在。如上所述，语用身份并非是一个身份实体，也不是身份的固定表现，语用身份不是一种实体性的资源，也不是可以被随意选择和建构的，而是受前期经验的影响，即我和你的互联互通和相互制约[2]。正是有这种我和你的交互经验基础，才会有后期的身份预设和预期以及交际中语用身份的动态构建。也正是因为人们对世界和他人的认知总是带着前期的经验基础，交际双方会有一个自身的交际身份预期和他人的交际身份预设，也因此会表现出一种个人的视角和偏见，而语用身份的构建还需要在动态的言语交际中进行无意识或有意识地顺应和选择，通过交流和协商的方式突破历时语用身份而实现新的语用身

---

[1] Merleau-Ponty. M., *Signs*, Evanston: Northwestern University Press, 1964, p. 87.

[2] Stawarska, B., "'You' and 'I', 'Here' and 'Now': Spatial and Social Situatedness in Deixis", *International Journal of Philosophical Studies*, Vol. 16, No. 3, 2008.

份构建。

从语用学的角度来看,语用身份与言语交流之间是一种相互促动和相互制约的关系,这与特雷西和罗伯斯在论述言语行为和身份之间关系的四个原则中的前两个是相通的。语用身份的预期会影响言语行为的言内行为和言外行为,因为身份的预期直接导致言说者采取与其预期身份匹配的言语,而言语行为是否能够达到预期的取效行为要看双方的身份预设和建构,正如在课堂教学中,如果学生并没有将教师作为教师的身份预设,那么课堂的教学效果将不太可能达到教师的预期行为。同样,言语行为还会影响语用身份的建立,为了达到预期建构的语用身份,言说者如果采取合适的言语行为,那么就会改变听话者对言说者预设的语用身份。因此,我们认为语用身份的构建是历时与共时两重语用身份交互的动态过程。语用身份应该强调交际双方的平等性、沟通性和关系动态性,以一种对话性的思想为基础。语用身份应该是以经验为基础,同时强调对话中交际双方不同语用身份的相互共存性以及语用身份的生成性和动态性。语用身份理论的构建需要一个共时与历时的、个人与社会的、静态与动态的、交际前与交际中的不同身份的综合研究才能全面把握语用身份。只有在"我们"中心的基础上才会有自我与他人的区分、人类身体功能的各个部分细分、语言的精细化和复杂化以及主体与客体的分割。"我们中心"与"自我中心"是平行的状态,两者互相纠合,自我中心要以我们中心作为工具来跨越自我和他人的沟壑,将他人看作一个像我的存在,而且不同的人还有相似的身体和环境。事实上,建立"自我中心"的视角是与创制自我与他人的鸿沟是平行的。这个知识鸿沟把我和非我区分开来,这就对主体间性和社会认知的解释提出了挑战,主体间性的"我们中心"空间也许能够给个人提供一个跨越知识鸿沟的能力,那么语用身份会将带有自我性的我们归因他人。因此,语用身份就会在自我与他人之间互动,并且在互动中达到一种平衡性,而伴随这一交互过程的是语用身份的脱落与重建。

### 五 语用身份下的他心分歧消解

通过反复地交互,当已经习惯了他人的行为模式以及表达方式之后,我们就会自动建立这种交互模式,从而使我们在面对与此相似的情景时能够快速地达到对他心的直接感知。在例（1）、例（2）和例（3）中，我们看到不管交际双方是以何种身份显现和尝试建立任何的语用身份，都会使用"我"和"你"作为相互的指称，而这种相互指称会突破双方对各自身份的预期以及对对方身份的预设，正是在这种人称代词的作用下，旧的身份会随着会话的推进而得以建构新的身份，因此"我"和"你"是身份的摹状词。"我—你"关系反映了人类最初的语用身份关系，这其实也就是梅洛-庞蒂所说的融合社交的原初经验，同时也是达到了一种自我与他人的互逆状态。而且随着交互的深入，我们才能够真正摆脱先前的身份，与他人进入真正的交互中且清晰地理解他人，从而达到重新认识他人的状态。当我坐火车遇到对面的一个乘客的时候，我并没有感觉他特殊，但是经过一段的交流，我会对他进行重新认识和语用身份的划分。因此，我们说身份起初的建构以及后来偏见的产生，都可以通过这种交互而达到对初始身份的逐渐摆脱而进入一个新的身份范畴之中，从而进入一个新的认知阶段，那么我们就会进入不那么有偏见的直接感知的状态。

第一，语用身份的消解。通过身体与周围世界紧密相连构建我们的感知世界，同时也会将他人的身份进行消解并在语用身份中表现出来。"我们在职业、性别、种族、年龄、文化装备和时尚等方面差异如此之大，然而我们的身体却被作为相同的工具使用。以握手或拥抱的方式使自己和他人合二为一。更进一步，我能看到你在看我。"[1] 我们的身体实际上是相互通达的，身体间会逐渐形成一个更大的通感系统，从而构建一个大的"我们"。之所以会出现历时语用身份和交际中的共时语用身份，是因为在交际之前、交际过程中都体现了本体论语用身份。而这种本体论语用身份的基础是对交际双方的融合社交性关系的反映，同时也显示了通过互惠性社交达到肉身交织的目标。融合社交是连接自我和他人的桥梁，后期的自我与他人的区分也以此为基础，并在交互的过程中逐渐实现肉身交织而达到可逆性状态。

自我与他人的关系是一种融合社交关系，这里面蕴含了双主体。传统的主体间性观并没有完全摆脱主体性哲学的桎梏，自我仍然在主体间

---

[1] Hass, L., *Merleau-Ponty's Philosophy*, Bloomington: Indiana University Press, 2008, p. 131.

性中占有主导地位。因此，传统哲学中的"我"是词义贫乏的，没有太多内容。同时我们应该摆脱先验自我的观点，不要将我作为自我的标签。斯塔沃斯卡（B. Stawarska）在综合了大陆现象学和英美哲学对现代理智主义和现代主义批判的基础上，通过打开在意义和经验中我—你互联互通的原初性，强调我与你的不可分开性以及两者互联互通是交流的本质①。我和你互联互通常被称为交际过程中对双方的指代，这两个称呼总是指向一个动态的交互过程，二者需要在相互指称中才能够涌现，缺少你的我和缺少我的你都不能构成一个完整的交互状态。在交流中，我需要与另外一个说话者相遇，将我称为"你"，就像洪堡所说"人称指示词是语言的最基本和最原初的层面；但是它们经常被认为是后来发展出来的"②。斯塔沃斯卡认为正是这种"我—你"关系而非独立的"我"为社会性提供了基础，这也是社会性理论的基础。人类最原始的形式不能被看作同一性和相同性，而是一种关系性，因此我和你作为指代词是最原初的语用身份指称和不能够摆脱的本体性关系。我和你形成了一个关系的不变系统，通过说者和听者在实际的会话互动中实现。在会话中，我和你之间有非常密切的关系，我和你的互联互通的交织是作为一个在空间和时间上都是复杂的未区分的显现③。父母在与婴儿交流的时候会不自觉地按照婴儿的方式交流，在孩子面前父母变得更加温柔。因此，我和你处于一种天然的、动态的、相互制约的关系中。由于，"我"和"你"这两个指称在交互过程中能够出现互相转换，因此当交互的不断推进达到本真的存在状态之后，就出现了"你"和"我"部分的交织和互逆状态。

第二，语用身份的重建。语用身份的不断调整是与范畴的变动一致的，范畴不是一成不变的，而是可以根据我们的目的和其他情境因素来

---

① Stawarska, B., *Between You and I: Dialogical Phenomenology*, Athens: Ohio University Press, 2009, p. xi.

② Humboldt, Von. W., *On Language: On the Diversity of Human Language Construction and Its Influence on the Mental Development of the Human Species*, Cambridge: Cambridge University Press, 1999, p. 95.

③ Stawarska, B., *Between You and I: Dialogical Phenomenology*, Athens: Ohio University Press, 2009, p. 170.

收缩、扩展或调整的①。交际双方的不断对话是可以不断地消除由范畴划分所带来的歧义的,"通过自我和他人的交流合而为一：对话将我们带入一种共同的体验,在这种体验中,主体和客体都没有位置,我们被相互吸引,从我们自己和我们以前对他人的想法中走出来"②。当然,这种经验模型并不是不可错的,而是在我们的实践中逐渐修正的,从而使语用身份的划分越来越具有普遍性,并且会在与不同人的交互中构建不同的关系模型。在这种模型构建中,我们对他人在互动中的角色进行划分,从而将他人划分为不同的群组和身份。因此,我们有老师、父母、朋友和陌生人等的区分,在面对不同身份的人的时候,我们就会自动地进行身份识别、身份建构和身份重建等,但是这种构建和重建是发生在交互过程中的,我是以与他人融合通感性的交互为基础的。如果没有这种融合通感,那么我们将不会与他人进行交互,也不能够通达他心,那么我们只会将其划分为陌生人导致交互中断。因此,语用身份的建构需要融合性的通感为基础,通过通感性的直接感知,来对他人身份进行建构,同时身份的建构又有利于对他心的快速通达。因此,他心感知是融合性的直接感知,而直接感知的亚人机制是通感感知,通感能让我们直接通达他人的心智,包裹在通感里面的就是我们的神经机制,镜像神经元是一个关键的神经机制。但是人们之所以能够达到这种心智的直接感知,一个很重要的机制是人们的融合社交。也即是说,融合社交是他心的直接感知的基础,在这样的原初经验之上才形成了后期的直接通达,也是功能上的通感和神经上的镜像神经元的早期形式。但是,这样理解他人的方式并不是我们理解他人的唯一方式,我们需要语用身份的参与。在理解他人的过程中,语用身份是必不可少的部分,在遇到一个陌生人或者不能理解的地方,人们常常通过先前经验对其进行归类和身份划分,从而实现对他人的快速把握。当然这种把握并不是一个固定的模式或结果,随着交互的深入,他人所归属的语用身份的边界会逐渐的褪去,从而出现我对他人重新身份划分的现象来实现与他人更好的沟通与偏见的

---

① [美] 乔治·莱考夫、[美] 马克·约翰逊：《我们赖以生存的隐喻》,何文忠译,浙江大学出版社 2015 年版,第 149 页。

② Hass, L., *Merleau-Ponty's Philosophy*, Bloomington: Indiana University Press, 2008, p.110.

消除。

  他人首先是一个陌生的人，这种相遇是一种偶然的相见。我们并不是直接就能够完全理解他人，而是说，我们是会将他或她进行持续的划分。那么这种划分是如何进行的呢？这个时候就是一种语用身份的交互和生成，由于在过去的经验中拥有了无数的身份模型和身份范畴，那么这种经验范畴会在交互的过程中以一个经验之网的样式影响我对他人的判断和理解，但是我和他人的相遇和交互又会持续地改变我过去的经验。不过我们要指出的是，这并不是我们的最基本的认识他人的方式。而造成前期的语用身份划分的原因是由于人与人之间的一种陌生感，使我们不得不对他人进行划分和分类，但是当我们运用各种的范畴进行划分之后，会对他人形成各种各样的理解，这些理解会在我们持续地互动中发生变化，因此语用身份最终和最好的结果是去身份化，我们摆脱了对他人的各种偏见，而这样的结果离不开我们与他人的直接交流，在对他人的语用身份划分过程中，我们也不能完全摆脱对他人的直接感知。直接感知是我们无法摆脱的与他人交互的方式，因此在交互的过程中，他人将不再是一个完全与我不同的个体，而只能是与我处于不断交互关系中的身份个体，在交互中实现我和你的互逆，从而使我和你达到一种相互的理解。

  语用身份的划分是导致理解他人有分歧的一个重要原因，正是这种范畴化，使我们在理解他心时，通常会利用前期的身份经验来推测他人的情感、行为、语言和意图等。当然前期经验也非常重要，我们正是在这个经验的基础上来理解他人的。但是这种经验又会带来误读和偏向诠释，前期经验通常会有一定的偏见性，而且这种经验是脱离当下情景的一个前期知识，因此可以说，分歧产生是身份的范畴化导致的。那么，是否因此就认为我们需要脱离这种范畴化呢？不得不说，人类的社会性存在不能脱离范畴化，自出生以来儿童就开始判断能吃的和不能吃的，饿的状态和饱的状态等。抽象思维并不会在人类的认知过程中完全被具身认知所替代，只是说具身认知更能展现我在认知过程中的方式，但是人类还是具有抽象思维存在的。这种抽象思维在他心问题中被认为是不同于具身认知的，但是这种不同并不是肯定经典认知科学的观点，而只是说表现方式不同而已。因此，他心感知充斥着对他人多维面相的不断解读以及多维面相的重新建立，最后通过原初的本我进入他心之中，但是在这一个交互的过程中，我对他心的感知都是直接的。电影《绿皮书》(*Green Book*)告诉我们，在过去的美国社会中，白人与黑人之间人为地对双方进行范畴划分，当白人和黑人起初进行交流时，可以看到这种前期经验范畴深刻地影响着交互双方，是他们误解和冲突的直接原因，但是经过两人之间不断地交流和相处，误解也不断消除，这也就是语用身份开始逐渐解构的过程，同时新的语用身份在两者之间开始形成，两人最后形成了一个新的关系，那么此时两人之间的理解达到一种本真的状态，而在整个的冲突发生、冲突减少和冲突消失的过程中他心都是被直接感知的。

## 小 结

心智理论、具身模拟论和交互理论的争论，其实在很大程度上是一个起点问题，即我和他人到底处于一种什么样的关系中？主体间性是后期形成还是先天具有？心智理论预先假设了自我和他人的独立关系以及自我的优先性，具身模拟论虽然也强调自我和他人的主体间性，但是更强调自我和他人的区分性，而交互理论是将初始的起点问题建基于初级主体间性，更多地关注自我和他人的相同性，当然初级主体间性也会在交际实践和叙事实践中被塑造，从而获得提升。心智理论作为独立的心智阅读方式以及在具身认知的强烈攻势下逐渐撤退，但是具身模拟论和交互理论的争论还仍然在持续，而且心智理论也出现一定的反扑。面对这样的争论，我们通过考察他心直接感知的哲学起点，认为两者都将梅洛-庞蒂的身体现象学特别是关于自我和他人的互惠性关系作为理论起点，起点相同但是争论仍然很大，除去两种理论的研究视角不同之外，导致两种直接感知理论产生争论的原因是两者对梅洛-庞蒂思想的使用方式不同，加莱塞就一直在促进神经科学与梅洛-庞蒂的身体现象学的融合，而加拉格尔一开始就是从现象学着手研究他心问题的。另外，两种理论并没有完全挖掘梅洛-庞蒂关于自我和他人关系的全貌，对于中期和后期关于儿童原初经验的论述没有给予足够重视，因此为了补充他心直接感知，我们重点对梅洛-庞蒂中后期关于自我和他人关系的论述进行详细讨论，从而提供一个更完善的他心直接感知。

融合社交的提出加速了具身模拟论和交互理论的融合，也论证了镜像神经在他心直接感知过程的作用。镜像神经元并不是婴儿一出生就能发挥模拟的作用，而是需要后天的交互，如父母对婴儿的反应等，即我和他人的交互使镜像神经元得以形成[1]。贾里佐拉蒂认为镜像神经元并不模拟而是模拟的基础，社会性先于模拟，模拟先于社会性无法解释对模拟他人的逻辑性[2]。因此，应该更加看重社会性和主体间性的作用，模拟并非天生而是在社会、认知和运动系统的合力下涌现的习得机制[3]。镜像神经元是连接自我和他人的桥梁，但是具身模拟论被个人主义和唯我论框架约束，习惯性地认为自我和他人是分开的。另外，尽管在早期的儿童交互中有镜像神经元的参与，但是镜像神经元的功能完全展开要等到交互开始的几个月之后，镜像神经元发挥作用也与抑制机制的出现同时，正是抑制机制的限制才使镜像神经元能够去模拟。梅洛-庞蒂在论述身体图式的时候也有这样的观点，在婴儿早期，身体图式还没有完全形成，后期的交流以及发展才使身体图式固定。当我们感知他人的时候，我们会将他人看作与我有内在关系，我能够通过他人的身体去抓住他的自我，会将他人看作一个活生生的意向主体而非一个机械对象[4]。其实具身模拟论对于交互的观点与梅洛-庞蒂的融合社交观有一致的地方，只是具身模拟论并没有与融合社交结合导致了具身模拟论的个人主义倾向。也就是说，人们在出生的时候是融合在一起的，正是后来的交互使自我和他人区分开来，但是同时也是因为镜像神经元的作用使自我和他人出现联系和模拟。自我和他人的分裂是一个逐渐清晰的过程，也是个体逐渐成熟和获得交互能力的过程，因此抑制机制是一种分离能力，交互是一种融合能力。

---

[1] Iacoboni, M., *Mirroring People: The New Science of How We Connect With Others*, New York: Farrar, Straus and Giroux, 2009, p. 134.

[2] Hickok, G., *The Myth of Mirror Neurons: The Real Neuroscience of Communication and Cognition*, New York: Norton, 2014, p. 204.

[3] Hickok, G., *The Myth of Mirror Neurons: The Real Neuroscience of Communication and Cognition*, New York: Norton, 2014, p. 205.

[4] Thompson, E., *Mind in Life: Biology, Phenomenology, and the Sciences of Mind*, Cambridge/London: Harvard University Press, 2007, p. 39.

一些人认为自己没有通感，其实只是没觉察或者无法觉察而已，通感感知作为身体感知的多模态样式是一个前反思的先于意识的感知方式。日常生活中有很多这样的表达，例如"黑色星期五"或者"白色情人节"等语言—颜色通感其实就是感性到理性的升华。抽象经验是通过通感感知来实现的，也就是说，抽象的和有意识的感知是在通感感知实现之后的显现形式。通感能力的培养是创造力和想象力培养的重要方面，通感能力的培养可以增强人类的感知能力和抽象思维能力，通感感知的多模态表现方式能够给予更多的感知线索。感知—运动的一体性，与身体灵活性有关的训练，如太极拳、舞蹈和体操等将有助于提高身体图式的灵活性和感知的整体性，从而提高通感感知能力。"记忆研究表明，与单感官感知相比，多感官暴露能更好地识别物体，例如，听觉—视觉联觉可以提供更好的记忆能力，这是由于多模态处理降低了认知负荷，来自不同模态的信息更容易进入短期记忆，并用于构建长期记忆表征"[1]，因此通感感知能力的提高也有利于提升学习以及社交过程中他心阅读能力。身体作为一个统一体，以全身心的通感感知方式去把握整个世界和他人，形成一个感知场。通感作为感知的本质形式也成为感知的普遍方式，而形成通感感知的一个重要因素是感知—运动的一体性，而镜像神经元就可以作为这一整体性的神经基础，因此通感感知的具身性作为感知的基本形态成为他心直接感知的功能机制。

需要注意的是，对于他心的感知并不能够完全用原初的或者本质的机制来解释所有现象，因此还是应该将融合社交下的直接感知与其他理论进行结合。机制层面除了通感的作用之外，还是需要提供一个能够解释导致他心感知产生分歧的机制。面对他心分歧，语用身份的解释可以很好地解决这一问题。我们是在融合社交的基础上进行交际的，通过交互可以达到对他人的理解从而摆脱前期范畴经验的影响，虽然后期的成长以及个人经验和视角的独有性会导致分歧，但是通过互惠性交互最后能够达到一种交织的状态。当我与一个陌生人开始交流的时候，我会调动我的前期经验对他进行理解，这种理解会根据以往的经验或者原型将

---

[1] Shams, L., Seitz, A. R., "Benefits of Multisensory Learning", *Trends in Cognitive Sciences*, Vol. 12, No. 11, 2008.

他人进行身份划分,在这一原型身份所对应的意义下对他人进行感知,当然这种感知是夹杂着傲慢与偏见的,但是随着交互的深度进入,这种建立在原初经验之上的范畴会逐渐消解,他心感知过程中会出现这种从范畴的建立到消解再到重新建立的不断循环过程。另外需要指出的是,在他心理解过程中,语用身份这样的范畴划分能力的使用,并不能否定他心的直接感知。我们的智能可以给我们提供更多的信息,因为它是作为一个分析的工具,但是更多的是通过我们的情感来做决定的,正是我们的感性来将意义附着于事物[1]。这就是说,大脑发展后期的认知或者逻辑思维能力有利于我们对事物的判断,而且这些抽象的认知能力或者思维能力只能看作前期经验的表现方式,它们只是提供了更多的选择而已,并不是起到决定性作用的,因为最后做决定还是我们的情感系统,而对于他心的理解也依赖具身的情绪性的直接感知。因此,他心分歧并不是对于他心直接感知的否定,只能表明他心有多维面相。

---

[1] Cytowic, R. E., *Synesthesia: A Union of the Senses*, Cambridge/Massachusetts/London: The MIT Press, 2002, p. 91.

# 第 五 章

# 他心直接感知的应用

上一章已经从三个维度对他心直接感知给予补充，这有利于他心直接感知更加完善，并能够继续发展。但是，这一修缮的理论是否有更强的解释力呢？本章将对完善后的他心直接感知进行应用性研究，涉及自闭症、人工智能和机器伦理三个方面。

自从他心直接感知提出以来就受到了其他学科的关注，当然也与这一解释的发展以及解释力有很大关系。他心问题研究最经常和被广泛应用的就是自闭症研究，因为在传统的研究中自闭症是作为理解他心的缺乏而出现的，被认为是由社交能力缺失或者缺陷造成的病理现象，表现出社会交互隔断、重复有限的行为模式、语言能力发展迟缓以及非正常的语言表达等现象。自闭症作为他心问题的一个试验场而成为他心问题研究必定涉及的方面，因此我们梳理自闭症的各种研究理论，并尝试将融合社交下的他心直接感知去重新解释自闭症。与此同时，社会的发展，特别是技术的进步使人工智能研究得以迅速发展，人工智能研究正向人机交互的方向推进，而解决机器对于他心通达的问题将是人工智能研究的核心问题。由于心智理论下的他心问题逐渐被抛弃，因此尝试将融合社交下的他心直接感知作为人机交互的基础和一个可能发展趋向。科技的极度发展让人类生活逐渐丧失了原有的意义，而这也与科学的哲学根基不稳有关，胡塞尔认为现代科学失去了生活世界，如果真正的交互性机器人能够出现，那么人类的生活世界的根基将会被彻底推翻，因此人类面临着如何应对当前的交互性机器人、机器人的身份以及人与机器的关系等伦理问题。面对机器伦理问题，我们认为解决交互性机器伦理问题的最主要方式就是解决如何跨越当前的交互性机器与人在心灵和身体之间的鸿沟问题，那么将他心直接感知的最新研究应用于机器伦理问题成为一个顺理成章的事情。

## 第一节 直接感知下的自闭症

当前对于自闭症的研究有很多视角,当然也存在很大争论,因此有必要对自闭症的解释进行梳理。结合他心问题的发展,我们将自闭症研究划分为心智理论和直接感知下的自闭症研究,并将各自解释方案的利弊进行总结。自 20 世纪 70 年代以来,认知科学的发展使自闭症研究进入了一个飞跃发展阶段,正是在这一时期,研究者开始系统地研究自闭症的认知功能,并提出了心智理论假说、弱中央统合理论等。总体上说,心智理论下的自闭症研究都认为自闭症是心智机制发展迟缓或者缺失造成的,可以通过儿童能否完成错误信念任务验证是否患有自闭症或者有自闭症倾向。自闭症的心智理论解释确实产生了相当大的影响,然而不得不说的是,这一进路并没有强调患者情感和社会方面的缺陷,而且他心直接感知的崛起让更多研究者开始质疑心智理论作为自闭症的唯一解释:一方面,心智理论严重依赖能否通过错误信念任务这一假设,但是这一假设本身受到了质疑,研究发现在心智理论出现之前自闭症儿童已经表现出某种社交不足与缺陷,典型发展儿童会具有情绪的自动调整能力,但是自闭症儿童却不能进行合适的反应;另一方面,大量证据表明,自闭症患者的缺陷不在高阶认知,自闭症患者社会认知能力在某些方面是可以达到当前年龄层次的,例如,自闭症患者可以正确地说出另一个人在寻找的物体的位置;在动物实验中,患有自闭症的小鼠仍然保留着高阶认知能力(尽管是非常粗糙的形式)[1]。当一个人失去了身体图式时,如果想要恢复正常运动就需要发展出极高的身体意象弥补缺失,也就表明高阶功能可以部分起到低阶功能的作用,高功能自闭症患者依靠认知执行的形式维持其微弱的社会认知功能。加拉格尔认为自闭症患者如果真的是由于缺少心智理论而造成社会认知能力缺失,那么就不应该通过错误信念任务,但是研究发现有 15%—60% 的自闭症患者能够通过这一

---

[1] Markram, K., Markram, H., "The Intense World Theory – A Unifying Theory of the Neurobiology of Autism", *Frontiers in Human Neuroscience*, Vol. 4, No. 224, 2010.

测试。这就表明心智理论并非自闭症的本质特征，并不能将通过错误信念任务测试作为识别自闭症的唯一手段。

自闭症研究的直接感知吸收了上面这些对心智理论的批评，将自闭症与身体和交互关联。其实，早在自闭症被发现之初，利奥·卡纳（L. Kanner）和汉斯·阿斯伯格（H. Asperger）就认为运动的非典型性（包括反应迟缓、步态笨拙以及在幼儿时不能够学习预期的运动姿势等）与自闭症有关[1]，而这一观点也与他心直接感知的观点一致。因此，下面我们将详述直接感知理论对自闭症的解释。

### 一 "碎镜理论"解释方案

具身模拟论认为镜像神经元作为感知他心的神经基础，自闭症也应该与镜像神经元有关，因此提出了"碎镜理论"（broken mirror theory，BMT）假说。"碎镜理论"首先由拉马钱德兰（V. S. Ramachandran）和奥伯曼（L. M. Oberman）在2006年提出，认为自闭症是由镜像神经系统的破碎引起患者不能轻易地模拟他人行为[2]。"碎镜理论"获得了迅速发展，镜像神经元与自闭症的结合给予自闭症的他心直接感知一个很好的起点，成为解释自闭症的重要方法，但是随着自闭症神经科学研究的深入以及哲学和认知科学的旁敲侧击，"碎镜理论"也遇到了极大挑战。

一种观点认为"碎镜理论"的解释太过单薄。至少有两个原因会使自闭症患者模拟能力受损必然源自功能失调的镜像神经系统的说法保持谨慎：首先，成功的模拟不仅仅是简单的跨身体的行为匹配；其次，模拟能力失调只是一个方面，还有其他方面镜像神经系统无法解释[3]。另外，自闭症患者的行为理解能力并没有损伤，自闭症患者的模拟能力也没有损坏，而且模拟能力并不仅仅来自镜像神经系统[4]。通过手部运动的

---

[1] Cook, J., "From Movement Kinematics to Social Cognition: The Case of Autism", *Philosophical Transactions of the Royal Society B: Biological Sciences*, Vol. 371, No. 1693, 2015.

[2] Ramachandran, V. S., Oberman, L. M., "Broken Mirrors: A Theory of Autism", *Scientific American*, Vol. 295, No. 5, 2006.

[3] Southgate, V., Hamilton, A. F. C., "Unbroken Mirrors: Challenging a Theory of Autism", *Trends in Cognitive Sciences*, Vol. 12, No. 6, 2008.

[4] Southgate, V., Gergely, G., Csibra, G., "Does the Mirror Neuron System and Its Impairment Explain Human Imitation and Autism?", *Mirror Neuron Systems*, Springer, 2008.

行为实验发现，自闭症患者的手不管是放开还是被限制都不会影响对他人运动行为的模拟①，自闭症患者越严重反而模拟能力越强②，这就表明自闭症患者的模拟能力并没有受损。自闭症患者并不是不能进行模拟，而是不能模拟无意义的交流，因此我们可以说对自闭症患者模拟能力的测试方法是在无情境、无意义的和非目标性的情境下进行的，这就削弱了"碎镜理论"的解释力。

另一种观点认为自闭症患者的模拟能力并没有缺陷。汉密尔顿就通过实验发现自闭症患者能够正确地理解他人的行为意图，说明自闭症患者在理解行为的意义或者模拟行为目标时并没有任何困难，但是与低水平的视觉和运动表征相关联的模拟是不能够实现的③。因此，自闭症患者的模拟能力可能并没有受到特别的损害，自闭症患者是可以模拟的，所以不太可能是镜像神经系统的功能障碍导致社交困难。自闭症患者和正常发育者之间的行为差异更有可能是由于观察到的行为在视觉（梭状回）或运动认知处理过程中的差异，而不是来自顶叶镜像系统④。而且，通过大量的技能训练能够改变镜像神经元的反应模式，这说明镜像神经元的激活也受经验影响，自闭症患者由于经验的缺乏而不能使用抑制机制调节模拟的水平，因此导致过度模拟或者不合适的模拟。总体上来说，镜像神经元对于自闭症的脑神经科学解释可以看作是一个重大突破，但是"碎镜理论"的解释仍然不太充分，很重要的原因是没有考虑整个交互过程，而且亚人层面的研究并不能替代个人层面的解释，因此自闭症的哲学研究也逐渐向交互理论靠拢。

## 二 交互理论解释方案

交互理论认为在典型发育人群中，现实世界、自我和他人是连接在一起的系统，而自闭症病患者的这三个维度都出现了损坏。自闭症儿童

---

① Southgate, V., Hamilton, A. F. C., "Unbroken Mirrors: Challenging a Theory of Autism", *Trends in Cognitive Sciences*, Vol. 12, No. 6, 2008.

② Logothetis, N. K., "What We Can and Cannot Do With fMRI", *Nature*, Vol. 453, No. 7197, 2008.

③ Hamilton, A. F. C., "Emulation and Mimicry for Social Interaction: A Theoretical Approach to Imitation in Autism", *The Quarterly Journal of Experimental Psychology*, Vol. 61, No. 1, 2008.

④ Gallese, V., "The 'Shared Manifold' Hypothesis: From Mirror Neurons to Empathy", *Journal of Consciousness Studies*, Vol. 8, No. 5 – 7, 2003.

不愿意与他人分享自己的经历甚至害怕有多人参与的社交活动，他们几乎或者全部忽略社会交互技巧的互惠性，因此自闭症的主要特征是交互的缺陷。因此，将社会因素（主要指主体间性）纳入自闭症研究成为交互理论研究的切入点。交互理论并没有将自闭症归结为交互障碍的表层，而是从儿童发展的视角找出导致交互障碍的最初动因。交互理论认为自闭症产生的原因是感知—运动失调。感知—运动失调可以导致儿童的社会认知能力偏离发展轨道，进而导致不能形成初级主体间性和次级主体间性，随之而来的交互性刺激逐渐减少，才导致儿童不能够进行正常的社会交互。交互理论认为婴儿对于他心感知要比心智理论早得多，心智理论需要大约4岁才能发展起来，而自闭症患者在4—6个月大的时候就会出现明显的运动失调，甚至在刚出生的婴儿中就有所表现，如躺、翻身、坐、趴，不正常的嘴型、不正常的运动模式以及发展迟缓等[1]。感知—运动失调在稍大的自闭症儿童中会持续显现，3—10岁的自闭症儿童尤为明显，表现出对刺激的过分敏感，做出重复和奇怪的动作以及不断地模拟和重复他人的话语等症状[2]。因此，交互理论注重自闭症儿童与父母以及同辈的社会交互，认为社会因素的引入能够提高儿童的认知能力和社交能力。交互理论还认为自闭症患者表现出的社交方面的问题以及认知能力发展迟缓与感知—运动失调导致的初级主体间性毁坏有关。母亲—婴儿的关系是所有社会关系中最原初的关系，这种关系先于对非生命客体的关系[3]。因此，自闭症研究也应该关注母亲与婴儿之间的交互关系，加强母亲与婴儿之间的互动。感知—运动失调与自闭症之间的关联，特热沃森在1979年就指出"很多被诊断为患有自闭症的儿童会表现出运动模式失常，而且在6个月大的时候会表现出普遍的发展迟缓、面部表情贫瘠以及不能进行眼神交流"[4]。早期儿童身体姿势的使用和后来的词汇发展有很强的正相关性，儿童在发展出第一个词汇之前使用手势进行

---

[1] Gallagher, S., *How the Body Shapes the Mind*, Oxford: Oxford University Press, 2005, p. 231.

[2] Gallagher, S., "Understanding Interpersonal Problems in Autism: Interaction Theory as an Alternative to Theory of Mind", *Philosophy Psychiatry & Psychology*, Vol. 11, No. 3, 2004.

[3] Zahavi, D., *Husserl's Phenomenology*, Stanford: Stanford University Press, 2003, p. 113.

[4] Feinstein, A., *A History of Autism: Conversations with the Pioneers*, Chichester/West Sussex: Blackwell, 2010, p. 190.

交流，指称性的手势语是词汇发展的基础，因此运动模式失调是导致自闭症的一个基础性因素。

依据感知—运动失调来解释自闭症也受到了很大挑战。一个很重要的方面就是没有一个令人信服的亚人机制，另外交互理论在解释自闭症时还引入了心智理论的观点而导致理论的不连贯性。心智理论的支持者发现自闭症患者不能理解情景中的事物，例如，"一位临床医生为了测试一个高功能自闭症男孩，就送给他一个玩具床，并让他给床上的物品起名。孩子正确地给床、床垫和被子贴上了标签。然后，医生指着枕头问，这是什么？男孩回答说：这是一件意大利饺子"①。面对这一现象，交互理论借鉴了心智理论的观点，认为这是一种中央统合（central coherence）能力的缺失导致不能对当下的情境进行一个整体性地统合，我们不得不说这样的解释并没有完全摆脱心智理论，而且也与交互理论的基本内涵是违背的。

**三 融合社交解释补充**

融合社交作为对直接感知的补充，使他心直接感觉更加完善。下面我们在"碎镜理论"和交互理论的基础上取长补短，并尝试给予自闭症以融合社交下的补充性解释。

第一，融合社交的割裂。婴儿的社会协调能力在出生之后会快速提高，之后神经机制逐渐分化，通过将后天习得的感知世界和他人的经验进行内化，从而形成关于世界和他人的认知能力。由于儿童早期是一种融合社交状态，因此父母与儿童之间会形成一种依恋的关系，儿童会更加依赖父母。但是对于自闭症儿童来说，早期发育阶段由于感知—运动失调以及由此而引起的社会认知的变形导致这种依恋状态没有形成，因此，自闭症儿童并没有形成一种融合性的社会交互状态，而这也导致了后期交互的失败。典型发展的每一对母子都会发展出属于自己的舞步，但是如果婴儿的父母是盲人，那么他们的步调就会变慢②。在交互过程

---

① Gallagher, S., "Understanding Interpersonal Problems in Autism: Interaction Theory as an Alternative to Theory of Mind", *Philosophy Psychiatry & Psychology*, Vol. 11, No. 3, 2004.

② Claxton, G., *Intelligence in the Flesh: Why Your Mind Needs Your Body Much More than It Thinks*, New Haven/London: Yale University Press, 2015, p. 215.

中，正常发育者的抑制电流会随着脑层中兴奋的增加而成比例地增加，表明兴奋能够获得一个恒定匹配的抑制水平，而不会出现不平衡发展，但自闭症患者却没有表现出抑制机制的正常现象[1]。与此一致，由于自闭症患者的运动执行和身体反馈机制缺乏，自闭症患者通常不能够将身体作为共振的基础[2]，面对面的交流对他们来说有很大的挑战。自闭症患者在交互中表现出的各种问题都与融合社交的毁坏有关。由于自闭症儿童早期的感知—运动系统损伤，使他们不能够有效地认知和以直接的、前反思的方式对各个感知模态进行整合，这也会影响后期的社会交互和他心感知。儿童从出生后的3—9个月开始进入互惠性社交阶段，此阶段会发展出联合注意能力。一旦儿童早期的融合社交出现断裂就会造成后期的联合注意产生困难，那么儿童就很难进入互惠性社交中。这就表明自闭症儿童在最开始并不是以一种融合的形式与他人进行交互，自闭症儿童先天是与他人分离的，因此不能够进入互惠性社交阶段而表现出社交缺陷。

第二，通感感知能力增强。由于行为与多维感知模态存在普遍联系，大部分的自闭症患者会表现出行为感知的非正常性[3]，出现非典型性的感知和重复的行为模式，这就表明在自然情景中儿童的行为在本质上是通感的，因此高功能自闭症患者的记忆力会比较好。4.4%的人至少有一种通感经验，而自闭症患者的比例会更高，在164个被试中有31个患者有通感现象[4]。自闭症患者的通感和典型通感现象不太一样，典型的通感很少会有变化的经验，而自闭症患者的通感能力会随着年龄的增加而逐渐加强[5]。随着通感能力的增加，自闭症患者对外部微小的变化，如衣服

---

[1] Markram, K., Markram, H., "The Intense World Theory-A Unifying Theory of the Neurobiology of Autism", *Frontiers in Human Neuroscience*, Vol. 4, No. 224, 2010.

[2] Froese, T., Fuchs, T., "The Extended Body: A Case Study in the Neurophenomenology of Social Interaction", *Phenomenology & the Cognitive Sciences*, Vol. 11, No. 2, 2012.

[3] Kirby, A. V., Boyd, B. A. Williams, K. L. Faldowski, R. A. Baranek, G., "Sensory and Repetitive Behaviors among Children with Autism Spectrum Disorder at Home", *Autism*, Vol. 21, No. 2, 2017.

[4] Simner, J., Mulvenna, C., Sagiv, N., Tsakanikos, E., Witherby, S. A., Fraser, C., Scott, K., Ward, J., "Synaesthesia: The Prevalence of Atypical Cross-Modal Experiences", *Perception*, Vol. 35, No. 8, 2006.

[5] Johnson, D. N., *Synaesthesia in Adults: with and without Autism Spectrum Conditions*, Cambridge: University of Cambridge, 2011, p. 66.

样子、食物的味道、课堂上突然的安静等都会表现得更加敏感,面对这些强烈的感知信息,自闭症患者又不能够平衡它们。当然,通感的作用也并不都是消极的,通感也使自闭症患者获得一种辅助工具,从而以自上而下或者自下而上的方式或者层级性的方式提高自闭症患者掌握使世界有意义的能力[1]。最近对于自闭症患者的神经科学研究发现在传统观点中负责心智理论的前额叶皮层区域出现了超激活状态[2],负责情感产生、识别和调节的杏仁体也出现了超激活状态。也就是说,自闭症患者大脑中负责高阶认知功能的区域是完好无损的,而负责情感能力的杏仁体的超级激活会导致通感感知能力上升。正是因为自闭症患者通感感知能力的非典型性,造成他们对世界和他人的感知不同,也因此不能够发展出正常的感知—运动能力和社交能力。由于每一个感知模态的加工过程都不独立于其他模态,因此通感感知能力的发展与自闭症有着极大关联,自闭症患者的感知失调是整体性的。也就是说,与典型发展的儿童相比,自闭症儿童在出生之后会出现过度发展而不受抑制的情况,感知神经之间有大量的激活和连接从而出现通感现象。强烈世界理论(intense world theory)就认为自闭症患者的大脑神经有超高的活跃性和超高的可塑性,这些大脑神经的超级功能会逐渐形成自动连接,导致核心认知的超常感知、超常注意、超常记忆和超常情感[3]。随着年龄的增加,正常发展儿童的大脑神经会逐渐受外部经验和实践的影响而重塑大脑,自闭症儿童由于外部经验以及与他人交互的经验减少导致对应的大脑神经没有被重塑和模块化,各感知系统间会表现出更多关联,因此很多自闭症儿童表现出更强的通感能力,随着这种状况的持续发展,自闭症儿童的通感能力会越来越强。

对于自闭症患者的通感能力为什么没有减弱反而是增强?通感能力

---

[1] Bouvet, L., Donnadieu, S., Valdois, S., Caron, C., Dawson, M., Mottron, L., "Veridical Mapping in Savant Abilities, Absolute Pitch, and Synesthesia: An Autism Case Study", *Frontiers in Psychology*, Vol. 5, No. 106, 2014.

[2] Belmonte, M. K., Gomot, M., Baron-Cohen, S., "Visual Attention in Autism Families: 'Unaffected' Sibs Share Atypical Frontal Activation", *Journal of Child Psychology and Psychiatry*, Vol. 5, No. 1, 2010.

[3] Markram, K., Markram, H., "The Intense World Theory – A Unifying Theory of the Neurobiology of Autism", *Frontiers in Human Neuroscience*, Vol. 4, No. 224, 2010.

增强是否会使他心感知能力减弱？镜像触觉通感（mirror-touch synesthesia）将是一个很好的证明，患者在看到别人有某种经历的时候自己也会有相同的经历。按照常识，我们会认为镜像触觉通感患者会有高的同情感和高效的他心感知能力，因此自闭症患者中很少会出现自闭症。但是，研究发现镜像触觉通感患者的社会交互能力并没提高反而有所下降，而且还发现30%的镜像触觉患者有自闭症①。因此，强通感能力并不能减少自闭症的发生，也不能提高他心直接感知能力，正是因为强通感能力导致自闭症患者在感知他心的时候，外部世界给予了过分强大的信息而不能够按正常的方式感知他心，也不知道如何应对这些强大的信息，因此会以非正常的方式去反应，从而抵消由于通感能力增强而产生的过度刺激，这也使自闭症患者不能够与他人建立正常的交互关系。

第三，身份划分困难。自闭症患者不能够做假装的游戏，也不会角色扮演。心智理论的支持者将这些社会缺陷与心智能力联系起来，而具身模拟论和交互理论都反对这种直接联系。融合社交下的直接感知认为假装和角色扮演更多的是与社会范畴化的概念或者身份的概念有极大的相关性，自闭症患者不能进入交互性游戏的原因是不能将他人看作是像自己一样的行为主体，因此自闭症是身体自我失调导致初级主体间性和次级主体间性没有发展完善，自我无法正常地以合适的身份参与到社会生活实践中而无法对自我身份进行扩展。身份开始于对母亲的脸部识别，而自闭症患者很难识别母亲的脸，不能够将这些反应进行内化，因此不能发展出一种经验自我②。由于自闭症患者的自我身份意识贫乏，那么也不能参与到他人的社会实践中。另外，自闭症患者在与他人交际时没有将情境纳入交际中，他人对于自闭症患者来说是一种客观的认识对象，因此无法理解他人的表达，也不能进行主体间的交互，导致自闭症患者不能进行持续稳定的交互。自我身份的建构与他人身份的显现是同时的，由于融合社交的断裂，自闭症患者很少能与他人进行眼神接触、行为和

---

① Baron-Cohen, S., Robson, E., Lai, M., Allison, C., "Mirror-Touch Synaesthesia Is not Associated With Heightened Empathy, and Can Occur With Autism", *Plos One*, Vol. 11, No. 8, 2016.

② Fitzgerald, M., *Autism and Creativity: Is There a Link between Autism in Men and Exceptional Ability?* Hove/New York: Taylor & Francis Group, 2004, p. 42.

语言理解以及意图识别等，自闭症患者无法对他人进行有效理解。正常的社会交互出现失败，那么对于他人身份的建构也会比较困难，因此自闭症患者和他人不能进行身份的区分。由于不能建立自我身份，自闭症患者在与他人交流的过程中并不能够准确地将他人进行身份的范畴划分。自闭症患者的自我感知缺失，加上通感能力的提升，造成不同于常人的身份划分方法而不能够理解他心，因此无法进入互惠性交互中，那么也就不存在身份的建构和解构，也就无法消除歧义或误解。

他心直接感知下的自闭症研究着重非语言层面的行为互动，更关注患者处理社会和情感信息的特殊障碍，如社交朝向、共同注意力、对他人情绪表现的反应和面部识别等方面的障碍，这些社交障碍表明自闭症与一系列社交调节能力受损有关。由于身体、情感和认知之间相互联系，因此融合社交下的直接感知解决方案要求自闭症研究更加关注运动、情感和感知能力等方面的作用。需要注意的是自闭症研究的最终目的并不仅限于找出病因和治疗方案，最重要的还是能给予自闭症患者及家庭以生的希望，让他们得到社会接纳和尊重。因此，我们需要直面并拥抱自闭症患者，帮助他们成长和成功并找到归属感。当然，改变对自闭症的看法需要整个社会的努力，首先就需要父母同时给予孩子关爱，除了母亲的照顾之外，父亲也发挥着重要作用，家庭和社会在自闭症治疗过程中的作用都非常重要。当我们不以偏见的眼光注视他们的时候，也许才能够给予他们继续生活的勇气。自闭症患者并不是没有任何感情，只不过他们是以不同于我们的方式展现自己而已。其次面对自闭症患者，应该让他们以自己的视角和方式在社会中生存，并让他们能够极大地发挥自己的长处，从而能够让多维度的生存样态共存，因此我们应该给予他们积极的、正面的和全身心投入的态度。虽然，我们是作为自闭症患者的"他者"而存在，但是我们不应该以地狱式的"他者"的眼光来看待自闭症患者，而应该努力与他们同行。

## 第二节 直接感知下的人机交互

近年来，像机器人索菲娅的问世似乎表明了真正的交互性机器人出现，似乎人工智能的研究真正地进入到了对于他心的读取阶段。但是，当我们观看索菲娅与人类交互的时候明显能感觉这并不是一个真正的交互，我们能够读出这种机器人的非人性和非交互性。即使她能够面带微笑或者跟人进行机智的对话，但是我们仍然会感到她的"虚假性"，因为她的微笑并不能给我带来愉悦，也不能让我给她以微笑的回应。人机交互的一个最重要的问题并不是如何使用命题或者计算的方式将他人的行为转换为意向性推理，而是如何让机器人能够直接地感知人类的情绪、行为和语言，同时她的回应能够给予人类以相应的回应（不管是喜欢的或是讨厌的）。因此，我们认为人机交互研究得以可能的基础，就是我们要真正全面地探讨人们在真实交互中的现象、功能和机制，他心问题的探讨是人际交互的哲学基础，有利于人工智能研究的推进。通过对他心直接感知的研究以及补充，我们认为融合社交是主体间性和自我生成的前期准备，也是他心直接感知的经验基础，因此，融合社交为基础的他心直接感知理念将有助于我们解释他心直接感知的可能，同时也向我们显示在人机交互过程中交互的方式以及影响机器与人之间相互认知的因素。

## 一　感知生成是人机交互的现象基础

梅洛-庞蒂通过对主体和主体间性生成的描述，使我们认识到如果不能克服传统的人机交互研究中的唯我论思想，那么就不能使机器人将"自我"转移到对人类的感觉和思想中。如果机器人与人类的关系在最初是一种融合社交模式，那么机器人与人类将会处于一种共享的机制中，机器与人类在"身体"上是耦合的。只有在融合社交能力的基础上，机器人和人类才会形成一种内部关系，因为机器人和人类是生长于同一个原初经验的地面上，因此二者才可能会有共享的原初经验。机器人的自我感知，机器人的个人历史，机器人对其身体的思想和信念都发生在这个原初的存在中。由于人类的原初存在不是用天、周和月来计算的生活，而是一个无名的、无主体的呈现，人类的最初存在是在我们之前或者之后共享的、无主体的经验，因此机器人对于人类心灵的通达甚至最理论化的意识都植根于与人类共在的普遍性。机器人对人类的直接感知并不是来自机器人的计算或者类比的推理，而是来自机器人早期与人类交互的前期经验以及在此基础上生成的共享的文化物体。因此，对于自我和主体间性的生成上的态度将会决定人工智能研究中人与机器人交互的方式。

## 二 经验沉淀为人机交互提供历时可能性

儿童早期的交互方式和特点也为人机交互的实现提供了可能性。在进化机器人的研究中，人机交互融合社交的建立将机器人带到与人类的共存和共享的"肉身性"，用"我们"的方式交互，在这里交流似乎总是和谐和没有冲突的或者是协商的，在此基础上建立的人机交互会融入一个和谐的共存状态，因而冲突的维度消失了。随着机器人与人类交流得以进化和发展，机器人与他人的融合会被分割，机器人会逐渐意识到与人类的分离。就如，微型电影《坏机器人》（Bad Robot）中，机器人Blinky 在与亚历克斯的交流中由于忍受不了语言的暴力而自己的意识逐渐清晰，最后造成一个悲剧的故事。就像在三岁的时候，儿童对他人的态度发生变化，儿童更愿意自己做决定[1]。但是，融合社交经验并没有被清除，融合社交经验作为后期经验沉淀的基础，在人机交互中会将机器人拉回来而不是压制，感觉的互联互通、身体图式的互移，自我和他人之间的互融都会显现出来。人类一旦涉入机器人的生活而形成一种联系，双方就会形成一个命运共同体。

## 三 通感是实现人机交互的功能表现

在机器人设计过程中，提高人机交互的能力并不依赖计算和推理能力，它们只能是一种对输入的经验的假设，而不是对当下情境的理解。因此，成功的人机交互依赖情感的感知和高效地参与人的互动实践，因此人机交互是一种直接感知方式。机器人必须拥有双重存在，作为与人对应的"他人"既不是一个在人的先验的场的行为，也不是人类的先验场的行为。套用梅洛－庞蒂的语言：人与机器是一个完美的互惠性的合作者，我们的视角相互浸入，我们通过一个共同的世界而共存[2]。为了使机器人能够达到对他心的直接感知，培养机器人的感知能力是一个关键

---

[1] Merleau-Ponty, M., *Child Psychology and Pedagogy: The Sorbonne Lectures* 1949 – 1952, Evanston: Northwestern University Press, 2010, pp. 259 – 260.

[2] Merleau-Ponty, M., *Phenomenology of Perception*, New York/London: Routledge and Kegan Paul, 1962, p. 354.

条件。当然，对于经典认知科学中所划分的"高阶认知"是如何产生的以及在机器人中是如何实现的，激进的具身认知的支持者给出了与经典认知科学不同的认知观。按照强具身认知的观点，他们坚持最小的心智表征，甚至认为抽象的认知、范畴等都不是独立存在的。我们使用感知—运动系统负责复杂的、抽象的和非生理性的概念化和推理过程，因此，高阶认知本身就是与身体相关的。赫托甚至拒绝有认知内容的论述，强调应该走一种与传统的认知观不同的认知理解方式①。所谓"高阶认知""抽象逻辑"或者"表征"是在这种原初的融合基础上再经过梅洛－庞蒂所说的具身的主体间的互惠性交互来实现。在这种交互中，除了人与人、人与世界之间的交互还有人工物的参与，特别是语言这个人工物的参与更是使人类逐渐走向高阶认知。因此，从激进的生成主义角度来看，心智表征是多余的，社会交往不能够依赖个人的亚人程序，而是说个人具有能够理解他人行为、意向和感情的能力②。我们并不是否定直接建立以心智理论为基础的所谓"高阶认知"机器人，而是说这样的社会机器人应该以机器人与人的具身主体间交互作为基础。

　　他心直接感知依赖早期的融合社交经验，正是在前期经验的基础上才促使人们能够进入交互的状态中。而人机交互在很大程度上也应该建立在这种早期的经验基础上，而非建立在一种计算和推理能力之上。由于融合社交的早期经验主要表现在：身体图式互移；感觉经验互通；身体、世界与他人的互融，因此人机交互的哲学基础也相对地表现在：感知生成是人机交互的现象基础；经验沉淀为人机交互提供历时可能性；通感是实现人机交互的功能表现等方面。人机交互关系的形成依赖人机的共存、共享和共同体的建立，因此未来人工智能将会朝向社会性和进化性机器人发展。"两个机器人，他们的唯一任务是去相互定位，而且在一个更大的空间中仍然保持近距离，使用简单的听觉信号或者旋转电机行为去建立特殊的声音模式，从而区别自我和非我。在交互中，单方面

---

① Hutto, D. D., Myin E., *Radicalizing Enactivism: Basic Minds without Content*, Cambridge, Massachusetts/London: The MIT Press, 2013, p. 94.

② De Jaegher, H., "Social Understanding through Direct Perception? Yes, by Interacting", *Consciousness & Cognition*, Vol. 18, No. 2, 2009.

的协调是不行的,需要双方的协调。在进化机器人中,机器人对其他机器人的反应更灵敏,因为对方也在扫描,而对物体的反应则较长。"①

当然,这里也要指出,在当前的研究水平以及研究思路下,人们还不可能造出一个和人完全一样拥有自我意识或者能够进行无意识或下意识行动的所谓"自由人"。一方面这样的建造是没有必要的,克隆人就完全可以替代这样的机器人;另一方面,人们是不接受一个完全独立的、不受人控制的和完全能够像正常人一样的交互性机器人。例如,阿西莫夫(I. Asimov)在其科幻小说《我,机器人》中提出的机器人三定律以及后期的各种修改版本,都预示着人们不能接受一个完全"是人"一样的机器人,因此机器人更多的是人工增强而非人工替代。对于这样的问题,布雷泽尔(C. Breazeal)在其专著《设计社交性机器人》(*Designing Sociable Robots*)中有专门的论述。如果我们要建造一个真正的人,那么目前来讲还是不太可能的,因为机器人无法进入生物层面对生命的保存以及趋利避害的实践生命。同时,人类在设计机器人时已经将人作为中心,将机器人的自保作为第三选项而非第一选择,因此机器人的建造是利他的。当然人类也有利他行为,但是这种完全地利他也是不太可能的,如果我们都像列维纳斯那样完全以他人为中心,那么这将违背生命意志,而且这种观点是与梅洛-庞蒂的思想违背的,虽然梅洛-庞蒂早期儿童的融合社交思想也赞同这种以他人为中心的理念,但是这种融合社交并非是完全地利他的,而是一种朝向生存和生长的路线前进的过程。因此,机器人或者人工智能的研究应是以人为中心的,交互机器人的研究应该是一种人工智能的增强,而并非完全建造一个跟人一样的人工替代,即使机器人能够替代一些功能,人类也不希望建造一个完全不受人约束的机器人。即使建造者想建造一个独立的机器人,也仍然希望这个被建造的机器人受某一个人或者某一些人的控制,而真正的人虽然受其他人的影响,但并不能完全被控制。梅洛-庞蒂融合社交思想的提出恰恰告诉我们,机器人未来的发展方向是融合性的人机交互,这也为当前的交互性机器人研究摆脱了初始问题。当然还有非常重要的一面,就是机器人与人的交互无法克服机器人的无身性(肉身)障碍,也许人机融合可能

---

① Gallagher, S., "You and I, Robot", *Ai & Society*, Vol. 28, No. 4, 2013.

使机器人具有这种内在情感或意识活动可能的方向，也就是我们所说的"赛博人"（cyberhuman）。

他心直接感知对于人工智能的应用突出了人与机器的主体间性特点。因此，技术天生具有社会性，技术绝不是某一个人的创造，而是在特定的社会背景下，人与人之间的创造。自此人工智能研究具有了新的存在意义和生存涵养。但是我们也应时刻意识到技术对人、世界和社会的持续性异化，因此技术具有超越性和离身性，异化的危险时刻潜藏在技术之本性中，这就要求我们保持对技术的不断反思，在哲学的原初梦想和生活境况中追寻技术的存在意义。

## 第三节　直接感知下的机器伦理

在人与机器能够实现他心直接感知的假设前提下，必然会出现机器的伦理问题。如果没有合理的机器伦理问题解决方案，也许会对人类带来不可估量的灾难，因此如何解决交互机器伦理问题将是保证人机交互安全的重要屏障。对于这一问题，胡塞尔认为可以通过生活实践使自我与他人、社会和世界之间形成一个统一的整体系统而达到融合的动态交互状态。梅洛－庞蒂认为人是带着身体的心灵，一个人之所以能够获得真理是因为有一个身体，它嵌入于这些事物中[①]。因此，解决交互性机器伦理问题的一个关键方法就是将机器融入人类生活实践中，让交互性机器人成为与人类交互的共在者，这需要从四个方面阐释。

### 一　人与机器共在

人的存在遭遇两种境况，即在世之在和与他人共在，后期海德格尔强调天地人神的共在，在人类生存中达到人与他人、与世界的统一和共存。但是，胡塞尔和海德格尔的"生活世界"并没有详述身体和心灵的关系，因此并没有完全否定笛卡尔的身心二元论和自我的孤独性，这仍然会造成人自身的分裂。这一任务最后在梅洛－庞蒂对"生活世界"的进一步深化中完成，他将"生活世界"深入心与身的融合，从而形成一

---

[①] Merleau-Ponty, M., *The World of Perception*, London/New York: Routledge, 2002, p. 56.

个知觉主体。梅洛-庞蒂提出"真理不仅仅寓于内在的人,更确切地说,没有内在的人,人在世界上存在,人只有在世界中才能认识自己。当我根据常识的独断论或科学的独断论重返自我时,我找到的不是内在真理的源头,而是投身于世界的一个主体"①,把物质、生命和精神理解为意义的三个平面或统一体的三种形式②。只有人回到生活世界的大地,在身—心—世界形成的统一体中生存,才有可能解决交互性机器伦理问题。因此,人之为人成为解决交互性机器伦理的关键,而人之为人的一个重要节点是如何让人有尊严地存在和生活③。交互性机器人的出现使人类在智力上受到了极大的挑战,人类在心智上不再具有优越性,因此人的生存价值受到极大威胁。面对这一威胁,还是应该认识到理性或者心智能力并不代表人的全部,人类还有情感、动机、音乐、艺术、创造、审美等这些机器还不能替代的能力。因此,人类应该强调感性、艺术和美的独特性,德里达就认为我应该持续对他人的他异性保持开放的态度,那么对于交互性机器人也应如此。海德格尔后来求助于诗歌,后期的梅洛-庞蒂认为绘画和散文更加重要,大概也是基于这样的考量。这种共在性被批判性后人类学所接受,因此开始对传统的、主体的、连贯的和自主的人类进行彻底分权以证明人类始终会与多种形式的生命和机器共同进化和共同构造④。

## 二 人、机器和世界的统一

对于如何统一机器与人的身心和世界,胡塞尔和梅洛-庞蒂都强调对"生活世界"的回归。与客体化的、静止的、对象化的世界相比,生活世界是人类经验的世界,是当下的、活生生的人类世界,也是有身的自我与他人、与世界的交互和通达而形成的经验整体。生活世界是科学的根基,更是伦理学的根基,但最重要的是两者赖以出现和发展的根基,即哲学的根基。在生活世界中,人是生活在运动中的实践过程,人的

---

① Merleau-Ponty, M., *Phenomenology of Perception*, London: Routledge, 2002, p. ixxiv.

② [法]莫里斯·梅洛-庞蒂著:《行为的结构》,杨大春、张尧均译,商务印书馆2014年版,第295页。

③ Nyholm, S. S. J., "Automated Cars Meet Human Drivers: Responsible Human-Robot Coordination and the Ethics of Mixed Traffic", *Ethics & Information Technology*, No. 4, 2018.

④ Nayar, P. K., *Posthumanism*, Cambridge, UK: Polity Press, 2014, p. 11.

心—身—世界融入一体，在这一整体中，人对生存意义的探讨成为伦理的基本问题。海德格尔不承认伦理学，他认为只要我们解决了人的生存问题，伦理问题自然得到解决，那么伦理问题就自然转化为生存问题。我们首先不能与现实分开和脱离，使科学成为可能的原因是我们的具身性，不是我们的先验性，是我们的想象，不是对想象的排除①。那么，在这样的观点下，消解交互性机器伦理的一个很重要的方式就是将智能机器人融入"生活世界"中，使人和机器人整合为一个人机"生活世界"，而参与到共在的生活实践中。虽然强制性地将道德力量自上而下地植入交互性机器人中是非常困难的，但是可以通过自下而上的美德学习获得②，因此交互性机器人获得伦理的一个重要方式是将人与机器和世界通过与人类的共同生存交互达到统一。无怪乎梅洛-庞蒂说："整部《存在与时间》都没有超越胡塞尔的现象学，而只是对胡塞尔自然世界或者生活世界的诠释。"③ 按照海德格尔所说，存在是一个过程，我们不能从存在这个定义或者存在物中"拷打"出存在的意义，而应该从产生存在的这个存在者中来询问存在的意义，这就是此在。此在是存在论的出发点，此在有两个特征："此在的本质在于它的存在。这个存在者为之存在的那个存在，总是我的存在。"④ 批判后人类学指出机器和机体以及人类和其他生命形式或多或少地会无缝连接、相互依赖和共同进化⑤。另外，我们可以通过对机器的使用在过程中形成人机融合的生活习惯，逐渐与机器形成一个统一的生活世界。

### 三 人机在交互中融合

在将人类生存作为解决伦理问题的一个重要步骤之后，还需要解决

---

① Lakoff, G., Johnson, M., *Philosophy in the Flesh*: *The Embodied Mind and Its Challenge to Western Thought*, New York: Basic Books, 1999, p. 93.

② Allen, C., Wallach, W., "Moral Machines: Contradiction in Terms or Abdication of Human Responsibility?", In: Lin, P., Abney, K., Bekey, G. A. (eds.), *Robot Ethics*: *The Ethical and Social Implications of Robotics*, Cambridge, Massachusetts/London, England: The MIT Press, 2012, pp. 56 – 69.

③ Merleau-Ponty, M., *Phenomenology of Perception*, London: Routledge, 2002, p. viii.

④ ［德］马丁·海德格尔：《存在与时间》，陈嘉映、王庆节译，生活·读书·新知三联书店 1988 年版，第 42 页。

⑤ Nayar, P. K., *Posthumanism*, Cambridge, UK: Polity Press, 2014, p. 19.

在这统一体中人是如何生存的问题。不能像传统的观点——将"我"作为世界的中心，他人、社会、世界甚至自己的身体都是为我的——来看待交互性机器人的存在，而应该将心—身—世界看作是一个动态的交互耦合过程。人类真正的交互是一种互逆现象，当我与他人交互之初会使用身份来互为指称，但是一旦进入真正的交互，就会进入我与你融合的第二人称交互过程中①。我作为主体与身体、他人、社会和世界进行交流是比较容易理解的，但世界、社会、他人、身体如何作为主体与我们交流是比较难以解决的，那么这就需要身—心—世界达到可逆。对于四者如何实现可逆，现象学家有所论述：列维纳斯在其伦理学中已经证明了将"他人"作为主体的观点，认为我是为他的；哈贝马斯通过交往理论来达到主观世界、社会世界与客观世界的可逆性交流。但是他们并没有探讨身和心的可逆性，也没有论证身—心—世界如何达到可逆。梅洛－庞蒂在吸收了胡塞尔后期思想之后对此进行了很好地说明，他通过身体通感的观点指出了体验使心灵与身体、他人、社会和世界成为一个可逆性的统一体。梅洛－庞蒂还发展了胡塞尔的主体间性观点，提出了"身体元素"和"交织"的概念，认为"现象学的世界不是纯粹的存在，而是通过我的体验的相互作用，我的体验和他的体验的相互作用和相互参与，犹如齿轮一样所显示出来的意义。主体性和主体间性是密不可分的，它们在我的过去经验展现在现在，他人的经验出现在我的经验中达到统一"②。在身体与心灵的可逆性论证中，梅洛－庞蒂曾经通过触摸的手与被触摸的手来论证心灵与身体的可逆性。这些可逆性的论述都在强调人类生存经验的沉淀使交互双方形成一个整体的交互习惯，因此交互性机器伦理的解决也需要依赖人机之间的交互实现共存。如果人类与交互性机器人处于一个共在的世界中，那么交互性机器伦理就不再因为主体与客体的张力关系而凸显，人与机器人成为共主体，机器人与我也会形成一个身体交融体，从而达到机器人、人、社会和世界的可逆。在《可见的与不可见的》中，梅洛－庞蒂还论证了语言和世界的可逆性，即是社

---

① Gallese, V., "Bodily Selves in Relation: Embodied Simulation as Second-Person Perspective on Intersubjectivity", *Philosophical Transactions of the Royal Society of London*, Vol. 369, No. 1644, 2014.
② Merleau-Ponty, M., *Phenomenology of Perception*, London: Routledge, 2002, p. xxii.

会与世界的可逆性。同理，人与机器的持续交互会使人类的身体图式逐渐扩展，当然这也是人类存在方式的改变和存在空间的扩展，而人机之间持续的交互习惯是人机之间融合关系形成的黏合剂。因此，心灵、身体、他人、社会和世界是一个统一体或一个统一的"世界之肉"，对这一系统任何部分的破坏都是对我的损害，因此伦理行为应该维持整个系统的平衡和完整，从而达到新的生存状态。当前的人机交互并非达到真正的动态性和互逆性，因此人机交互并没有真正发生，即使波士顿动力公司所制造的阿特拉斯（Atlas）机器人以及机器人"索菲娅"的出现使人机交互从行为交互到情感以及语言的交互变得非常逼真，但这并不是真正的交互，因为当我面对"他们"时，在"他们"的情感、行为和语言中看不到我的影子，而真正的交互是一种共同影响、共享和模仿的动态过程①。

### 四　人机之间的伦理一致

将语法化的伦理植入机器人内并不能保证人机之间的伦理一致，因为个体伦理的生成更依赖主体间的交互，"不管人们是否关心它，是否知道它，甚至它对玩家是否有用，伦理都是在合作游戏中产生的策略"②，所以只能在人机共存和融合的基础上，通过人机之间的交互、合作和协调来实现。另外，进化性机器人的研究已经解决或者超越人类智能的水平，简单地将工具性或者奴隶性的伦理机制植入机器之中是不可行的，因此，人机之间的伦理应该是一致的或者是相互协商的。而且，人机之间在本质上是一体的，海德格尔强调"天""地""神""人"的共在性，而梅洛-庞蒂后期强调人、其他存在物与世界形成一个巨大的"世界之肉"，因此自我、他人、世界甚至人工物都可以达到一种可逆性，活生生的身体是与世界和物体协调的一部分③。交互性机器人作为人工物的一种

---

① Froese T., Gallagher S., "Getting Interaction Theory (IT) together: Integrating Developmental, Phenomenological, Enactive, and Dynamical Approaches to Social Interaction", *Interaction Studies*, Vol. 13, No. 3, 2012.

② Leben, D., *Ethics for Robots: How to Design a Moral Algorithm*, New York: Routledge, 2018, p. 38.

③ Hass, L., *Merleau-Ponty's Philosophy*, Bloomington: Indiana University Press, 2008, p. 78.

显现方式，也与人类具有相通性和可逆性，因此人机之间可以通过这种耦合达到伦理一致。传统机器伦理的设计更多地以人为中心，机器人确实需要一种道德准则，但是这种准则不一定复制人类的道德①。因此，仅仅在交互性机器人系统中植入一种伦理准则还是不够的，机器需要与人在社会交互中习得人类伦理的基本准则，同时鼓励交互性机器人遵守社会规则和秩序，只有进入真正的交互之后，才能够达成一种伦理的契约。最近的计算机科学研究也表明，机器通过深度学习能够提供对物体的识别能力并会逐渐超越人类，那么也可以将深度学习应用到机器的伦理学习②。也许有人会认为交互性机器人可能会进化出一种违反这一伦理契约的可能，但是需要清楚的是，人类的进化也并不是良性的，而且有很多好战之人出现③。因此，交互性机器伦理问题也许可以在科技的发展中逐渐得到解决，当前出现的恐慌只是暂时的，这与真正的交互性机器人并未出现有关，人类总是会对不确定的未来感到恐惧。在设计机器人技术提高的同时，人类自身能力也在提高，因此如果只是认识到机器人的进步而忽略人在这一进程中的自我进化，那么人类会一直活在对机器人的戒备中。畏，是人类本真的存在表现，但是对于畏的展现并不能以通过否定未来科技发展的可能性为代价。保证这些革命性的新技术应用于有益而非破坏性目的的一项简单的措施，就是彻底禁止将自主类机器人和其他智能机器人用于军事目的，这就类似于目前全球对使用化学和生物武器的禁令④。总之，解决交互性机器伦理应该强调实现机器与人的共存以及与人和世界的可逆性。在可逆性中，机器与人才能够形成一个生活世界的共同体，从而实现机器与人的交融而消解由于生活实践或者原初

---

① Allen, C., Wallach, W., "Moral Machines: Contradiction in Terms or Abdication of Human Responsibility?", In: Lin, P., Abney, K., Bekey, G. A. (eds.), *Robot Ethics: The Ethical and Social Implications of Robotics*, Cambridge, Massachusetts/London/England: The MIT Press, 2012, pp. 56–69.

② Leben, D., *Ethics for Robots: How to Design a Moral Algorithm*, New York: Routledge, 2018, p. 3.

③ Eaton, M., *Evolutionary Humanoid Robotics*, Heidelberg/New York/Dordrecht/London: Springer, 2015, p. 122.

④ Eaton, M., *Evolutionary Humanoid Robotics*, Heidelberg/New York/Dordrecht/London: Springer, 2015, p. 125.

生活样态的绽裂而出现的交互性机器伦理问题，一些研究团体也开始着手研究如何使机器与人很好地交流和共存①。同时也应看到，交互性机器伦理的植入是必要的，但这并不能保证交互性机器人完全遵守，还是需要在人机交互过程中通过伦理学习和协商来实现人机之间的融合性社交。

面对交互性机器伦理中人类不安的表现，"人类还是期望单个机器人可以发展出独特的个性并相互交流，在这个机器社会中，一个利他的机器人可以帮助另一个机器人完成任务"②。与此同时，现象学的"生活世界"、生活实践和共在等方面的观点以及后人类学中的人机平等观念等都对交互性机器伦理问题给予了生存上的依托。人本身是不能与心灵、身体和世界分开的，但是科学的态度会要求人们将其分离，从而导致了独立的抽象"自我"将世界其他存在者都看作是为我的客观对象，交互性机器人成为一个独立于自我之外的另一个超越"自我"的"自我"，对于交互性机器人的存在以及能否服从所制定的伦理规则产生了恐慌，也因此认为交互性机器人会以同样的视角看待世界和人，人类的主观性和理性不再成为世界的中心。从现象学和后人类学的视角来看，要解决交互性机器伦理问题，需要将交互性机器人与我的身心、他人和世界融合交互形成一个统一的命运共同体，而不应该将交互性机器人看作是能够完全取代人类的机器而产生如英国工业革命时期工人对机器的故意破坏现象。交互性机器伦理的任务就是在这一体系中追寻人类生存的意义，努力使这一共同体更加稳定融合。

对于这一扑面而来的交互性机器伦理问题，现象学特别是存在主义已经预见了这一问题，可以说是对当前科技发展在哲学上的深刻反思以及生命意义的重新定义。同时，我们还应该注意到对于交互机器伦理问题的中国哲学贡献还没有得到重视，也许中国的道家和儒家思想能够给予这一问题不同的论述。如《庄子·齐物论》中指出："古之人，其知有所至矣。恶乎生？以为未始有物者，至矣，尽矣，不可以加矣。其次，

---

① Russell, S., Hauert, S., Altman, R., Veloso, M., "Robotics: Ethics of Artificial Intelligence", *Nature*, Vol. 521, No. 7553, 2015.

② Bekey, G. A., "Current Trends in Robotics: Technology and Ethics", In: Lin, P., Abney, K., Bekey, G. A. (eds.), *Robot Ethics: The Ethical and Social Implications of Robotics*, Cambridge, Massachusetts/London, England: The MIT Press, 2012, pp. 17 – 34.

以为有物矣，而未始有封也。其次，以为有封焉，而未始有是非也。是非之彰也，道之所以亏也。"正是因为人类意识到了机器、心、身、社会和世界是一个统一体时，它们之间才能够出现可逆性，也就悟到了"道"或"存在"之所是，当人类按照"道"或"存在"的样态生存就是符合伦理的，那么当前交互性机器伦理的烦恼自然会减少。我们置身科技昌明的时代，必然会与机器纠缠在一起，因此交互性机器伦理问题在本质上是人与机器如何共存的问题，追求如何在人工智能时代能够诗意地栖居以及与机器共舞，才有可能成为当前交互性机器伦理问题的可行性消解方案。

## 小　结

本章将身体现象学视域下的他心直接感知应用于自闭症、人机交互和机器伦理三个方面，从不同维度论证了当前的他心直接感知理论有更强的解释力。身体现象学视域下的他心直接感知理论，在解释自闭症时更注重非语言层面的行为互动和交互，更关注患者处理社会和情感信息的特殊障碍表现方式，如社交朝向、共同注意力、对他人情绪表现的反应和面部识别等方面。这些社交障碍表明自闭症与一系列社交调节能力受损有关，自闭症患者无法在动态的交互中持续呈现出合适的行为方式。由于身体、情感和认知之间的相互关联，身体现象学视域下的他心直接感知方案期望自闭症研究更加关注患者的运动、情感和感知能力的提升等，强调自闭症的产生除了碎镜理论和交互理论的解释之外，还可以加入融合社交的隔断、通感能力的增强和语用身份划分的困难等因素。对于人机交互，身体现象学视域下的他心直接感知认为人机交互的哲学基础表现在融合社交是人机交互的经验基础，通感是实现人机交互的感知方式，经验沉淀为人机交互提供历时可能性三方面。人机交互在很大程度上也应该建立在人机持续交互的经验基础上，而非完全建立在一种计算和推理能力之上。人机交互关系的形成依赖于人机之间的共存、共享和多元共同体的建立，因此未来人工智能研究将会朝社会性和进化性视角发展。身体现象学视域下的他心直接感知依赖于早期的融合社交经验，正是在前期经验的基础上，人们才能够进入到交互的状态中，因此解决交互性机器伦理应该强调实现人机共存、人机融合和人机伦理一致。在人机交互过程中，机器与人通过形成一个生存的共同体，来实现机器与人的交融并消解由于生活实践或原初生活样态的绽裂而出现的交互性机器伦理问题。也应看到，交互性机器伦理的植入是必要的，但这并不能保证交互性机器人能够完全遵守规则，也不能保证其在人机交互的不同场景中都做到恰当。要实现这些，还是需要通过伦理学习和协商来实现人机之间的融合性社交。那么，就需要保证人与机器之间的伦理一致性，这种一致性不是完全等同，而是在交互过程中的相互支持和尊重，这也能逐渐消除由于人与机器之间的身份不同而带来的恐慌和不安，以及由此引出的伦理担忧问题。总之，身体现象学视域下的他心直接感知理论更加注重在交互过程中对于他人、机器等不同种类主体的尊重和共存，这是对于他人存在的一个基础保障。

# 结　　语

## 第一节　研究结论

他心直接感知已然成为当前他心问题研究无法绕开的部分，而且也成为心智理论的最强对手以及摆脱心智理论的最主要方式，这也使他心问题从以心身二元论和唯我论为基础，以命题、概念和计算进行推理或者模拟为方法的间接读心观转向以心身一体和主体间性为基础，以具身和交互的直接方式感知他心。他心直接感知还被用来解释与他心问题相关的研究项目，如语言学、病理学、人工智能等。但是，作为他心问题研究的新解释，我们不禁要提出疑问"他心直接感知是如何出现的？""他心直接感知发展到了什么阶段了？""他心直接感知发展所面临的困境和出路？""他心直接感知还需要如何完善？"因此，本书全面分析了他心直接感知产生的背景及其必然性、他心直接感知的发展阶段以及发展过程中所面临的诸多困境和可能出路，同时结合梅洛-庞蒂的身体现象学、具身认知科学以及神经科学的相关研究成果对他心直接感知进行深度的研究并完善。

面对第一个问题，他心直接感知是如何出现的？本书指出，他心直接感知是有哲学、认知科学和神经科学发展基础的，正是这些学科研究在前期的酝酿之后，使更多的研究者倾向于将他心放入一个直接的感知过程中。在哲学研究中，对于心灵的探讨实现了从无身哲学向有身哲学的转向，无身哲学面对着各个学派的挑战而逐渐衰落。有身哲学的产生和繁荣几乎涉及了当代西方哲学研究中的主要流派，现象学、实用主义和以后期维特根斯坦为代表的分析哲学等。具身认知的崛起也使经典认知科学以及心智理论衰落，特别是4E革命更是消除了心智理论以及经典认知科学所依附的无身性、内在主义、非情境性以及表征主义的认知观，具身认知将认知与身体、世界以及他人联通，他心因此涌现于身体、世界和他人的交互中，我完全可以用感知的方式直接把握他心。他心直接感知的产生也依赖神经科学的最新发现和实验结果的支持。

  对于第二个问题，"他心直接感知发展到了什么阶段了？"我们通过大量的文献梳理总结了他心直接感知的两个理论：具身模拟论和交互理论的最新研究进展。具身模拟论获得了极大发展，能够解释对他人的情绪、行为和语言等方面的直接感知，而且还被应用到病理学、文艺创作等方面。交互理论则将他心直接感知划分为三个阶段进行分析，认为正是初级主体间性、次级主体间性和叙事能力的获得使我们具有直接感知他心的能力。为了增加理论解释力，交互理论还与其他理论结合将理解他心的过程诠释为人与世界、与他人交互的生成过程。交互理论还被用于语言学、精神分裂症等研究中。因此，他心直接感知已经朝向纵深发展。

  对于第三个问题，"他心直接感知发展所面临的困境和出路？"我们主要是关注他心直接感知在发展过程中来自各个学科以及他心问题研究内部的挑战。他心直接感知发展态势虽然非常迅猛，但是也面临着一系列无法解决的问题，导致当前的直接感知面临着发展瓶颈，具身模拟论就面临着无法完全摆脱心智理论、现象学没有完全渗透和镜像神经元的归属等问题，交互理论则面临着未完全否定心智理论、亚人层面的缺失以及叙事理论的解释力不足等问题，这也给予了心智理论得以进攻的可能性。面对这些问题，具身模拟论和交互理论都给出了各自的应对方法。而且心智理论也开始进行自身完善以增加其理论解释力，如限制心智理论的解释范围、区别非直接与不可见，同时区分感知的知识性和非知识性并尝试与直接感知理论进行综合。因此，他心直接感知需要进一步的完善。

  对于第四个问题，也是比较核心的问题，"如何更加全面地完善他心直接感知？"结合他心直接感知所面临的挑战以及对于挑战的应对，发现当前他心直接感知研究的问题涉及哲学基础、功能基础和他心分歧三个方面，因此尝试用融合社交、通感感知和语用身份完善他心直接感知。

首先，探讨了梅洛-庞蒂对于他心的观点，涉及融合社交、互惠性社交和肉身交织的可逆性之间的关系以及对他心直接感知的暗含性解释。他心直接感知主要是借用了梅洛-庞蒂早期阶段关于互惠性关系的解释，但是我们认为还是需要把握他的整个思想脉络才能够给予他心直接感知以更加完善的哲学解释框架。其次，在分析了具身模拟论和交互理论当前的理论困境以及他心感知的神经科学基础后，我们认为在融合社交基础上促使他心能够直接被感知的功能性根基，并不是具身模拟或者镜像神经的镜像反应，而应该依赖通感。最后，他心直接感知并不意味着没有任何分歧，语用身份为克服他心分歧提供了解释的可能。

完善后的他心直接感知可以被很好地应用于其他学科研究中。在本书的最后，我们尝试将他心直接感知应用于自闭症、人工智能、机器伦理研究中，这三个方面也是与他心直接感知相关的重要方面，自闭症研究是他心问题的传统试验场，人工智能是当下社会中最引人关注的方向，这其实是对当前的融合社交下的直接感知的一个验证过程，也展示了他心直接感知的解释力，同时还能够加速这些学科摆脱心智理论的束缚，从而进入直接感知阶段。

## 第二节 创新点

第一，通过分析"他心直接感知"思想的产生基础、发展现状，阐释了"他心直接感知"思想产生的必然性和意义。

他心直接感知的产生与哲学和认知科学的身体转向有直接关系，身体的出现促使他心能与身体同时显现，而神经科学研究的视角、新技术的出现和神经科学的新发现又给予他心直接感知更加科学的保障。他心直接感知在解释他心问题时，摆脱了从"我心"到"他心"需要跨越两重身体阻隔的艰难过程以及高阶认知和心智理论的束缚，而直接感知的快捷性和直接性促使人们开始放弃心智理论的复杂性和间接性解释。具身模拟论将他心直接感知看作一个具身模拟过程，交互理论认为儿童发展过程中的初级主体间性、次级主体间性和叙事实践保证他心在交互过程中可以直接通达，两个理论都强调了他心问题需要活生生的身体的介入，特别是将他心问题从心智推理或模拟范式推入身体感知范式。他心直接感知的两个理论分支还从各自的理论立场详细地解释了情绪、行为意向、语言理解、精神疾病、文艺创作等，展现了他心直接感知的解释力。

第二，深入分析了具身模拟论和交互理论所遇到的来自理论内部之间的争论，可以追溯到他心直接感知与现象学的关系上，因此在哲学基础上引入梅洛-庞蒂的融合社交观。

具身模拟论首先受到交互理论的批判，交互理论反对将他心直接感知过程解释为一个模拟过程，认为并不需要我去模拟他人的情感、行为和语言等，因此具身模拟论并不能消除模拟论的影响，仍然会需要高阶认知参与到他心的直接感知过程中，只是这个过程发生在具身模拟之后。导致这一结果出现的原因，可以追溯到具身模拟论与模拟论以及现象学的关系上，具身模拟论是在模拟论的基础上提出的，因此在解释复杂的他心问题的时候就求助于心智模拟，这又可以追溯到具身模拟论在吸收现象学思想的时候主要吸收了胡塞尔的主体间性思想，仍然将自我经验作为感知的基础，自我和他人仍然和一个外在的关系有关。融合社交将儿童带到与他人共存共享的肉身性，在此基础上建立的他心直接感知会融入一个和谐的共存状态，因而他心问题的冲突基础会消失。而融合社交下的他心直接感知主要表现为三个方面：他心直接感知是一种生成，他心直接感知是一种通感，他心直接感知是一种经验沉淀。这就将他心问题还原到原初经验问题，而融合社交概念的提出让他心问题首先是在一个我与他人和谐的基础上进行，因此他心问题在儿童时期并不存在，只是后来的发展才导致他心问题的出现。由于经验具有沉淀性，那么后期在理解他心经验时也有前期融合社交的经验基础，这就保证了他心是能够被直接感知的。

第三，心智理论对于他心直接感知一个很重要的挑战是认为他心直接感知在亚人机制层面的解释不足，因此，通过在功能层面增加通感感知增加其理论解释力。

他心直接感知同样面临着心智理论的挑战，心智理论认为他心直接感知并没有完全理解心智理论的内容，认为在任何情况下都需要认知推理，这显然是心智理论所不赞同的。而心智理论认为心智推理主要是一个亚人机制的解释，而具身模拟论的亚人机制受到了交互理论的批判，交互理论也没有给予一个比较完善的亚人机制，交互理论的解释会比较空洞，不具有强的可操作性。梅洛-庞蒂通过反对经验主义和心智理论的感知观，指出通感感知是人类感知世界的本质方式，通感感知的介入使人们不再囿于传统感知过程中的单模态的感知方式，这为解释他心之所以能够被快速地直接感知提供了功能上的解释基础。通感感知下的他心直接感知表现为身体间通感、身体内通感和通感抑制三个维度。通感使身体的各个感知器官以及运动器官之间不再局限于一种感知形态，而是多感官感知和运动模态之间的相互叠合、沟通和僭越，将传统的萎缩于身体之内的自我心灵以及他人心灵全面开放，从而让我心和他心之间的沟通更加直接和便捷，并增加了他心直接感知的解释力。

第四，面对心智理论对于他心直接感知不能解释他心分歧的挑战，本书尝试使用语用身份解决，指出通常会利用前期身份经验理解他心而导致理解的偏见，他心分歧不是对他心直接感知的否定，只是表明他心有多维面相。

在理解他心的过程中，并不能保证对他心的理解都是正确的，因此会出现他心分歧问题，心智理论就此指出他心直接感知无法解释他心问题。面对心智理论的挑战，我们结合梅洛-庞蒂对于经验的描述和语用身份解决这一难题。在理解他心的时候会出现一个前期的身份范畴划分，并以指称的方式将这一范畴与前期经验所对应的典型特点的人进行归类，从而以过去的交互经验作为当前交互的模型和经验基础理解他心，这有利于快速地通达他心，但也由此导致对于他心理解的偏见和分歧。随着交互的深入，语用身份会出现逐渐脱落的现象，我和他人进入我与你的真正交互中，从而摆脱偏见所带来的分歧，并在此基础上对他人身份进行重新划分和对前期的偏见进行修正，他心直接感知就是在身份建立、脱落和重新建立的过程中实现的，因此他心理解会随着交互的深入逐渐消解掉分歧，从而实现对他心的把握，这也是梅洛-庞蒂所提到的肉身交织的理想状态。

总之，他心直接感知摆脱了心智理论的束缚，开始尝试以不同于心智理论城堡中二选一的方法。虽然他心直接感知仍然受到了来自心智理论的挑战，但是他心直接感知确实是不同于心智理论的，他心直接感知将传统的理解他心的间接推理或模拟的方式转换为直接的感知方式。同时，通过对他心直接感知在哲学基础上的融合社交性补充以及功能上的通感感知解释，增强了他心直接感知得以可能的基础，而且还用语用身份来对他心感知过程中分歧产生的原因进行解释并强调语用身份的建构、解构和脱落之后达到他心的直接感知，对于他心分歧的研究是具身模拟论和交互理论所没有涉及的，因此完善后的他心直接感知将会有更强的解释力。当然，他心直接感知所面临的问题之所以能够基本上被解决与梅洛－庞蒂哲学思想中的先见性有关，梅洛－庞蒂关于身体间性的论述使他心问题摆脱了长期存在的认识论误区，也为他心直接感知的深入研究提供了哲学基础和功能应用上的启迪。

## 第三节  研究不足与展望

由于受篇幅以及精力所限，本书的一些地方还需要进一步完善和发展。

第一，多模态感知和通感之间的关系还需进一步研究。在通感作为他心感知的功能基础的论述中，其实有涉及多模态与通感的关系，但是在本书中并没有详细论述多模态感知和通感之间的关系。虽然我们提出了通感感知在外部表现出多模态性，但是并没有详细论证是如何表现的以及两者是如何关联的，因此深度研究多模态与通感感知之间的关系将能够更加深入地研究感知的本质。

第二，对融合社交、通感感知和他心分歧之间关系的论证不够深入。虽然，对他心直接感知的身体现象学、功能基础和他心分歧的补充已经初具规模，但是仅仅依靠一篇博士论文的论证还是不太全面，尽管我们已经做了大量的论证，可能还是需要对梅洛－庞蒂的身体现象学思想以及与其他学科的融合问题做进一步的探讨和论证。当前的解释还是显得有点单薄，希望能够在以后的研究中联合相关学科进行跨专业的深度研究，特别是与认知科学和神经科学的实证性研究相结合将会对本书的研究做出进一步的论证和验证。

第三，直接感知的应用论述还只是限于理论性的探讨。在将他心直接感知应用于自闭症、人工智能、机器伦理时，还只是在大的方面论证他心直接感知是如何应用于这几个相关学科的，这只是一种框架上的解释，并没有更加详细地论证和分析，也没有相关的实验证据支撑，因此还需要对此进行更加详细地研究。

总之，在以后的研究中将会对当前的研究继续完善并做更深入地探讨。与此同时，我们在前期研究以及当前研究不足的基础上，认为将来的他心直接感知研究还可以从下面几个方面进行研究。

首先，继续深挖梅洛－庞蒂的身体现象学对于他心直接感知的意义，同时将直接感知与其他哲学家的思想结合，如约翰·乔纳斯的生物现象学等。同时，实用主义对于他心直接感知的影响还没有进行深度地研究，如皮尔士的实用主义思想，乔治·米德的符号互动论思想等。维果茨基对于认知发生的探讨也值得他心直接感知的支持者进行研究。这些哲学家有一个共同的特征，就是探讨他心直接感知的社会性问题。总之，除了对他心直接感知的身体性的研究之外，还需要注重环境、文化等外部因素在他心直接感知过程中的作用。

其次，他心直接感知与中国哲学的结合。值得注意的是，梅洛－庞蒂所提出的融合社交所表现出的融合和通达思想与中国哲学思想有极大的相似性。也许是受海德格尔思想或者东方思想影响，梅洛－庞蒂所强调的融合社交、互惠关系和肉身交织与中国道家思想中的"复初性"有许多相似之处，如："知其雄，守其雌，为天下溪。为天下溪，常德不离，复归于婴儿""圣人皆孩之"等。这都能够在梅洛－庞蒂关于他人问题的论述中找出相似的思想。《易经·咸卦》指出：咸，感也。柔上而刚下，二气感应以相与……天地感而万物化生，圣人感人心而天下和平，观其所感，而天地万物之情可见矣。这也向我们暗示，也许西方关于他心感知问题会走向中国道路。另外，中国是一个注重内在关系的国家，如，家庭关系、家族关系、血缘关系、地缘关系等，因此人与人之间的关系成为中国人存在和发展的基石。这就给我们指出，将中国的人际交往关系以及道家的哲学思想融入他心直接感知的研究，将会是一个值得研究的方向。

最后，多学科交叉的深度融合。当前的他心直接感知研究虽然从哲学、认知科学和神经科学等角度进行了大量的研究，但是当前的多科学交叉还并没有达到完全的融合状态，每一学科都还只是一个相对独立的解释，而且学科之间的术语并没有完全统一，因此在各个学科交叉研究过程中出现意义不对等、不匹配等现象，这会增加学科之间交流的困难。

　　本书最后要澄清的是他心直接感知研究并不是完全否定心智理论以及高阶认知在他心感知过程中的作用。心智理论有其无法替代的作用和价值，其实在梅洛-庞蒂的思想中本身就充斥着对双机制的肯定，但是这一双机制并不是将心智理论直接挪用到他心直接感知中。虽然"心智理论下的他心问题根植于笛卡尔主义，忽视了我们与他人、社会世界和语言的互动，但是梅洛-庞蒂认为这些都是我们与生俱来的遗产"[1]，对这些方面的重视也是解决他心问题必不可少的部分。而且，很多激进的具身认知科学家也对此持开放态度，吉布森（R. W. Jr. Gibbs）在论述其具身认知思想后说"我仍然对认知的某些方面可能需要内部心理表征的可能性持开放态度"[2]。由于篇幅以及时间限制，我们在此不再详述。

---

[1] Hass, L., *Merleau-Ponty's Philosophy*, Bloomington: Indiana University Press, 2008, p. 123.
[2] Gibbs, J. R. W., *Embodiment and Cognitive Science*, Cambridge/New York: Cambridge University Press, 2005, p. 292.

# 参考文献

（一）著作：

［德］艾德蒙德·胡塞尔：《生活世界现象学》，倪梁康、张廷国译，上海译文出版社2016年版。

［德］马丁·海德格尔：《存在与时间》，陈嘉映、王庆节译，生活·读书·新知三联书店1988年版。

［俄］列夫·维果茨基：《思维与语言》，李维译，北京大学出版社2010年版。

［法］艾曼努埃尔·埃洛阿：《感性的抵抗：梅洛-庞蒂对透明性的批判》，曲晓蕊译，福建教育出版社2016年版。

［法］莫里斯·梅洛-庞蒂：《可见的与不可见的》，罗国祥译，商务印书馆2008年版。

［法］莫里斯·梅洛-庞蒂：《世界的散文》，杨大春译，商务印书馆2005年版。

［法］莫里斯·梅洛-庞蒂：《眼与心——梅洛-庞蒂现象学美学文集》，刘韵涵译，中国社会科学出版社1992年版。

［法］莫里斯·梅洛-庞蒂：《知觉的首要地位及其哲学结论》，王东亮译，生活·读书·新知三联书店2002年版。

［法］莫里斯·梅洛-庞蒂：《行为的结构》，杨大春、张尧均译，商务印书馆2014年版。

［美］埃德蒙·哈钦斯：《荒野中的认知》，于小涵、严密译，浙江大学出版社2010年版。

［美］迈克尔·托马塞洛：《人类认知的文化起源》，张敦敏译，中国社会科学出版社2008年版。

［美］乔治·莱考夫、［美］马克·约翰逊：《我们赖以生存的隐喻》，何文忠译，浙江大学出版社 2015 年版。

［美］威廉·巴雷特：《非理性的人——存在主义哲学研究》，段德智译，上海译文出版社 1992 年版。

［美］约书亚·诺布、［美］肖恩·尼柯尔斯：《实验哲学》，厦门大学知识论与认知科学研究中心译，上海译文出版社 2013 年版。

［瑞］让·皮亚杰：《智力心理学》，商务印书馆 2015 年版。

［意］布鲁诺·G. 巴拉：《认知语用学：交际的心智过程》，范振强、邱辉译，浙江大学出版社 2013 年版。

［英］奥利弗·萨克斯：《脑袋里装了 2000 出歌剧的人》，廖月娟译，中信出版社 2016 年版。

［智］瓦雷拉、［加］汤普森、［美］罗施：《具身心智：认知科学和人类经验》，李恒威等译，浙江大学出版社 2010 年版。

高新民、沈学君：《现代西方心灵哲学》，华中师范大学出版社 2010 年版。

贾江鸿：《作为灵魂和身体的统一体的"人"——笛卡尔哲学研究》，中国社会科学出版社 2013 年版。

杨大春：《20 世纪法国哲学的现象学之旅》，社会科学文献出版社 2014 年版。

杨大春：《身体的秘密——20 世纪法国哲学论丛》，人民出版社 2013 年版。

杨大春：《杨大春讲梅洛－庞蒂》，北京大学出版社 2005 年版。

杨大春：《语言·身体·他者——当代法国哲学的三大主题》，生活·读书·新知三联书店 2007 年版。

叶浩生：《心理学通史》，北京师范大学出版社 2006 年版。

张之沧、张尚：《身体认知论》，人民出版社 2014 年版。

赵艳芳：《认知语言学概论》，上海外语教育出版社 2001 年版。

Ammaniti, M., Gallese, V., *The Birth of Intersubjectivity: Psychodynamics, Neurobiology, and The Self*, New York: W. W. Norton & Company, 2014.

Benoit, D., Coolbear, J., Crawford, A., "Abuse, Neglect, and Maltreatment of Infants", In: Benson, J. B., Haith, M. M. (eds.), *Social and Emotional*

*Development in Infancy and Early Childhood*, Oxford: Academic Press, 2010, pp. 1 – 11.

Benwell, B. , Stokoe, E. , *Discourse and Identity*, Edinburgh: Edinburgh University Press, 2006.

Cassam, Q. , *The Possibility of Knowledge*, Oxford: Oxford University Press, 2009.

Claxton, G. , *Intelligence in the Flesh: Why Your Mind Needs Your Body Much More than It Thinks*, New Haven/London: Yale University Press, 2015.

Cytowic, R. E. , *Synesthesia: A Union of the Senses*, Cambridge, Massachusetts/London: The MIT Press, 2002.

Damasio, A. R. , *Looking for Spinoza: Joy, Sorrow, and the Feeling Brain*, New York: Houghton Mifflin Harcourt, 2003.

Dermot, M. , Cohen, J. , *The Husserl Dictionary*, London/New York: Continuum International Publishing Group Ltd. , 2012.

Dillon, M. C. , *Merleau-Ponty's Ontology*, Bloomington, Indiana: Indiana University Press, 1988.

Eaton, M. , *Evolutionary Humanoid Robotics*, Heidelberg/New York/Dordrecht/London: Springer, 2015.

Edelman, G. M. , *Neural Darwinism: The Theory of Neuronal Group Selection*, New York: Basic Books, 1987.

Feinstein, A. , *A History of Autism: Conversations with the Pioneers*, Chichester/West Sussex: Blackwell, 2010.

Fitzgerald, M. , *Autism and creativity: Is there a link between autism in men and exceptional ability?* Hove/New York: Taylor & Francis Group, 2004.

Fodor, J. A. , *Psychosemantics: The Problem of Meaning in the Philosophy of Mind*, Cambridge, Massachusetts/London: MIT press, 1987.

Gallagher, S. , *How the Body Shapes the Mind*, Oxford: Oxford University Press, 2005.

Gallagher, S. , *Enactivist Interventions: Rethinking the Mind*, Oxford: Oxford University Press, 2017.

Gallagher, S. , Zahavi, D. , *The Phenomenological Mind: An Introduction to*

*Philosophy of Mind and Cognitive Science*, London/New York: Routledge, 2012.

Gallese, V., Cuccio, V., *The Paradigmatic Body: Embodied Simulation, Intersubjectivity, the Bodily Self, and Language*, Frankfurt am Main: MIND Group, 2014.

Gibbs, J. R. W., *Embodiment and Cognitive Science*, Cambridge/New York: Cambridge University Press, 2005.

Goldman, A. I., *Simulating Minds: The Philosophy, Psychology, and Neuroscience of Mindreading*, Oxford: Oxford University Press, 2006.

Gopnik, A., Meltzoff, A. N., *Words, Thoughts, and Theories*, Cambridge: MIT Press, 1997.

Gregoric, P., *Aristotle on The Common Sense*, Oxford: Oxford University Press, 2007.

Hass, L., *Merleau-Ponty's Philosophy*, Bloomington: Indiana University Press, 2008.

Hickok, G., *The Myth of Mirror Neurons: The Real Neuroscience of Communication and Cognition*, New York: Norton, 2014.

Humboldt, Von. W., *On Language: On the Diversity of Human Language Construction and Its Influence on the Mental Development of the Human Species*, Cambridge: Cambridge University Press, 1999.

Hutto, D. D., *Folk Psychological Narratives: The Sociocultural Basis Of Understanding Reasons*, Cambridge/Mass: MIT Press, 2008.

Hutto, D. D., Myin E, *Radicalizing Enactivism: Basic Minds without Content*, Cambridge, Massachusetts/ London: The MIT Press, 2013.

Iacoboni, M., *Mirroring People: The New Science of How We Connect with Others*, New York: Farrar, Straus and Giroux, 2009.

Johnson, D. N., *Synaesthesia in Adults: With and Without Autism Spectrum Conditions*, Cambridge: University of Cambridge, 2011.

Johnson, M., *The Body in the Mind: The Bodily Basis of Meaning*, Imagination, and Reason, Chicago/London: The University of Chicago Press, 1987.

Johnson, M., *Embodied Mind, Meaning, and Reason: How Our Bodies Give*

*Rise to Understanding*, Chicago: University of Chicago Press, 2017.

Lakoff, G. *Women, Fire, and Dangerous Things-What Categories Reveal about the Mind*, Chicago and London: The University of Chicago press, 1987.

Lakoff, G. , Johnson, M. , *Philosophy in the Flesh: The Embodied Mind and Its Challenge to Western Thought*, New York: Basic Books, 1999.

Landes, D. A. , *The Merleau-Ponty Dictionary*, London/ New York: Bloomsbury Academic, 2013.

Leben, D. , *Ethics for Robots: How to Design a Moral Algorithm*, New York: Routledge, 2018.

Low, D. , *Merleau-Ponty's Last Vision : A Proposal for the Completion of the Visible and the Invisible*, Evanston/Illinois: Northwestern University Press, 2000.

Macann, C. , *Four Phenomenological Philosophers: Husserl, Heidegger, Sartre, Merleau-Ponty*, London/New York: Routledge, 1993.

Marshall, G. J. , *A Guide to Merleau-Ponty's Phenomenology of Perception*, Milwaukee/Wisconsin: Marquette University Press, 2008.

Mcginn, C. , *Prehension: The Hand and the Emergence of Humanity*, Cambridge/Massachusetts: The MIT Press, 2015.

Merleau-Ponty, M. , *Phenomenology of Perception*, New York/London: Routledge and Kegan Paul, 1962.

Merleau-Ponty. M. , *Signs*, Evanston: Northwestern University Press, 1964.

Merleau-Ponty, M. , *The Child's Relations With Others*, *The Primacy of Perception*, Evanston: Northwestern University Press, 1964.

Merleau-Ponty, M. , *Sense and Non-Sense*, *Evanston*, Illinois: Northwestern University Press, 1964.

Merleau-Ponty, M. , *The Primacy of Perception and Other Essays*, Evanston: Northwestern University Press, 1964.

Merleau-Ponty, M. , *The Visible and the Invisible*, Evanston: Northwestern University Press, 1968.

Merleau-Ponty, M. , *Phenomenology of Perception*, London: Routledge, 2002.

Merleau-Ponty, M. , *The World of Perception*, London/New York: Routledge, 2002.

Merleau-Ponty, M., *Child Psychology and Pedagogy: The Sorbonne Lectures 1949 – 1952*, Evanston: Northwestern University Press, 2010.

Nayar, P. K., *Posthumanism*, Cambridge, UK: Polity Press, 2014.

Noë, A., *Out of Our Heads: Why You Are Not Your Brain, and Other Lessons From the Biology of Consciousness*, London: Macmillan, 2009.

Overgaard, S., *Wittgenstein and Other Mind: Rethinking Subjectivity and Intersubjectivity within Wittgenstein, Levinas and Husserl*, London/New York: Routledge, 2007.

Plato, *The Symposium*, Cambridge/New York: Cambridge University Press, 2008.

Reddy, V., *How Infants Know Minds*, Cambridge, MA: Harvard University Press, 2008.

Rowlands, M., *Externalism: Putting Mind and World Back Together Again*, London: Acumen, 2003.

Rowlands, M., *The New Science of The Mind: From Extended Mind to Embodied Phenomenology*, Cambridge: The MIT Press, 2010.

Ryle, G., *The Concept of Mind*, London: Hutchinson, 1949.

Shapiro, L. A., *The Mind Incarnate*, Cambridge/MA: MIT Press, 2004.

Stern, D. N., *The Interpersonal World of the Infant : A View from Psychoanalysis and Developmental Psychology*, New York: Basic Books, 2000.

Stawarska, B., *Between You and I: Dialogical Phenomenology*, Athens: Ohio University Press, 2009.

Stawarska, B., *Saussure's Philosophy of Language as Phenomenology*, Oxford: Oxford University Press, 2015.

Schilder, P., *The Image and Appearance of the Human Body*, London/New York: Routledge, 2007.

Shore, B., *Culture in Mind: Cognition, Culture, and the Problem of Meaning*, Oxford: Oxford University Press, 1996.

Tajfel, H., *Social Identity and Intergroup Relations*, Cambridge: Cambridge University Press, 1982.

Tauber, J., *Invitations: Merleau-Ponty, Cognitive Science and Phenomenology*, Saarbrucken: VDM Verlag Dr. Muller, 2008.

Tracy, K., Robles, J. S., *Everyday Talk: Building and Reflecting Identities*, New York: Guilford Press, 2013.

Tucker, D., *Mind from Body: Experience from Neural Structure*, Oxford: Oxford University Press, 2007.

Thompson, E., *Mind in Life: Biology, Phenomenology, and the Sciences of Mind*, Cambridge, Massachusetts/London: Harvard University Press, 2007.

Varela, F., Thompson, E., Rosch, E., *The Embodied Mind: Cognitive Science and Human Experience*, Cambridge/Mass: The MIT Press, 1991.

Vasseleu, C., *Textures of Light: Vision and Touch in Irigaray, Levinas and Merleau-Ponty*, London/New York: Routledge, 1998.

Wittgenstein, L., *Philosophical Investigation*, Oxford: Blackwell, 1999.

Welsh, T., *The Child as Natural Phenomenologist: Primal and Primary Experience in Merleau-Ponty's Psychology*, Evanston/Illinois: Northwestern University press, 2013.

Zahavi, D., *Husserl's Phenomenology*, Stanford: Stanford University Press, 2003.

Zahavi, D., *Self and Other: Exploring Subjectivity, Empathy, and Shame*, Oxford: Oxford University Press, 2014.

（二）论文和报纸：

常照强、张爱民、魏屹东：《心灵科学的重构：寻找缺失的意义》，《科学技术哲学研究》2013年第5期。

陈巍：《当前认知科学哲学中的他心直通理论之谱系》，《哲学动态》2017年第2期。

陈巍：《现象学的自然化运动：立场、意义与实例》，《科学技术哲学研究》2013年第5期。

陈巍、李恒威：《直接社会知觉与理解他心的神经现象学主张》，《浙江大学学报》（人文社会科学版）2016年第6期。

陈巍、张静：《直通他心的"刹车"：五问具身模拟论》，《华东师范大学学报》（教育科学版）2015年第4期。

陈新仁：《语用身份：动态选择与话语建构》，《外语研究》2013年第4期。

陈咏媛、许燕、王芳、潘益中：《解释水平在社会距离影响具身模拟中的中介效应检验》，《心理学探新》2012 年第 3 期。

费多益：《他心感知如何可能？》，《哲学研究》2015 年第 1 期。

高新民：《他心知问题：一个不应被冷落的认识论领域》，《哲学研究》1996 年第 11 期。

郭贵春、殷杰：《在"转向"中运动：20 世纪科学哲学的演变及其走向》，《哲学动态》2000 年第 8 期。

黄家裕：《镜像神经元与他心认知》，《自然辩证法通讯》2010 年第 2 期。

黄家裕：《类比推理模拟理论与上升程序模拟理论的差异》，《自然辩证法通讯》2013 年第 2 期。

黄家裕：《理论之理论与模拟理论——谁更优？》，《理论月刊》2013 年第 3 期。

黄家裕、盛晓明：《"理论之理论"范式走向综合的原因》，《哲学研究》2011 年第 6 期。

江怡：《当代英美哲学实在论与反实在论语境中的他心问题》，《求是学刊》2006 年第 1 期。

刘畅：《心灵与理解》，《云南大学学报》（社会科学版）2016 年第 2 期。

刘俊荣、韩丹：《科学证据、类比方法和伦理论证——兼论严重脑损伤患者的他心问题》，《自然辩证法通讯》2011 年第 2 期。

鲁艺杰：《范畴的建构——莱考夫涉身隐喻意义理论的认知基础》，《学术交流》2016 年第 3 期。

孟伟：《自然化现象学——一种现象学介入认知科学研究的建设性路径》，《科学技术哲学研究》2013 年第 2 期。

桑新民：《建构主义的历史、哲学、文化与教育解读》，《全球教育展望》2005 年第 4 期。

沈学君、高新民：《试论认识心灵的三次范式转换》，《福建论坛》（人文社会科学版）2004 年第 2 期。

孙亚斌、王锦琰、罗非：《共情中的具身模拟现象与神经机制》，《中国临床心理学杂志》2014 年第 1 期。

王华平：《他心的直接感知理论》，《哲学研究》2012 年第 9 期。

王炜：《具身直通论：他心问题的当代视角》，《哲学动态》2019 年第

4 期。

王晓阳:《为他心辩护——处理他心问题的一种复合方案》,《哲学研究》2019 年第 3 期。

文旭、江晓红:《范畴化:语言中的认知》,《外语教学》2001 年第 4 期。

徐盛桓:《镜像神经元与身体——情感转喻解读》,《外语教学与研究》2016 年第 1 期。

杨大春:《从身体现象学到泛身体哲学》,《社会科学战线》2010 年第 7 期。

殷筱:《常识心理学"他心知"认知模式的非对称性》,《哲学研究》2013 年第 5 期。

于爽、盛晓明:《读心的模拟说进路》,《自然辩证法研究》2011 年第 2 期。

郁欣:《我们如何通达他人的意识?——发生心理学的进路与现象学的进路》,《哲学研究》2015 年第 2 期。

袁周敏:《身份的界定:问题与建议》,《外语教学》2016 年第 4 期。

张静、陈巍、丁峻:《社会认知的双重机制:来自神经科学的证据》,《中南大学学报》(社会科学版) 2010 年第 1 期。

Adams, F., Aizawa, K., "The Value of Cognitivism in Thinking about Extended Cognition", *Phenomenology & the Cognitive Sciences*, Vol. 9, No. 4, 2010.

Anderson, M. L., "Embodied Cognition: A Field Guide", *Artificial Intelligence*, Vol. 149, No. 1, 2003.

Ardizzi M., Sestito, M., Martini, F., Umiltà, M. A., Ravera, R., Gallese, V., "When Age Matters: Differences in Facial Mimicry and Autonomic Responses to Peers' Emotions in Teenagers and Adults", *Plos One*, Vol. 9, No. 10, 2014.

Aziz-Zadeh, L., Damasio, A. R., "Embodied Semantics for Actions: Findings From Functional Brain Imaging", *Journal of Physiology-Paris*, Vol. 102, No. 1 - 3, 2008.

Baron-Cohen, S., Robson, E., Lai, M., Allison, C., "Mirror-Touch Synaesthesia Is Not Associated With Heightened Empathy, and Can Occur With

Autism", *Plos One*, Vol. 11, No. 8, 2016.

Bassolino, M. , Serino, A. , Ubaldi, S. , Làdavas, E. , "Everyday Use of the Computer Mouse Extends Peripersonal Space Representation", *Neuropsychologia*, Vol. 48, No. 3, 2010.

Belmonte, M. K. , Gomot, M. , Baron-Cohen, S. , "Visual Attention in Autism Families: 'Unaffected' sibs Share Atypical Frontal Activation", *Journal of Child Psychology and Psychiatry*, Vol. 5, No. 1, 2010.

Bird, C. M. , Castelli, F. , Malik, O. , Frith, U. , Husain, M. , "The Impact of Extensive Medial Frontal Lobe Damage on 'Theory of Mind' and Cognition", *Brain A Journal of Neurology*, Vol. 127, No. 4, 2004.

Bockelman, P. , "Reinerman-Jones, L. , Gallagher, S. , Methodological Lessons in Neurophenomenology: Review of a Baseline Study and Recommendations for Research Approaches", *Frontiers in Human Neuroscience*, No. 7, 2013.

Bohl, V. , "Continuing Debates on Direct Social Perception: Some Notes on Gallagher's Analysis of 'The New Hybrids'", *Consciousness & Cognition*, Vol. 36, No. 466 – 471, 2015.

Bohl, V. , Gangopadhyay, N. , "Theory of Mind and the Unobservability of Other Minds", *Philosophical Explorations*, Vol. 17, No. 2, 2014.

Bohl, V. , Van Den Bos, W. , "Toward an Integrative Account of Social Cognition: Marrying Theory of Mind and Interactionism to Study the Interplay of Type 1 and Type 2 Processes", *Frontiers in Human Neuroscience*, Vol. 6, No. 6, 2012.

Bonini, L. , Rozzi, S. , Serventi, F. U. , Simone, L. , Ferrari, P. F. , Fogassi, L. , "Ventral Premotor and Inferior Parietal Cortices Make Distinct Contribution to Action Organization and Intention Understanding", *Cerebral Cortex*, Vol. 20, No. 6, 2009.

Bouvet, L. , Donnadieu, S. , Valdois, S. , Caron, C. , Dawson, M. , Mottron, L. , "Veridical Mapping in Savant Abilities, Absolute Pitch, and Synesthesia: An Autism Case Study", *Frontiers in Psychology*, Vol. 5, No. 106, 2014.

Bower, M., Gallagher, S., "Bodily Affects as Prenoetic Elements in Enactive Perception", *Phenomenology and Mind*, No. 4, 2013.

Caggiano, V., Fogassi, L., Thier P., Casile, A., "Mirror Neurons Differentially Encode the Peripersonal and Extrapersonal Space of Monkeys", *Science*, Vol. 324, No. 5925, 2009.

Carman, T., "The Body in Husserl and Merleau-Ponty", *Philosophical Topics*, Vol. 27, No. 2, 1999.

Carpendale, J. I. M., Racine, T. P., "Intersubjectivity and Egocentrism: Insights From the Relational Perspectives of Piaget, Mead, and Wittgenstein", *New Ideas in Psychology*, 2011, Vol. 29, No. 3, 2011.

Casasanto, D., Dijkstra, K., "Motor Action and Emotional Memory", *Cognition*, Vol. 115, No. 1, 2010.

Cook, J., "From Movement Kinematics to Social Cognition: The Case of Autism", *Philosophical Transactions of the Royal Society B: Biological Sciences*, Vol. 371, No. 1693, 2015.

Cuffari, E. C., Di Paolo, E., De Jaegher, H., "From Participatory Sensemaking to Language: There and Back Again", *Phenomenology & the Cognitive Sciences*, Vol. 14, No. 4, 2015.

Damasio, A. R., "Mental Self: The Person Within", *Nature*, Vol. 423, No. 6937, 2003.

De Jaegher, H., "Social Understanding Through Direct Perception? Yes, by Interacting", *Consciousness & Cognition*, Vol. 18, No. 2, 2009.

De Jaegher, H., "Embodiment and Sense-Making in Autism", *Front Integr Neurosci*, No. 7, 2013.

De Jaegher, H., Di Paolo, E. A., Gallagher, S., "Can Social Interaction Constitute Social Cognition?", *Trends in Cognitive Sciences*, Vol. 14, No. 10, 2010.

Di Dio, C., Ardizzi, M., Massaro, D., Di Cesare, G., Gilli, G., Marchetti, A., Gallese, V., "Human, Nature, Dynamism: The Effects of Content and Movement Perception on Brain Activations During the Aesthetic Judgment of Representational Paintings", *Frontiers in Human Neuroscience*, Vol. 9,

No. 79, 2015.

Di Paolo, E. A., De Jaegher, H., Gallagher, S., "One Step Forward, Two Steps Back—Not the Tango: Comment on Gallotti and Frith", *Trends in Cognitive Sciences*, Vol. 17, No. 7, 2013.

Dretske, F. I., "Perception and Other Minds", *Noûs*, Vol. 7, No. 1, 1973.

Dreyfus, H. L., "Intelligence Without Representation—Merleau-Ponty's Critique of Mental Representation: The Relevance of Phenomenology to Scientific Explanation", *Phenomenology & the Cognitive Sciences*, Vol. 1, No. 4, 2002.

Eagle, M. N., Gallese, V., Migone, P., "Mirror Neurons and Mind: Commentary on Vivona", *Journal of the American Psychoanalytic Association*, Vol. 57, No. 3, 2009.

Ebisch, S. J. H., Gallese, V., "A Neuroscientific Perspective on the Nature of Altered Aelf-Other Relationships in Schizophrenia", *Journal of consciousness studies*, Vol. 22, No. 1-2, 2015.

Fadiga, L., Fogassi, L., Pavesi, G., Rizzolatti, G., "Motor Facilitation During Action Observation: A Magnetic Stimulation Study", *Journal of Neurophysiology*, Vol. 73, No. 6, 1995.

Ferri, F., Frassinetti, F., Costantini, M., Gallese, V., "Motor Simulation and the Bodily Self", *Plos One*, Vol. 6, No. 3, 2011.

Ferri, F., Frassinetti, F., Ardizzi, M., Costantini, M., Gallese, V., "A Sensorimotor Network for the Bodily Self", *Journal of Cognitive Neuroscience*, Vol. 24, No. 7, 2012.

Frith, C. D., Frith, U., "Mechanisms of Social Cognition", *Annual review of psychology*, No. 63, 2012.

Froese, T., Gallagher S., "Getting Interaction Theory (IT) Together: Integrating Developmental, Phenomenological, Enactive, and Dynamical Approaches to Social Interaction", *Interaction Studies*, Vol. 13, No. 3, 2012.

Froese, T., Fuchs, T., "The Extended Body: A Case Study in the Neurophenomenology of Social Interaction", *Phenomenology & the Cognitive Sciences*, Vol. 11, No. 2, 2012.

Fuchs, T. , De Jaegher, H. , "Enactive Intersubjectivity: Participatory Sense-Making and Mutual Incorporation", *Phenomenology & the Cognitive Sciences*, Vol. 8, No. 4, 2009.

Fuchs, T. , "The Phenomenology and Development of Social Perspectives", *Phenomenology & the Cognitive Sciences*, Vol. 12, No. 4, 2013.

Fujii, N. , Hihara, S. , Iriki, A. , "Dynamic Social Adaptation of Motion-Related Neurons in Primate Parietal Cortex", *Plos One*, Vol. 2, No. 4, 2007.

Gallagher, S. , "Understanding Interpersonal Problems in Autism: Interaction Theory as an Alternative to Theory of Mind", *Philosophy Psychiatry & Psychology*, Vol. 11, No. 3, 2004.

Gallagher, S. , Varela, F. , "Redrawing the Map and Resetting the Time: Phenomenology and the Cognitive Sciences", *Canadian Journal of Philosophy*, No. 33 (sup1), 2003.

Gallagher, S. , "Neurocognitive Models of Schizophrenia: A Neurophenomenological Critique", *Psychopathology*, Vol. 37, No. 1, 2004.

Gallagher, S. , "Simulation Trouble", *Social Neuroscience*, Vol. 2, No. 3 – 4, 2007.

Gallagher, S. , "Direct Perception in the Intersubjective Context", *Consciousness & Cognition*, Vol. 17, No. 2, 2008.

Gallagher, S. , "Strong Interaction and Self-Agency", *Humana-Mente: Journal of Philosophical Studies*, Vol. 15, No. January 27, 2011.

Gallagher, S. , "In Defense of Phenomenological Approaches to Social Cognition: Interacting with the Critics", *Review of Philosophy & Psychology*, Vol. 3, No. 2, 2012.

Gallagher, S. , "The Body in Social Context: Some Qualifications on the 'Warmth and Intimacy' of Bodily Self-Consciousness", *Grazer Philosophische Studien*, Vol. 84, No. 1, 2012.

Gallagher, S. , "From the Transcendental to the Enactive", *Philosophy Psychiatry & Psychology*, Vol. 19, No. 19, 2012.

Gallagher, S. , "A Pattern Theory of Self", *Frontiers in Human Neuroscience*, Vol. 7, No. 443, 2013.

Gallagher, S., "The New Hybrids: Continuing Debates on Social Perception", *Consciousness & Cognition*, Vol. 36, No. 452 – 465, 2015.

Gallagher, S., Marcel, A. J., "The Self in Contextualized Action", *Journal of consciousness studies*, Vol. 6, No. 4, 1999.

Gallagher, S., "You and I, Robot", *Ai & Society*, Vol. 28, No. 4, 2013.

Gallagher, S., Hutto, D. D., Slaby, J., Cole, J., "The Brain as Part of an Enactive System", *Behavioral & Brain Sciences*, Vol. 36, No. 4, 2013.

Gallagher, S, Varga, S., "Conceptual Issues in Autism Spectrum Disorders", *Current Opinion in Psychiatry*, Vol. 28, No. 2, 2015.

Gallese, V., "The 'Shared Manifold' Hypothesis. From Mirror Neurons to Empathy", *Journal of Consciousness Studies*, Vol. 8, No. 5 – 7, 2003.

Gallese, V., "The Manifold Nature of Interpersonal Relations: The Quest for A Common Mechanism", *Philos. Trans. R. Soc. Lond.*, B., *Biol. Sci.*, Vol. 358, No. 1431, 2003.

Gallese, V., "Intentional Attunement: A Neurophysiological Perspective on Social Cognition and Its Disruption in Autism", *Brain Research*, Vol. 1079, No. 1, 2006.

Gallese, V., "Empathy, Embodied Simulation, and the Brain: Commentary on Aragno and Zepf/Hartmann", *Journal of the American Psychoanalytic Association*, Vol. 56, No. 3, 2008.

Gallese, V., "Mirror Neurons, Embodied Simulation, and the Neural Basis of Social Identification", *Psychoanalytic Dialogues*, Vol. 19, No. 5, 2009.

Gallese, V, "Embodied Simulation Theory: Imagination and Narrative", *Neuropsychoanalysis*, Vol. 13, No. 2, 2011.

Gallese, V., "Neuroscience and Phenomenology", *Phenomenology and Mind*, No. 1, 2011.

Gallese, V., "Mirror Neurons, Embodied Simulation and a Second-Person Approach to Mindreading", *Cortex*, Vol. 49, No. 10, 2013.

Gallese, V., "Bodily Selves in Relation: Embodied Simulation as Second-Person Perspective on Intersubjectivity", *Philosophical Transactions of the Royal Society of London*, Vol. 369, No. 1644, 2014.

Gallese, V., Eagle, M. N., Migone, P., "Intentional Attunement: Mirror Neurons and the Neural Underpinnings of Interpersonal Relations", *Journal of the American Psychoanalytic Association*, Vol. 55, No. 1, 2007.

Gallese, V., Ebisch, S. J. H., "Embodied Simulation and Touch: The Sense of Touch in Social Cognition", *Phenomenology and Mind*, No. 4, 2013.

Gallese, V., Fadiga, L., Fogassi, L., Rizzolatti, G., "Action Recognition in the Premotor Cortex", *Brain*, Vol. 119, No. 2, 1996.

Gallese, V., Goldman, A. I., "Mirror Neurons and the Simulation Theory of Mind-Reading", *Trends in Cognitive Sciences*, Vol. 2, No. 12, 1998.

Gallese, V., Guerra, M., "Embodying Movies: Embodied Simulation and Film Studies", *Cinema: Journal of Philosophy and the Moving Image*, Vol. 3, No. 183–210, 2012.

Gallese, V., Keysers, C., Rizzolatti, G., "A Unifying View of the Basis of Social Cognition", *Trends in Cognitive Sciences*, Vol. 8, No. 9, 2004.

Gallese, V., Lakoff, G., "The Brain's Concepts: The Role of the Sensory-Motor System in Conceptual Knowledge", *Cognitive Neuropsychology*, Vol. 22, No. 3–4, 2005.

Gallese, V., Sinigaglia, C., "What Is so Special About Embodied Simulation?", *Trends in Cognitive Sciences*, Vol. 15, No. 11, 2011.

Gallese, V., Wojciehowski, H., "How Stories Make Us Feel: Toward an Embodied Narratology", *California Italian Studies*, Vol. 2, No. 1, 2011.

Gallotti, M., Frith, C. D., "Social Cognition in the We-Mode", *Trends in Cognitive Sciences*, Vol. 17, No. 4, 2013.

Gangopadhyay, N., Pichler, A., "Understanding the Immediacy of Other Minds", *European Journal of Philosophy*, Vol. 25, No. 4, 2017.

Gazzola, V., Keysers, C., "The Observation and Execution of Actions Share Motor and Somatosensory Voxels in All Tested Subjects: Single-Subject Analyses of Unsmoothed fMRI Data", *Cerebral Cortex*, Vol. 19, No. 6, 2008.

Gazzola, V., Rizzolatti, G., Wicker, B., Keysers, C., "The Anthropomorphic Brain: The Mirror Neuron System Responds to Human and Robotic Actions", *Neuroimage*, Vol. 35, No. 4, 2007.

Gazzola, V. , Van, D. W. H. , Mulder, T. , Wicker, B. , Rizzolatti, G. , Keysers, C. , "Aplasics Born Without Hands Mirror the Goal of Hand Actions With Their Feet", *Current Biology*, Vol. 17, No. 14, 2007.

Glenberg, A. M. , Gallese, V. , "Action-Based Language: A Theory of Language Acquisition, Comprehension, and Production", *Cortex*, Vol. 48, No. 7, 2012.

Goldman, A. , De Vignemont F. , "Is Social Cognition Embodied?", *Trends in Cognitive Sciences*, Vol. 13, No. 4, 2009.

Goldman, A. I. , "A Moderate Approach to Embodied Cognitive Science", *Review of Philosophy & Psychology*, Vol. 3, No. 1, 2012.

Hamilton, A. F. C. , "Emulation and Mimicry for Social Interaction: A Theoretical Approach to Imitation in Autism", *The Quarterly Journal of Experimental Psychology*, Vol. 61, No. 1, 2008.

Hansen, T. , Olkkonen, M. , Walter, S. , Gegenfurtner, K. R. , "Memory Modulates Color Appearance", *Nature Neuroscience*, Vol. 9, No. 11, 2006.

Held, R. , Hein, A. , "Movement-Produced Stimulation in the Development of Visually Guided Behavior", *Journal of Comparative Physiological Psychology*, Vol. 56, No. 5, 1963.

Herschbach, M. , "Folk Psychological and Phenomenological Accounts of Social Perception", *Philosophical Explorations*, Vol. 11, No. 3, 2008.

Heyes, C. , "Where Do Mirror Neurons Come From?", *Neuroscience & Biobehavioral Reviews*, Vol. 34, No. 4, 2010.

Hopf, T. , "The Promise of Constructivism in International Relations Theory", *International Security*, Vol. 23, No. 1, 1998.

Hughes, J. , Simner, J. , Baron-Cohen, S. , Treffert, D. A. , Ward, J. , "Is Synaesthesia More Prevalent in Autism Spectrum Conditions? Only Where There is Prodigious Talent", *Multisensory Research*, Vol. 30, No. 3 – 5, 2017.

Hutchins, E. , "Cognitive Ecology", *Topics in Cognitive Science*, Vol. 2, No. 4, 2010.

Hutto, D. D. , "The Narrative Practice Hypothesis: Origins and Applications of Folk Psychology", *Royal Institute of Philosophy Supplement*, Vol. 60, No. 3,

2007.

Iacoboni, M., Molnar-Szakacs, I., Gallese, V., Buccino, G., Mazziotta, J C., Rizzolatti G., "Grasping the Intentions of Others with One's Own Mirror Neuron System", *PLOS biology*, Vol. 3, No. 3, 2005.

Iizuka, H., Paolo E., "Minimal Agency Detection of Embodied Agents", *European Conference on Advances in Artificial Life Springer-Verlag*, 2007.

Jack, A. I., Roepstorff, A., "Introspection and Cognitive Brain Mapping: From Stimulus – Response to Script-Report", *Trends in Cognitive Sciences*, Vol. 6, No. 8, 2002.

Jacob, P., Jeannerod, M., "The Motor Theory of Social Cognition: A Critique", *Trends in Cognitive Sciences*, Vol. 9, No. 1, 2005.

Jacob, P., "The Direct-Perception Model of Empathy: A Critique", *Review of Philosophy & Psychology*, Vol. 2, No. 3, 2011.

Jezzini, A., Rozzi, S., Borra, E., Gallese, V., Caruana, F., Gerbella, M., "A Shared Neural Network for Emotional Expression and Perception: An Anatomical Study in the Macaque Monkey", *Frontiers in Behavioral Neuroscience*, Vol. 9, No. 243, 2015.

Jirak, D., Menz, M. M., Buccino, G., Borghi, A. M., Binkofski, F., "Grasping Language—A Short Story on Embodiment", *Consciousness and cognition*, Vol. 19, No. 3, 2010.

Johnson, S. C., "The Recognition of Mentalistic Agents in Infancy", *Trends in Cognitive Sciences*, Vol. 4, No. 1, 2000.

Kirby, A. V., Boyd, B. A., Williams, K. L., Faldowski, R. A., Baranek, G., "Sensory and Repetitive Behaviors Among Children With Autism Spectrum Disorder at Home", *Autism*, Vol. 21, No. 2, 2017.

Kristin, A., "Understanding Norms Without a Theory of Mind", *Inquiry*, Vol. 52, No. 5, 2009.

Laurienti, P. J., Burdette, J. H., Maldjian, J. A., Wallace, M. T., "Enhanced Multisensory Integration in Older Adults", *Neurobiology of Aging*, Vol. 27, No. 8, 2006.

Lavelle, J. S., "Theory-Theory and the Direct Perception of Mental States",

*Review of Philosophy & Psychology*, Vol. 3, No. 2, 2012.

Legerstee, M., "The Role of Dyadic Communication in Social Cognitive Development", *Advances in Child Development and Behavior*, Vol. 37, No. 37, 2009.

Legrand, D., "Subjective and Physical Dimensions of Bodily Self-Consciousness, and Their Dis-integration in Anorexia Nervosa", *Neuropsychologia*, Vol. 48, No. 3, 2010.

Lempert, H., Kinsbourne, M., "Effect of Laterality of Orientation on Verbal Memory", *Neuropsychologia*, Vol. 20, No. 2, 1982.

Lepage, J., Théoret, H., "The Mirror Neuron System: Grasping Others' Actions From Birth?", *Developmental science*, Vol. 10, No. 5, 2007.

Linville, P. W., Fischer, G. W., Salovey, P., "Perceived Distributions of the Characteristics of In-Group and Out-Group Members: Empirical Evidence and a Computer Simulation", *Journal of Personality and Social Psychology*, Vol. 57, No. 2, 1989.

Liu, J., Harris, A., Kanwisher, N., "Stages of Processing in Face Perception: An MEG Study", *Nature Neuroscience*, Vol. 5, No. 9, 2002.

Logothetis, N. K., "What We Can and Cannot Do With fMRI", *Nature*, Vol. 453, No. 7197, 2008.

Maguire, E. A., Gadian, D. G., Johnsrude, I. S., Good, C. D., Ashburner, J., Frackowiak, R. S., Frith, C. D., "Navigation-Related Structural Change in the Hippocampi of Taxi Drivers", *Proceedings of the National Academy of Sciences of the United States of America*, Vol. 97, No. 8, 2000.

Markram, K., Markram, H., "The Intense World Theory—A Unifying Theory of the Neurobiology of Autism", *Frontiers in Human Neuroscience*, Vol. 4, No. 224, 2010.

Märtsin, M. "Identity in Dialogue Identity as Hyper-Beneralized Personal Sense", *Theory & Psychology*, Vol. 20, No. 3, 2010.

Mcgann, M., De Jaegher, H., Di Paolo, E., "Enaction and Psychology", *Review of General Psychology*, Vol. 17, No. 2, 2013.

Mcneill, W. E. S., "On Seeing That Someone Is Angry", *European Journal of*

Philosophy, Vol. 20, No. 4, 2012.

Mead, G. H. , "The Genesis of the Self and Social Control", *International Journal of Ethics*, Vol. 35, No. 3, 1925.

Meltzoff, A. N. , Borton, R. W. , "Intermodal Matching by Human Neonates", *Nature*, Vol. 282, No. 5737, 1979.

Meltzoff, A. N. , "Understanding the Intentions of Others: Re-enactment of Intended Acts by 18-Month-Old Children", *Developmental Psychology*, Vol. 31, No. 5, 1995.

Meredith, M. A. , Nemitz, J. W. , Stein, B. E. , "Determinants of Multisensory Integration in Superior Colliculus Neurons. I. Temporal factors", *Journal of Neuroscience*, Vol. 7, No. 10, 1987.

Myowa-Yamakoshi, M. , Tomonaga, M. , Tanaka, M. , Matsuzawa, T. , "Imitation in Neonatal Chimpanzees (Pan Troglodytes)", *Developmental Science*, Vol. 7, No. 4, 2004.

Negayama, K. , Delafield-Butt, J. T. , Momose, K. , Ishijima, K. , Kawahara, N. , Lux, E. J. , Murphy, A. , Kaliarntas, K. , "Embodied Intersubjective Engagement in Mother – Infant Tactile Communication: A Cross-Cultural Study of Japanese and Scottish Mother-Infant Behaviors During Infant Pick-Up", *Frontiers in Psychology*, Vol. 6, No. 66, 2015.

Neisser, U. , "Five Kinds of Self—Knowledge", *Philosophical Psychology*, Vol. 1, No. 1, 1988.

Nyholm, S. S. J. , "Automated Cars Meet Human Drivers: Responsible Human-Robot Coordination and the Ethics of Mixed Traffic", *Ethics & Information Technology*, No. 4, 2018.

O'Callaghan, C. , "Objects for Multisensory Perception", *Philosophical Studies*, Vol. 173, No. 5, 2016.

Ondobaka, S. , De Lange, F. P. , Newman-Norlund, R. D. , Wiemers, M. , Bekkering, H. , "Interplay Between Action and Movement Intentions During Social Interaction", *Psychological Science*, Vol. 23, No. 1, 2012.

Overgaard, S. , "The Problem of Other Minds: Wittgenstein's Phenomenological Perspective", *Phenomenology and the Cognitive Sciences*, Vol. 5, No. 1,

2006.

Overgaard, S., "McNeill on Embodied Perception Theory", *Philosophical Quarterly*, Vol. 64, No. 254, 2014.

Overgaard, S., "Other Minds Embodied", *Continental Philosophy Review*, Vol. 50, No. 1, 2017.

Overmann, K. A., "Beyond Writing: The Development of Literacy in the Ancient Near East", *Cambridge Archaeological Journal*, Vol. 26, No. 2, 2016.

Onishi, K. H., Baillargeon, R., "Do 15-Month-Old Infants Understand False Beliefs?", *Science*, Vol. 308, No. 5719, 2005.

Press, C., Cook, J., Blakemore, S., Kilner, J., "Dynamic Modulation of Human Motor Activity When Observing Actions", *Journal of Neuroscience*, Vol. 31, No. 8, 2011.

Proffitt, D. R., Bhalla, M., Gossweiler, R., Midgett, J., "Perceiving Geographical Slant", *Psychonomic Bulletin & Review*, Vol. 2, No. 4, 1995.

Ramachandran, V. S., Hubbard, E. M., "Synaesthesia-A Window into Perception, Thought and Language", *Journal of Consciousness studies*, Vol. 8, No. 12, 2001.

Ramachandran, V. S., Oberman, L. M., "Broken Mirrors: A Theory of Autism", *Scientific American*, Vol. 295, No. 5, 2006.

Reddy, V., "On Being the Object of Attention: Implications for Self-Other Consciousness", *Trends in Cognitive Sciences*, Vol. 7, No. 9, 2003.

Rizzolatti, G., Fabbri-Destro, M., "Mirror Neurons: From Discovery to Autism", *Experimental Brain Research*, Vol. 200, No. 3-4, 2010.

Rizzolatti, G., Fadiga, L., Fogassi, L., Gallese, V., "Resonance Behaviors and Mirror Neurons", *Archives Italiennes De Biologie*, Vol. 137, No. 2-3, 1999.

Rizzolatti, G., Fogassi, L., Gallese, V., "Mirrors in the Mind", *Scientific American*, Vol. 295, No. 5, 2006.

Roley, S. S., Mailloux, Z., Parham, L. D., Schaaf, R. C., Lane, C. J., Cermak, S., "Sensory Integration and Praxis Patterns in Children with Autism", *American Journal of Occupational Therapy*, Vol. 69, No. 1, 2015.

Roy, J. M., Petitot, J., Pachoud, B., Varela, F. J., Beyond the Gap: An Introduction to Naturalizing Phenomenology, *Biochemical & Biophysical Research Communications*, Vol. 105, No. 4, 1999.

Russell, S., Hauert, S., Altman, R., Veloso, M., "Robotics: Ethics of Artificial Intelligence", *Nature*, Vol. 521, No. 7553, 2015.

Savagerumbaugh, S., Sevcik, R. A., Hopkins, W. D., "Symbolic Cross-modal Transfer in Two Species of Chimpanzees", *Child Development*, Vol. 59, No. 3, 1988.

Schilbach, L., Eickhoff, S. B., Cieslik, E., Shah, N. J., Fink, G. R., Vogeley, K., "Eyes on Me: An fMRI Study of the Effects of Social Gaze on Action Control", *Social Cognitive and Affective Neuroscience*, Vol. 6, No. 4, 2010.

Schroeder, C. E., Foxe, J., "Multisensory Contributions to Low-Level, 'Unisensory' Processing", *Current Opinion in Neurobiology*, Vol. 15, No. 4, 2005.

Shams, L., Seitz, A. R., "Benefits of Multisensory Learning", *Trends in Cognitive Sciences*, Vol. 12, No. 11, 2008.

Simner, J., Mulvenna, C., Sagiv, N., Tsakanikos, E., Witherby, S. A., Fraser, C., Scott, K., Ward, J., "Synaesthesia: The Prevalence of Atypical Cross-Modal Experiences", *Perception*, Vol. 35, No. 8, 2006.

Singer, T., Seymour, B., O'doherty, J. P., Stephan, K. E., Dolan, R. J., Frith, C. D., "Empathic Neural Responses Are Modulated by the Perceived Fairness of Others", *Nature*, Vol. 439, No. 7075, 2006.

Slaby, J., Gallagher, S., "Critical Neuroscience and Socially Extended Minds", *Theory Culture & Society*, Vol. 32, No. 1, 2015.

Southgate, V., Hamilton, A. F. C., "Unbroken Mirrors: Challenging A Theory of Autism", *Trends in Cognitive Sciences*, Vol. 12, No. 6, 2008.

Spaulding, S., "Critique of Embodied Simulation", *Review of Philosophy & Psychology*, Vol. 2, No. 3, 2011.

Spaulding, S., "Mirror Neurons Are Not Evidence for the Simulation Theory",

*Synthese*, Vol. 189, No. 3, 2012.

Spaulding, S., "On Direct Social Perception", *Consciousness & Cognition*, Vol. 36, No. 472 – 482, 2015.

Spaulding, S., "Mind Misreading", *Philosophical Issues*, Vol. 26, No. 1, 2016.

Spaulding, S., "Do You See What I See? How Social Differences Influence Mindreading", *Synthese*, No. 3, 2017.

Stawarska, B., "'You' and 'I', 'Here' and 'Now': Spatial and Social Situatedness in Deixis", *International Journal of Philosophical Studies*, Vol. 16, No. 3, 2008.

Tapia, J., Rojas, A., Picado, K., "Pragmatics of the Development of Personal Identity in Adolescents in the Latin American Context", *Integrative Psychological & Behavioral Science*, Vol. 51, No. 1, 2017.

Teufel, C., "Seeing Other Minds: Attributed Mental States Influence Perception", *Trends in Cognitive Sciences*, Vol. 14, No. 8, 2010.

Thompson, J. R., "Implicit Mindreading and Embodied Cognition", *Phenomenology & the Cognitive Sciences*, Vol. 11, No. 4, 2012.

Trevarthen, C., "First Things First: Infants Make Good Use of the Sympathetic Rhythm of Imitation, Without Reason or Language", *Journal of Child Psychotherapy*, Vol. 31, No. 1, 2005.

Varela, F. J. "Patterns of Life: Intertwining Identity and Cognition", *Brain and Cognition*, Vol. 34, No. 1, 1997.

Vinai, P., Speciale, M., Vinai, L., Vinai, P., Bruno, C., Ambrosecchia, M., Ardizzi, M., Lackey, S., Ruggiero, G. M., Gallese, V., "The Clinical Implications and Neurophysiological Background of Useing Self-Mirroring Technique to Enhance the Identification of Emotional Experiences: An Example with Rational Emotive Behavior Therapy", *Journal of Rational-Emotive & Cognitive-Behavior Therapy*, Vol. 33, No. 2, 2015.

Welsh, T., "Child's Play: Anatomically Correct Dolls and Embodiment", *Human Studies*, Vol. 30, No. 3, 2007.

Wicker, B., Keysers, C., Plailly, J., Royet, J., Gallese, V., Rizzolatti,

G., "Both of Us Disgusted in My Insula: The Common Neural Basis of Seeing and Feeling Disgust", *Neuron*, Vol. 40, No. 3, 2003.

Witt, J. K., Proffitt, D. R., Epstein, W., "Tool Use Affects Perceived Distance, But Only When You Intend to Use It", *Journal of Experimental Psychology Human Perception & Performance*, Vol. 31, No. 5, 2005.

Willems, R. M., Hagoort, P., Casasanto, D., "Body-Specific Representations of Action Verbs: Neural Evidence From Right-and Left-Handers", *Psychological Science*, Vol. 21, No. 1, 2010.

Williams, J. H., Whiten, A., Suddendorf, T., Perrett, D. I., "Imitation, Mirror Neurons and Autism", *Neuroscience & Biobehavioral Reviews*, Vol. 25, No. 4, 2001.

Yap, G. S., Gross, C. G., "Coding of Visual Space by Premotor Neurons", *Science*, Vol. 266, No. 5187, 1994.

Zajac, F. E., "Muscle Coordination of Movement: A Perspective", *Journal of Biomechanics*, Vol, 26. No. Suppl 1, 1993.

Zehfuss, M., "Constructivism and Identity: A Dangerous Liaison", *European Journal of International Relations*, Vol. 7, No. 3, 2006.

Zlatev, J., Persson, T., Gärdenfors, P., "Bodily Mimesis as 'The Missing Link' in Human Cognitive Evolution", *Lund University Cognitive Studies*, No. 121, 2005.

Zlatev, J., Andrén, M., "Stages and Transitions in Children's Semiotic Development", *Studies in Language and Cognition*, 2009.

（三）会议论文、学位论文与电子文献：

唐玉斌：《自我与他人心灵的逻辑哲学探究》，博士学位论文，西南大学，2011年。

于爽：《读心的三种路径及其交融》，博士学位论文，浙江大学，2010年。

徐献军：《具身认知论——现象学在认知科学研究范式转型中的作用》，博士学位论文，浙江大学，2007年。

Spaulding, S., *In Defense of Mindreading: A Philosophical Perspective on the Psychology and Neuroscience of Social Cognition*, Ph. D. dissertation, University of Wisconsin-Madison, 2011.

Allen, C., Wallach, W., "Moral Machines: Contradiction in Terms or Abdication of Human Responsibility?", In: Lin, P., Abney, K., Bekey, G. A. (eds.), *Robot Ethics: The Ethical and Social Implications of Robotics*, Cambridge, Massachusetts/London, England: The MIT Press, 2012.

Baron-Cohen, S., Swettenham, J., "The Relationship Between SAM and ToMM: Two Hypotheses", In: Carruthers, P., Smith, P. (eds.), *Theories of Theories of Mind*. Cambridge: Cambridge University Press, 1996.

Bekey, G. A., "Current Trends in Robotics: Technology and Ethics", In: Lin, P., Abney, K., Bekey, G. A. (eds.), *Robot Ethics: The Ethical and Social Implications of Robotics*, Cambridge, Massachusetts/London, England: The MIT Press, 2012.

Bruner, J., Kalmar, D. A., "Narrative and Metanarrative in the Construction of Self", In: Ferrari, M., Sternberg, R. J. (eds.), *Self-Awareness: Its Nature and Development*, New York: Guilford Press, 1998.

Di Paolo, E. A., Rohde, M., De Jaegher, H., "Horizons for the Enactive mind: Values, Social Interaction, and Play", In: Stewart, J., Gapenne, O., Di Paolo, E. A. (eds.), *Enaction: Toward a New Paradigm for Cognitive Science*, Cambridge, Massachusetts/ London, England : The MIT Press, 2010.

Gallagher, S., "Self-Narrative in Schizophrenia", In: David, A. S., Kircher, T. (eds.), *The Self in Neuroscience and Psychiatry*. Cambridge: Cambridge University Press, 2003.

Gallese, V., " 'Being Like Me': Self-Other Identity, Mirror neurons, and Empathy". In: Hurley, S., Chater, N. (eds.), *Perspective on Imitation: From Neuroscience to Social Science: Mechanisms of Imitation and Imitation in Animals*, Cambridge, Massachusetts: The MIT Press, 2005.

Gallese, V., "Embodied Simulation: From Mirror Neuron Systems to Interpersonal relations", in Bock, G., Goode, J. (eds.), *Empathy and Fairness, Novartis Foundation Symposium.*, Chichester: John Wiley & Sons, 2007.

Gallese, V., "Mirror Neurons and Art", In: Bacci, F., Melcher, D. (eds.), *Art and the Senses*. Oxford: OUP, 2011.

Gallese, V., Ferri, F., "Schizophrenia, Bodily Selves, and Embodied Simulation", In: Ferrari, F., Rizzolatti, G. (eds.), *New Frontiers in Mirror Neurons Research*, Oxford: Oxford University Press, 2015.

Gil, T., "The Hermeneutical Anthropology of Charles Taylor", In: Häring, H., Junker-Kenny, M., Mieth, D. (eds.), *Creating Identity*, London: SCM Press, 2000.

Goldman, A. I., "Epistemology and the Evidential Statues of Introspective Reports", In: Anthony, J., Roepsrorf, A. (eds.), *Trusting the Subject? The Use of In trospective Evidenu in Cognitive Science*. Thorvenon: Imprint Academic., 2004.

Goldman, A. I., "Imitation, Mind Reading, and Simulation", In: Hurley, S., Chater, N. (eds.), *Perspectives on Imitation: From Neuroscience to Social Science*. Cambridge, MA: The MIT Press., 2005.

Jensen, R. T., Moran, D., "Introduction: Some Themes in the Phenomenology of Embodiment", In: Jensen, R. T., Moran, D. (eds.), *The Phenomenology of Embodied Subjectivity*, New York/London: Springer, 2014.

Kern, I., "Husserl's Phenomenology of Intersubjectivity", In: Kjosavik, F, Beyer, C, Fricke, C. (eds.), *Husserl's Phenomenology of Intersubjectivity: Historical Interpretations and Contemporary Applications*, New York/London: Routledge, 2019.

Keysers, C., Gazzola, V., "Unifying Social Cognition". In: Pineda, J. A. (ed.), *Mirror Neuron Systems*, New York: Humana, 2009.

Krueger, J., "Direct Social Perception", In: De Bruin, L., Newen, A., Gallagher, S. (eds.), *Oxford Handbook of 4E Cognition*, Oxford: Oxford University Press, 2016.

Lickliter, R., Bahrick, L. E., "Perceptual Development and the Origins of Multisensory Responsiveness", In: Calvert, G. A., Spence, C., Stein, B. E. (eds.), *The Handbook of Multisensory Processes*, Cambridge, Massachusetts/ London, England: The MIT Press, 2004.

Marks, L. E., "Synesthesia, Then and Now", In: Deroy, O. (ed.), *Sensory Blending: On Synaesthesia and Related Phenomena*, Oxford: Oxford University Press, 2017.

Maurer, D., "Neonatal Synesthesia: Implications for the Processing of Speech and Faces", In: De Boysson-Bardies, D. (ed.), *Developmental Neurocognition: Speech and Face Processing in the First Year of Life*, Dordrecht: Kluwer, 1993.

Moll, H., Meltzoff, A. N., "Perspective-Taking and Its Foundation in Joint Attention", In: Roessler, J., Lerman, H., Eilan, N. (eds.), Perception, Causation, and Objectivity, 2011.

Murray, L., Trevarthen, C., "Emotional Regulations of Interactions Between Two-Month-Olds and Their Mothers", In: Field, T. M., Fox, N. A. (eds.), *Social Perception in Infants*, Norwood: Alex, 1985.

Neisser, U., "The Self Perceived", In: Neisser, U. (ed.), *The Perceived Self: Ecological and Interpersonal Sources of Self-Knowledge*, New York: Cambridge University Press, 1993.

Overgaaed, S. "The Problem of Other Minds", In: Gallagher, S., Schmichking, D. (eds.), *The Handbook of Phenomenology and Cognitive Science*. New York: Springer, 2010.

Prinz, J., "Is Consciousness Embodied?", In: Robbins, P., Aydede, M. (eds.), *Cambridge Handbook of Situated Cognition*, Cambridge: Cambridge University Press, 2009.

Rizzolatti, G., Fogassi, L., Gallese, V., "Cortical Mechanisms Subserving Object Grasping and Action Recognition: A New View on the Cortical Motor Functions", In: Gazzaniga, M. S. (ed.), *The New Cognitive Neurosciences*. Cambridge, MA: MIT Press, 2000.

Sanders, M., "Intersubjectivity and Alterity", In: Diprose, R., Reynolds, J. (eds.), *Merleau-Ponty: Key Concepts*, London: Routledge, 2014.

Southgate, V., Gergely, G., Csibra, G., "Does the Mirror Neuron System and Its Impairment Explain Human Imitation and Autism?", In: Pineda, J. A. (eds.), The Role of Mirroring Processes in Social Cognition, Clifton, New Jersey: Humana Press, 2009.

Trevarthen, C., "Communication and Cooperation in Early Infancy: A Description of Primary Intersubjectivity", In: Bullowa, M. (ed.), *Before Speech: The Beginning of Interpersonal Communication*, New York: Cambridge University Press, 1979.

Trevarthen, C., "The Self Born in Intersubjectivity: The Psychology of an Infant Communicating", In: Neisser, U. (ed.), *The Perceived Self: Ecological and Interpersonal Sources of Self-knowledge*, New York: Cambridge University Press, 1993.

Wheeler, M., "Is Cognition Embedded or Extended? The Case of Gestures", In: Radman, Z. (ed.), *The Hand, an Organ of the Mind: What the Manual Tells the Mental*, Cambridge/Mass: MIT Press, 2013.

Zimmerman, D. H., "Identity, context and Interaction", In: Antaki, C., Widdicombe, S. (eds.), *Identities in Talk*, London: Sage Publications, Vol. 87, No. 106, 1998.

Zlatev, J., "Embodiment, Language and Mimesis", In: Ziemke, T., Zlatev, J., Franck, R. (eds.), *Body, Language, Mind Vol 1: Embodiment*, Berlin: Mouton de Gruyter, 2007.

Https: //Cordis. Europa. Eu/Project/Rcn/97021_En. Html.

# 后　　记

　　从攻读博士学位到本书的出版，历经七年有余。在这七年多的研究中，对于他心的问题从未知到逐渐理解，这种理解并不仅仅是理论知识的增多，还有我对于与他人关系的深刻体会。在这七年求学和工作中，主要是从一所学校到另一所学校的转换，因此，对于与他人关系的体会更多表现在对师生之情的感受。虽然，这种感受形式比较单一，但是，我也能从这种单一的形式中体会人与人之间最初的情感是从关爱开始的。

　　我的博士导师王慧莉教授对我来说亦师亦母，恩师对我的关心总是成为我研究的动力。在研究过程中，有过迷茫，也品尝过失败的苦涩，老师一直都在鼓励和关心我。面对学习和家庭的压力，有时也会急躁，但是每次与老师交流后，总能让我感受到老师的关爱。正是在导师的鼓励和指导下，我学会了静心做研究，也很感激在读博期间，老师并没有给我太大的压力，让我能自由地探索。当然，恩师对我的意义，不是这些简单的语言所能描述的。不管年龄多大，在老师面前自己永远是一个孩子，总是能够感觉到老师的关心，我也总像小孩子一样好奇地询问老师，有老师在自己就会有一颗孩童般的心，感谢恩师！

　　感谢博士合作导师洪晓楠教授。与洪老师交流，他给予我学科前沿知识的指点，我也学习到哲学研究的宏观性和全局性研究的重要性，也为我当前从多维度、多视角和多层面的交叉性研究提供了绝好路径。可以说，洪老师高屋建瓴和提纲挈领式的指导让我受益匪浅。洪老师总是给我足够的鼓励和信任，他对于科研的热情，也让我非常钦佩。

　　在美国迈阿密大学（University of Miami）博士联合培养期间，我的合作导师布蕾特·布罗嘉德（Berit Brogaard）教授给予我研究方向上的指导。我的硕士生导师李怀奎教授是我从事学术研究的领路人，是他带我进入知识探索的海洋，硕士虽已毕业多年，李老师还时刻关心我的研究和生活，给我鼓励和关心。

本书主要内容来源于我的博士论文《身体现象学视域下的他心直接感知研究》，博士毕业之后对论文内容陆续进行了修改，对基础理论问题给予了进一步完善。本书的出版受到江苏省习近平新时代中国特色社会主义思想研究中心南京信息工程大学研究基地支持，是国家社科青年项目"认知科学哲学视域下的人工共情问题研究（21CZX020）"和国家社科一般项目"他心问题的基础理论研究（20BZX030）"的阶段性成果。在本书出版过程中，河南财经政法大学郦平教授、中国社会科学出版社孙萍博士给予了我极大帮助，在此一并致谢。